青海省科学技术学术著作出版资金资助

高寒人工草地
放牧管理与综合利用

董全民　徐世晓　刘文亭 等　著

科学出版社

北　京

内 容 简 介

本书通过青藏高原高寒人工草地栽培与管理、培育与复壮改良、牦牛放牧及人工草地模拟放牧、牧草生产加工、日粮组成对不同生长阶段牦牛消化率和能量代谢的影响、牦牛冬季补饲策略及其效益分析、高寒人工草地效益与系统优化等方面的研究，应用草地资源高效、可持续利用的理论，因地制宜地推出适合当地应用的系列配套技术，确定了地区适宜草种、种植区、草地培育与改良方案；在此基础上，结合长期放牧试验与模拟放牧试验，揭示了放牧家畜对高寒人工草地放牧生态系统各因子的影响机理，提出了高寒人工草地综合利用的策略和模式。

本书可供草地生态学、动物学、草原学、农业经济学等相关专业师生参考使用。

审图号：青 S（2021）024 号

图书在版编目（CIP）数据

高寒人工草地放牧管理与综合利用 / 董全民等著. —北京：科学出版社，2021.12

ISBN 978-7-03-070995-0

Ⅰ. ①高… Ⅱ. ①董… Ⅲ. ①高山草地－放牧管理 Ⅳ. ① S815.2

中国版本图书馆 CIP 数据核字（2021）第 254411 号

责任编辑：吴卓晶 / 责任校对：马英菊
责任印制：吕春珉 / 封面设计：东方人华平面设计部

科学出版社 出版
北京东黄城根北街 16 号
邮政编码：100717
http://www.sciencep.com

北京中科印刷有限公司 印刷
科学出版社发行　各地新华书店经销

*

2021 年 12 月第　一　版　开本：B5（720×1000）
2021 年 12 月第一次印刷　印张：19 1/4　插页：5
字数：401 000

定价：259.00 元

（如有印装质量问题，我社负责调换〈中科〉）
销售部电话 010-62136230　编辑部电话 010-62143239（BN12）

资助项目

国家“十五”科技攻关项目“江河源区退化草地治理技术与示范”（2001BA606A）；
国家“十一五”科技支撑项目“三江源区退化草地生态修复关键技术集成与示范”（2009BAC61B02）；
国家“十二五”科技支撑项目“季节性冻土区受损草地生态系统综合修复技术集成与示范”（2014BAC05B03）；
国家“十三五”重点研发计划项目“退化高寒草甸适应性恢复及生态功能提升技术与示范”（2016YFC0501901）；
青海省科技促进新农村建设计划项目“黑土滩退化草地植被分类恢复试验研究与示范”（2009-N-502）；
青海省科技支撑计划项目“脆弱生态系统分类恢复及可持续管理技术集成与示范”（2013-N-146）；
青海省重点研发与转化计划项目“高寒人工草地生产生态暂稳态维持技术集成与示范”（2017-NK-149）；
青海省科技成果转化专项“天然草地放牧系统功能优化与管理专家系统研究与应用”（2018-SF-145）；
青海省重大科技专项“青藏高原现代牧场技术研发与模式示范”（2018-NK-A2）；
第二次青藏高原综合科学考察研究“农牧耦合绿色发展的资源基础考察研究”（2019QZKK1002）；
青海省创新平台建设专项（科技基础条件平台）“高寒草地－家畜系统适应性管理技术平台”（2020-ZJ-T07）；
青海省创新平台建设专项（重点实验室）“青海省高寒草地适应性管理重点实验室”；
青海省“高端创新人才千人计划”（培养杰出人才）；
青海省科技创新创业团队“草地适应性管理研究创新团队”；
国家自然科学基金联合基金项目“基于草畜平衡的高寒草地放牧系统界面调控机制研究”（U20A2007）。

本书撰写委员会

顾问：赵新全　马玉寿　王启基　郎百宁

著者：董全民　徐世晓　刘文亭　杨晓霞
董文斌　施建军　俞　旸　李红梅
李世雄　张春平　乔占明

序

青海省是我国五大牧区之一，省内将近60%的土地都为高寒草地所覆盖。辛店文化、卡约文化和诺木洪文化等遗址的考古发掘证据表明，远在史籍记录以前的新石器时代，这里就已有原始的草地畜牧业，是历史上游牧民族纵横驰骋的广阔舞台。进入现代社会以来，高寒草地作为我国乃至东亚地区的重要生态屏障，现代畜牧业发展基地和民族团结社会稳定基石的作用愈加凸显。然而，由于自然条件恶劣，高寒天然草地生态系统十分脆弱，草地生产力稳定性差，尤其是漫长的冷季带来的“草畜时空相悖现象”十分普遍，导致了季节性草畜矛盾突出，草地呈现普遍退化状态，形成了高原畜牧业“秋肥、冬瘦、春死、夏抓膘”的恶性循环，难以保障畜产品的全年稳定供给，从而制约了畜牧业发展和牧区人民生活水平的提高。破解这一现实难题的关键之一在于合理发展栽培草地，使之成为天然草地放牧系统的有力补充。2002年，我在《草业学报》较为系统地阐述了“藏粮于草施行草地农业系统”的理念，就是要通过发展栽培草地、提高畜产品供给，减少对粮食作物的依赖，从而实现“缓解农田面积稀缺压力，实现藏粮于草，扩大人类的食物来源”，从根本上解决草－畜不平衡的问题。今天，我十分欣慰地看到《高寒人工草地放牧管理与综合利用》一书对这一理念做出了积极响应。

在该书中，著者围绕高寒地区人工草地的关键问题：乡土草种的选择、管理措施、利用方式，以及草产品加工和牦牛藏羊冬季补饲等方面的研究，系统总结了高寒人工草地畜牧业“种－加－养”的全过程及模式优化。这些研究成果为青海省乃至整个青藏高原高寒牧区人工草地科学管理和利用、草地生态畜牧业可持续发展提供了基础数据和理论依据。

该书是青海大学（青海省畜牧兽医科学院）董全民研究员领衔的草地适应性管理研究团队坚守青藏高原二十多年取得的重要成果之一。二十多年来，董全民研究员及其团队立足于青藏高原草地资源的可持续利用，围绕国家和地方发展战略，筚路蓝缕，开拓前进，不断取得创新和突破。这是继2017年出版《三江源区退化高寒草地生产生态功能提升与可持续管理》和2019年出版《高山嵩草草甸－牦牛放牧生态系统研究》之后，他们在高寒草地适应性管理研究之路上铢积寸累的又一厚重成果！

在该书付梓之际，我衷心祝愿这一专著与它所代表的学术团队相偕发展，不断壮大，为青藏高原高寒牧区草地畜牧业发展做出更多贡献！

任继周

2021 年 1 月

于涵虚草舍

前 言

我国是草地资源大国，拥有草地总面积 60 亿亩（1 亩≈667m^2），约占国土面积的 41.7%，是耕地面积的 3.2 倍。据统计，我国约 90% 的天然草地发生了不同程度的退化，中度和重度退化草地面积达 23 亿亩，其中内蒙古、西藏、新疆、青海、四川和甘肃等牧区的退化草地比例高达 80%～97%。青海是长江、黄河、澜沧江三大河流的发源地，省内分布有众多的高原内陆湖群、湿地和多种高寒陆地生态系统，是我国淡水资源的重要补给地，也是我国重要的水源涵养区和生态功能区，其中高寒草地是面积最大、分布最广的生态系统。然而自然和人为因素的共同作用，导致青海高寒草地生态系统结构失调、功能衰退、恢复能力减弱，严重制约着高寒牧区草地畜牧业的健康发展和牧民生活水平的提高，威胁着青藏高原及周边地区乃至中东部的生态安全和可持续发展。

人工草地建设是畜牧业发达国家的共同经验，是草地畜牧业发展的重要措施，美国、新西兰、澳大利亚等畜牧业发达的国家都十分重视发展人工草地。因地制宜发展人工草地是解决天然草地季节不平衡与草畜不平衡的根本途径，也是减轻天然草地放牧压力，实现天然草地可持续利用的重要保障。同天然草地相比，建设优质高效人工草地可以使饲草产量提高 10～20 倍，大幅提升牧草产量和品质，缓解天然草地压力，遏制过度放牧引起的草地退化，恢复天然草地生产生态功能，实现高寒牧区生产－生态－生活的协调发展。因此，以新发展理念为指导，以青海省“五个示范省”和“四种经济形态”建设为引领，打造“四地”建设经济转型发展新格局，积极探索形成与生态保护、民生改善、经济发展及社会进步相协调的生态保护管理体制、规范长效的草地生态系统管理技术和政策体系，结合实际、扬长避短，走出一条具有地方特色的高质量发展之路，促进青海省高寒牧区畜牧业提质增效和转型升级，是实现脱贫攻坚和乡村振兴有效衔接面临的重要任务和严峻挑战！

青海大学畜牧兽医科学院（青海省畜牧兽医科学院）“草地适应性管理研究团队”二十余年如一日，始终坚守在青藏高原放牧生态系统管理、退化草地恢复与持续利用及高寒草地生态畜牧业可持续发展的科研一线，针对高寒地区人工草地放牧管理和综合利用技术，开展了高寒人工草地栽培与管理、培育与复壮改良、牦牛控制放牧及模拟放牧、牧草生产加工、日粮组成对不同生长阶段牦牛消化率和能量代谢的影响、牦牛和藏羊冬季补饲策略及其效益分析及人工草地畜牧业效益与系统优化等方面的研究，这些研究结果为青海省高寒牧区多年生人工草地科学管理和综合利用提供了理论依据，为高寒草地生态畜牧业发展提供了基础数据，为国家重大生态工程项目的实施提供了技术支撑，我们备感欣慰！

青藏高原高寒牧区区域辽阔，环境的空间异质性大，土壤、植被、家畜和人类活动相互作用复杂，同时由于该地区气候和环境的独特性和脆弱性，加之我们的研究地点相对单一、研究时间有限，有些研究结论在更大空间和更长时间尺度上的应用还有待商榷。但不论如何，这本书是对我们团队二十余年工作的阶段性总结，更是高寒人工草地生态系统可持续利用和科学管护研究的新起点！在此，要感谢本书的顾问中国科学院西北高原生物研究所赵新全先生、青海大学畜牧兽医科学院（青海省畜牧兽医科学院）原副院长马玉寿研究员、中国科学院西北高原生物研究所王启基先生和青海大学畜牧兽医科学院（青海省畜牧兽医科学院）原副院长郎百宁先生。他们是我步入高寒人工放牧及综合利用研究的引路人和启蒙老师，是他们带领我、启发我、鼓励我进入该领域从事科学研究并培养我对科研的兴趣！特别要感谢我的博士研究生导师赵新全先生，他是我真正的恩师！他渊博的知识和严谨的学风、实事求是的科学态度和孜孜不倦的探索精神、对前沿热点学科发展趋势的准确判断和对科学问题深邃的洞察力，令我受益匪浅，并一直激励和鞭策着我；他平易近人和虚怀若谷的高贵品质，永远是我学习的榜样，也是我一生的向往和追求！衷心地感谢现任果洛藏族自治州（俗称果洛州）久治县副县长的代勇先生、中国科学院西北高原生物研究所的刘伟研究员和西南民族大学的王长庭教授（原就职于中国科学院西北高原生物研究所），在试验设计和野外试验期间，他们提出了许多宝贵的意见和建议，给予我们大力的支持和无私的帮助！感谢果洛州农牧局李发吉副局长、果洛州草原站李有福站长、王海波副站长在野外工作期间给予的支持和帮助。感谢他们无私的帮助与亲切的关怀！

本书选取我的博士论文《江河源区牦牛放牧系统及冬季补饲育肥策略的研究》和董文斌的硕士论文《复壮改良技术对过马营地区退耕还林（草）多年生人工草地土壤及植被的影响》的部分内容、结合已结题的10个项目和正在执行的3个项目的内容整理完成。虽完成了书稿，但仍觉得需要完善和补充的东西还很多，还是有些许遗憾，好在我们的研究还在继续，后续还有研究成果将陆续出版！本书各章的撰写分工如下：绪论由董全民、张春平、刘文亭执笔；第一章由董全民、李世雄、施建军、李红梅、乔占明执笔；第二章由董全民、董文斌、施建军执笔；第三章由董全民、张春平、杨晓霞执笔；第四章由董全民、刘文亭、张春平、杨晓霞执笔；第五章由董全民、刘文亭、杨晓霞、张春平执笔；第六章由董全民、俞旸、刘文亭执笔；第七章由董全民、俞旸、刘文亭执笔；第八章由杨晓霞、董全民执笔；第九章由施建军、董全民执笔；第十章由徐世晓执笔；第十一章由董全民执笔；第十二章由董全民、徐世晓执笔；第十三章由董全民、俞旸执笔；第十四章由董全民、徐世晓、杨晓霞、俞旸执笔。在本书完成过程中，副研究员刘文亭博士负责统稿及与出版社的联系，副研究员杨晓霞博士和张春平博士及硕士研究生张艳芬、杨增增和冯斌等人积极参与书稿的修订，俞旸助理研究员负责经济效益核算，博士研究生何玉龙和刘玉祯负责文献更新及复查。他们为书稿的完成做了大量的工作，凸显了团结协作的能力、积极进取的活力与努力创新的智慧！

本书是青海大学畜牧兽医科学院（青海省畜牧兽医科学院）“草地适应性管理”研究团队几代人的工作的较为系统的总结和凝练，内容涉及恢复生态学、放牧生态学、植物学、土壤学、草地管理学、地理信息学及经济学等多门学科，鉴于笔者对本专业以外问题认识不尽完善，难免有不足之处，恳请读者批评指正。

著　者

2021年11月

目 录

第三篇 高寒人工草地模拟放牧系统

第四篇　高寒人工草地牧草生产加工与高效利用

绪　论

第一节　高寒人工草地的现状

一、高寒人工草地简介

草地退化是一个全球性的生态问题，不仅造成草地水土流失加剧，生物资源减少，而且使人口与资源、环境与经济之间的矛盾日趋尖锐。青藏高原是我国生态系统最为特殊和脆弱的地区之一，近年来受人为因素和自然因素的影响，生态环境恶化加快，草地已呈现全面退化的趋势。青藏高原腹地的江河源区中度以上的退化草地面积占可利用草地面积的50%～60%，并有逐年加快退化的趋势（赵新全 等，2005）。草地退化对青藏高原生态系统的影响是全方位的，冻土融化，湖泊萎缩，河流径流量减少，土地沙化、盐化、钙化加剧，水土流失加剧。加之特殊的高寒气候条件，原有植被的恢复十分困难，必须采用重建和改建的方法，通过人工干扰的途径才能恢复其植被（马玉寿 等，2002；2007）。目前，青藏高原高寒退化草地的恢复重建所采用的措施主要包括封育与补播草地、建植高寒人工或半人工草地、控制鼠虫、杂草危害、建立自然保护区和综合治理（董全民 等，2007）。其中，建植高寒人工草地是该区高寒退化草地恢复的最有效模式之一。高寒人工草地作为草地经营的高级形式，是在人为农业措施的强力干预下，结合所在地的具体生态条件和一定的经济利用目标，选择适宜草种而建立的特殊人工植物群落，具有很好的经济效益和社会效益，生态效益更为显著。

当前，在青藏高原高寒地区草地生态系统中，人工草地的主要类型为一年生燕麦（*Avena sativa*）人工草地。这类草地可以达到高产的目的，但由于牧草生长时间短，且每年需翻耕，导致土壤裸露时间长、水土流失严重，不利于高原脆弱生态系统的保护和改善。近年来，利用禾本科（Poaceae）适宜牧草在高寒草甸重度和极度退化草地上改建的人工和半人工草地，植被的盖度显著高于高寒退化草地，基本上已接近原生植被。改建的高寒人工和半人工草地不但能快速恢复草地植被，还能为畜牧业生产提供优质、高产的牧草，从而减轻天然草地的压力，是高寒牧区现代畜牧业转型升级的重要途径。但是，由于青藏高原气候寒冷、交通落后、技术力量薄弱，高寒草地生态及发展研究起步晚。高寒人工草地的建植与研究始于20世纪70年代，加之特殊的生态环境条件，青藏高原人工草地的发展仍处于初级阶段。近年来，在国家诸多科技项目、生态重大工程的支持下，围绕高寒人工草地的发展产生了大量科技成果、技术模式、推广示范基地，给当地农牧民畜牧业经营理念、产业发展带来了很大改变（赵新全 等，2017）。这些工作及研究成果有力地支持了青藏高原生态屏障建设和高寒牧区和谐发展。

二、高寒人工草地建植技术

通过建植高寒人工草地来治理青藏高原高寒退化草地，是以植被恢复为目标，采用人工植被改建技术，选择适宜草种，合理搭配，通过灭鼠→翻耕→耙磨→施肥→撒播（条播）→覆土→镇压→围栏等措施建植多年生混播人工草地，恢复黑土滩退化草地植被。

选择适宜草种是青藏高原高寒人工草地建植的关键环节。青海大学牧草育种与栽培和黑土滩退化草地治理团队系统地开展了青藏高原乡土草种种质资源的选育、驯化，以及栽培与利用管理技术等研究。通过多年努力，选育出了青海扁茎早熟禾（*Poa pratensis* L. var. *anceps* Graud. cv. Qinghai）、同德短芒披碱草（*Elymus breviaristatus* L. cv. Tongde）、青海冷地早熟禾（*P. crymophila* Keng. cv. Qinghai）、青海草地早熟禾（*P. pratensis* L. cv. Qinghai）、同德小花碱茅（*Puccinellia tenuiflora*（Griseb.）Scribn. & Merr. cv. Tongde）等牧草新品种，并筛选出了适宜的牧草组合及其搭配比例，进行了大范围示范推广，取得了良好的生态效益、社会效益和经济效益。

群落稳定性（population stability）是衡量高寒人工草地质量的一个重要标准，也是合理、有效地建植、利用、管理和改良人工草地的基本依据。群落稳定性是指在外界干扰活动下，群落的各组分抵抗变化和保持平衡的倾向。人工草地的群落稳定性是指种间竞争、环境压力和干扰活动3个因素存在的条件下，人工草地的各组分稳定共存、草地生产力和其经济利用价值不下降的一种状态。人工草地群落稳定性调控的实质是对牧草组分的种间竞争、环境压力和干扰活动的有效调控。其中，合理搭配混播牧草的比例，使各牧草组分稳定共存、草地初级生产力和系统功能基本保持不变的状态，是人工草地生态系统的主要研究内容（王元素 等，2005）。牧草品种组合是调节高寒人工草地种间竞争的主要途径。多牧草品种组成的高寒人工草地群落要比单一草种的群落更有效地利用环境资源，从而长期维持较高的生产力和更大的稳定性。通过上、下繁草和丛型、根茎型及密丛、疏丛禾草的相互搭配建植高寒人工草地，能够增加群落结构的复杂性，增大群落容纳量，减弱种间竞争和种内竞争，提高群落稳定性。

建植人工草地时因机械作用造成土壤十分疏松，害鼠对建植人工草地的破坏更强于天然原生草地。啮齿动物活动是高寒人工草地秃斑块逐渐扩大的重要推动力，这在人工草地二次退化过程中的作用十分明显（鲍根生 等，2016a，b）。一般来说，鼠害防控是高寒人工草地管理技术中的重要一环，和其他技术相比，鼠害防控技术已较为成熟，获得了可持续的鼠害防控效果。

人工草地较高的生物量产出，使草地 - 土壤系统的物质循环加快，从而要求土壤具有较高的供肥能力。土壤有效养分供应不足是导致草地退化的主要原因之一。高寒退化草地土壤贫瘠，通过人工措施建植高寒人工草地后，原有土壤无法提供牧草定植和生长需要的养分，通过人工施肥来补充土壤养分是建植高寒人工草地持续维持的关键一环。为了满足高寒人工草地短期积累大量生物量和根系对养分的需求，必须提供足够的肥料（张学梅 等，2019）。一般而言，高寒人工草地建植 3 年后土壤硝态氮含量下降 50%，在此阶段应高度重视施肥技术。腐熟羊粪作为底肥在黑土滩人工草地中效果较好，一般使用量为每公顷 2000kg（闵星星 等，2013）。施建军等（2007a）推荐在黑土滩人工草地最佳施用化肥（氮、磷）时间是 7 月上旬。

抵御杂草入侵、提高栽培禾草的抗杂草能力是维系多年生禾草人工草地高产、稳产的基础。高寒人工草地建植当年和生长 4 年后杂草入侵严重，防除杂草有利于优良牧草的生长生殖。甘肃马先蒿（*Pedicularis kansuensis*）、铁棒锤（*Aconitum pendulum*）、黄帚橐吾（*Ligularia virgaurea*）的入侵，促使人工草地逆向演替，导致人工草地的极度退化。除草剂对植物幼嫩部分的作用效果最好，即返青至分枝期防效最高。虽然除草剂剂量越大，防除效果越好，但同时对植物的伤害也越大。只有适宜的除草剂剂量才能很好地抑制杂草的生长生殖，又对禾草的伤害较小。对比黑土滩人工草地生产与生态功能效益，一定的人工投入是双赢的调控措施。以 9 年的管理投入为例，随着年限延长投入产出比也增加，这是因为随着黑土滩人工草地逐渐稳定，投入逐渐降低，但对管理人员技术水平要求较高（董全民 等，2011）。

三、高寒人工草地类型

由于青藏高原高寒生态环境条件的特殊性，目前从国内外引进的草种在高寒地区都难以适应或适应性较差而未取得更进一步的发展，建植高寒人工草地的优良草种少且单一，目前只有野生驯化的一些禾本科乡土草种（施建军 等，2007b）。早期主要以垂穗披碱草（*Elymus nutans*）、老芒麦（*Elymus sibiricus*）、中华羊茅（*Festuca sinensis*）及冷地早熟禾进行单、混播建植人工草地，特点是上繁草多而下繁草和根茎型草少，基础草种是垂穗披碱草，建成草地群落结构简单易退化，建植区域零散且面积小。当前，高寒人工草地类型按牧草组合以禾草类单、混播型人工草地为主。受各类因素的限制，垂穗披碱草仍是基础草种，其余草种有同德短芒披碱草、青牧1号老芒麦（*Elymus sibiricus* L. cv Qingmu NO.1，也称多叶老芒麦）、中华羊茅、冷地早熟禾、同德小花碱茅、赖草（*Leymus secalinus*）及无芒雀麦（*Bromus inermis*）等。

四、存在问题与展望

由于高寒地区的气候特征，多数技术不完全适用于高寒地区，高寒牧区人工草地的发展要另辟蹊径。在牧草品种选育方面，要根据青藏高原特殊气候条件制定科学合理的育种目标，培育适合高寒气候条件的乡土品种和优良品种。在栽培和利用技术研究方面，也要针对高寒地区的气候特点开展工作，因地制宜地推出适合当地的系列配套技术。

混播草地较单播种植，无论是从出苗长势、产草量，还是抗逆性及营养物质含量等，都占据明显优势；而且混播草地中豆科牧草固定的氮素除了供其本身利用以外，还可将其提供给禾本科牧草，增强共生效应和相容性，缓解竞争压力，充分利用空间和土壤资源。因此，加快选育适宜高寒气候的豆科牧草是今后的研究重点之一。

牧草混播比例由不同牧草混播后相对竞争力、自身功能特性、种群更新机制及营养配比需求来决定，且不同物种、品种乃至不同地域之间的混播比例均有所不同。因此，开展不同地形条件和土质下的品种组合及混播比例的研究也很重要。

高寒人工草地的利用方式和利用时期因生长期和生长特点有异于其他地区，根据草地类型和牧草生长特点进行合理的刈割和放牧是保持高寒人工草地持续利用的重要措施。

第二节　高寒人工草地放牧利用

放牧是草地资源最主要的利用方式，整体来看，草原管理大致可以划分为4个阶段（章祖同，2004）。①传统游牧阶段。从人类利用草原开始一直到20世纪为止，采用“逐水草而居”的游牧制度，持续时间长达数千年。在多变的气候环境下传统游牧制度对放牧区域和牲畜数量具备更自由灵活的选择权，在很大程度上保护了草原生态系统。然而，终年放牧、冬季严酷的环境往往造成牲畜的大批死亡，导致生产上的巨大风险和不稳定的经济市场。②定居游牧或定居定牧阶段。从20世纪初开始，由于少量资本市场经济的兴起，半牧区和纯牧区出现一些畜牧场，将草场从放牧场转变为饲料地和割草场，用于牲畜冬、春季的补饲，来改善牧业生产。然而由于这种生产的规模和普及程度均处于较低水平，始终没有形成长足的发展。③集体经营草地阶段。在这个时期，牲畜数量剧烈增加及大面积开垦草地，导致许多区域出现超载过牧、草场退化的情况。④生产承包责任制阶段。20世纪80年代初开始将草场使用权固定给牧户，实行“划分草场、分畜到户、私有私养”的政策，明确了草地利用和保护的责任和权利，有效提高了畜牧生产的效率。

放牧是草地畜牧业生产中由第一性生产转化为第二性生产的主要手段，也是草地农业生态系统中初级生产层和次级生产层的纽带，因而草地稳定性和草地畜牧业生产的效率主要取决于放牧利用的管理（任继周，1995）。高寒人工草地放牧系统的研究，需要综合家畜生产情况和家畜对草地的影响，并将家畜营养需求、采食行为和植被状态综合为一体，尽可能把每头家畜的高产同每公顷草地的高产结合起来，从而达到对人工草地放牧系统有效管理的目的（Dong et al.，2015），使系统输出最多而又不危及永续利用，这也就是人工草地放牧系统的优化利用问题。放牧利用不仅影响人工草地牧草的生产率，也会影响各草地组分种的相对比例，甚至改变草地群落的种类组成，而草地植物地上、地下生物量的变化则是放牧生态系统研究的重要内容。

一、放牧对人工植被的影响

人工草地是以家畜放牧和牧草刈割为目的而建立起来的，所以从人工草地种群尺度和群落尺度上探讨其对放牧和刈割的反应，是人工草地放牧系统有效管理、系统输出最多而又不危及永续利用的关键所在，从而达到人工草地放牧系统优化利用的目的。人工草地放牧系统优化的关键是获得牧草的最大持续产量，而获得持续产量就要使家畜采食量或牧草刈割量等于草地生物量的增长率。牧草收获量（家畜采食量或牧草刈割量）等于草地的最大生产率时，既能使收获量最大，又能保证草地的持续利用，然而这要测定草地的环境容纳量和牧草的内禀增长率。人工草地放牧后如现存量过多则不利于牧草生长和草地生产力的提高，只有适度放牧才能使牧草产量达到最大。

放牧、刈割等利用措施不仅影响人工草地牧草的生产率，也会影响各草地组分种的相对比例，甚至改变草地群落的种类组成，这主要是因为放牧家畜对人工牧草的选择性采食和牧草对相同措施的差异反应；同时，在不同的放牧强度及放牧制度下草地组分变化的模式也不尽相同。一般情况下，连续的高强度放牧会造成人工牧草的种群衰退而导致杂草入侵，草地的可持续性变差（Lwiwski et al.，2015），而轻度和中度放牧将从根本上保持人工草地的稳定存在。另外，轮牧可以更好地控制采食频率、强度和均一性，牧草再生性好，对草地群落的破坏较小。但高强度、高频率放牧可导致牧草平铺生长，因而降低了牧草采食率，也会引起组分比例的变化和牧草产量的降低（Zhang et al.，2018）。

人工草地杂草入侵与放牧强度之间的研究发现，放牧梯度上的所有白车轴草（*Trifolium repens*）/ 多年生黑麦草（*Lolium perenne*）样地均处在恢复演替的先锋阶段，且杂草入侵的种类和数量在不同放牧强度下有所不同（王刚　等，1995）。多年生禾草混播草地的放牧试验表明，放牧状态下，牧草的生活力和产量呈下降趋势，放牧强度越大（与对照相比），下降越明显；而且在 30% 和 50% 的采食率下，草地牧草的现存量差异不大，表明适宜的放牧强度在一定程度上有利于牧草的生长（董世魁　等，2004）。不同放牧方式对垂穗披碱草＋青牧 1 号老芒麦草地群落组成有显著的影响，而且轮牧人工草地的优势种群——垂穗披碱草的比例下降最少，连续放牧次之，对照（无牧）区垂穗披碱草的比例下降了 1/2，表明轮牧比连续放牧更能保持草地群落的稳定性，而不放牧草地的稳定性较差。

一般而言，放牧状态下，草地上各种类型牧草比例发生变化：高大草类将逐渐向下繁草转变；适口性好的牧草数量锐减，而适口性差的牧草或家畜不喜食的植物数量增加。因此，长期过度放牧会使植被向退化演替的方向发展。随着放牧强度的增加，无芒雀麦＋垂穗披碱草草地中非优种群无芒雀麦所占比例下降，优势种群垂穗披碱草所占比例上升，单优群落的趋势更加明显；无芒雀麦＋青牧 1 号老芒麦＋冰草（*Agropyron cristatum*）草地中建群种无芒雀麦所占比例减少，优势种群青牧 1 号老芒麦所占比例增加，非优种群冰草完全消失，群落结构趋向简单；无芒雀麦＋青牧 1 号老芒麦＋垂穗披碱草＋冰草草地中非优种群无芒雀麦、青牧 1 号老芒麦的比例下降，垂穗披碱草的比例上升，冰草消失。虽然两种群的组成相对趋于稳定，但群落生物多样性下降，次生植被（人工牧草）向不稳定的简单群落演替（林慧龙　等，2003）。

二、放牧对土壤的影响

放牧是人工草地利用的主要方式之一。“土－草－畜”是一个相互影响的生态系统，土壤是牧草和家畜的载体，家畜在草原上走动、践踏或奔跑时对草地和表土层有一定的破坏作用。长期过度的践踏会造成地面裸露，土壤通透性下降，引发水土流失。但合理的放牧践踏，能打破地面苔藓和藻类植物所形成的覆盖层，从而有利于自然散落的牧草种子再生长；还能使植物或动物残渣破碎、加速分解形成养分再次利用，提高土壤的有机质含量，即放牧影响土壤性质的同时，土壤性质变化必然间接或直接地反映到牧草和家畜生产。因此，研究放牧强度对土壤理化性质的影响，可以从根源上探讨人工草地持续高产利用技术。三江源区重穗披碱草＋同德小花碱茅混播人工草地的放牧试验表明，随着放牧强度的增加，土壤容重、紧实度增加，含水量下降（董全民　等，2005a）；随着放牧强度的增加，华北农牧交错地带新麦草（*Psathyrostachys juncea*）人工草地土壤孔隙度和水分渗透率随之降低，而土壤容重则呈增加趋势，且土壤表层（0～10cm）的物理特性对放牧强度的反应比较敏感（张蕴薇　等，2002）。因此，在不同的地区，放牧强度对土壤物理性质的影响程度有所不同，但总的趋势是随着放牧强度的增加，土壤容重增大，硬度增大，透气性变差，含水量下降，并且随着土壤深度增加影响减弱。另外，有研究表明，适度放牧下，微生物能促进土壤养分的转化，加速土壤碳、氮等的循环过程和土壤矿物质的矿化过程（Zou et al.，2015）。

放牧不仅对土壤的物理性质有着很大的影响，还对土壤的化学性质有着不可忽视的作用。不同的放牧方式，影响土壤中元素含量及其化学计量（Yang et al.，2019）。另外，放牧强度也显著影响土壤全钾和全氮的含量（董全民　等，2007a）。随着放牧强度的增加，多年生黑麦草 / 白车轴草人工草地的放牧试验表明，土壤全氮和速效钾的含量增加，而有机质、全磷和速效磷的含量下降；放牧使土壤的全氮含量和氮磷比升高，轻度放牧使土壤的全氮含量和氮磷比减小，中度放牧下土壤的全氮含量减小但氮磷比增加（王淑强　等，1996）。新麦草人工草地氮素的 99% 以上分布在 0～30cm 的土层，只有不到 0.4% 的氮素存在于植物体中，并且重度放牧使牧草的再生能力降低，地上部分的氮素分配降低，这从另一个侧面支持了中度放牧有利新麦草再生（Wu et al.，2011）并提高氮素利用率的结论。适度放牧能够增加土壤有机质、全氮、全磷的含量，而重度放牧则影响有机质、全氮、全磷的积累。

放牧还会影响土壤微生物群落。草地与家畜间相互依存，相互影响，对草地生态系统的物质循环起促进作用。但不合理的放牧，如放牧的家畜密度过大，过多的粪尿排泄会对牧草造成污染，对草地的生长与利用产生不良影响。

众多学者在不同地区研究放牧强度对土壤中碳、氮、磷、钾等的相关性影响存在着诸多不尽相同的结论，这可能是地区的差异引起土壤类型及植被类型的差异，以及放牧强度和放牧持续时间不同所致。事实上，家畜通过采食活动及对营养物质的转化和排泄等过程会影响草地营养物质的循环，使草地土壤化学成分发生变化，而草地土壤的物理变化和化学变化之间也存在相互作用、相互影响。

研究发现，放牧家畜排泄物能够增加植物的种子产量、动物的采食概率、种子的距离，改变种子萌发的生境条件，从而提高种子传播数量和质量，以促进牧草的有效自然更新（张静 等，2017）。但尿液对牧草有短期的生长抑制作用，作用效果随时间的推移而减弱或变成促进作用。通过分析放牧绵羊排泄物在荒漠草原土壤内的养分降解情况，发现有机物质、碳和氮含量在一年的试验期间分别降解了 25%、35.5% 和 16.6%，且夏季是羊粪分解的主要时期。粪便中所含的矿物质元素可被草地缓慢利用，仅 4%～20% 的草地被家畜粪尿覆盖。而粪尿中 NH_3 挥发及沉降会造成环境污染，是因为放牧家畜在草地上排放的粪和尿会使所在草地的 CH_4 排放通量出现短暂的升高（王晓亚，2013）。粪尿斑有增加放牧草原土壤温室气体排放的潜力，粪斑土壤中 CO_2、CH_4 和 N_2O 排放能力明显高于粪尿斑。

三、放牧对家畜的影响

家畜的采食过程是草畜关系中草地生态系统从第一性生产向第二性生产转化的关键因素，决定着家畜的生产性能。影响反刍家畜生产力的主要限制因子为饲草采食量，它是调节家畜所需能量或者其他营养物质的供给及影响家畜肌体总代谢速率的主要变量，同时，也是决定放牧季节内的最适饲养管理标准。在家畜放牧的过程中，家畜的采食量会同时受到家畜自身、牧草状况、营养条件三大因素的影响（Penning et al.，1995）。要调控家畜采食量，可以改变草地平均牧草现存量、牧后草地牧草现存量和草层高度，以及采用一定的家畜控制措施，如分区轮牧、混牧等。放牧管理的实质就是管理和控制家畜采食量，其核心内容就是平均牧草现存量，这是准确解释放牧试验家畜响应机制中最优先进行的常规测定指标。当前对家畜体重的研究主要集中在放牧制度、放牧强度、家畜采食量和采食行为、营养供给等与家畜体重的关系上。家畜的生产与牧民的经济生活息息相关，因此对于草地放牧系统的研究，在保证草畜平衡及草地能够健康持续地为人类社会提供生态服务的基础上，更要保证农牧民能够获得较高的经济效益。实现这一切都需要调控家畜生产性能这一手段。

放牧采食量与家畜体重的关系研究表明，在暖季家畜能够采食足够的牧草满足其需要，呈增重趋势；但是冷季采食量不足，引起大量掉膘。研究发现，在任何放牧强度下，相比连续放牧，划区轮牧能够显著提高家畜生产力。Davies 等（2001）的研究表明，在中度放牧下，轮牧处理怀孕后期绵羊的增重未高于连续放牧，而轮牧时羔羊的增重也没有显著高于连续放牧（Chapman et al., 2003）。随放牧强度的提高，家畜个体生产力下降，但单位面积草地上的生产力反而增加，但低载畜量仅在产毛量、羔羊断奶和半岁体重 3 项指标上显示出一定优势，绵羊其他生产性能与高载畜量没有显著差异。“早期高强度放牧（early-intensive stocking）”认为早春时人工草地地上保留较高的草丛，家畜表现出较大的增重，而且在矮禾草人工草地上采用高于常规强度二倍的放牧强度下，肉牛的个体总增重和日增重高于常规和三倍强度。在牧草生长旺盛阶段，延长轮牧放牧时间，可以获得较大的家畜增重，但当牧草生长速度缓慢时可以缩短轮牧时间。在连续放牧下，随着放牧强度的增加，绵羊的日增重、产毛量和繁殖成活率降低；6～10 月人工草地放牧牦牛增重效果优于天然草地放牧，1 岁牦牛人工草地连续放牧、轮牧和天然草地连续放牧的个体增重分别为 27.52kg/ 头、32.27kg/ 头和 25.04kg/ 头，2 岁牦牛的个体增重分别为 32.18kg/ 头、33.72kg/ 头和 29.93kg/ 头。

第三节　高寒人工草地综合利用

长期以来，我国在畜牧业生产中过度利用草地的生产功能，忽视其生态功能，造成草地大面积退化，草－畜关系失衡。据统计，我国约 90% 的天然草地发生了不同程度的退化，其中内蒙古、西藏、新疆、青海、四川和甘肃等牧区的退化草地比例高达 80%～97%。青藏高原草地目前利用的主要形式为放牧，草地畜牧业是当地居民收入的主要来源。青藏高原牦牛和藏羊的主要饲养方式依旧沿用传统单一的放牧或放牧加补饲的饲养放牧模式。虽然这种多年传统单一的放牧或放牧加补饲的模式在过去的几十年里符合当时畜牧业产业发展水平，但是随着人口逐年增加，居民生活水平不断提高，市场需求不断加大，牦牛和藏羊的头数不断激增。传统粗犷的饲养模式所带来的问题之一就是与草地生态系统保护发生激烈的冲突，固有的草地生态系统平衡被打破，草地持续退化，严重影响当地畜牧业的可持续发展。

同天然草地相比，建设优质高效的人工草地可以使饲草产量提高10～20倍。在我国广大农区、农牧交错区和部分牧区因地制宜地发展高产优质人工草地和半人工草地，可以大幅度提高草地的牧草产量和品质，有效缓解天然草地的压力，降低畜牧业对农业的依赖，缓解畜牧业与粮食生产争耕地的严峻现实（白永飞 等，2018）。在科学合理利用现有土地资源的同时，对草地生态系统进行有效而合理的维护并同步提高农民的经济效益，为国家粮食和食物安全做出实质性贡献，有望从根本上解决我国肉、奶生产中面临的优质饲草料严重短缺的瓶颈问题，进而遏制过度放牧引起的草地退化，恢复草地生态功能。

然而，人工草地建植是对其所在地顶极或亚顶极植被的一个大的扰动，人工草地从其建植开始，就存在着向原有的顶极或亚顶极状态恢复演替的压力（王刚 等，1995），因此人工草地具有竞争激烈、稳定性较差、抗干扰能力弱及敏感性强等特点。高寒多年生人工草地建植第2年草地生产力很高，但第5年起出现大幅度的衰退（李希来，1996）。人为干预强度不当、利用管理措施不配套，导致人工群落向原有的顶极或亚顶极状态演替，草地出现退化（尚占环 等，2006）。在三江源区，由于人工草地合理利用和管理技术的研究较少，优良多年生禾草单播草地虽然可以达到高产的目的，但群落稳定性差，草地衰退快，利用年限一般为3～5年，不利于生态环境建设。即使多年生禾草混播草地，在建植第2～3年生物量达到最高，但自第4～5年起出现大幅度的衰退。因此，本节基于现有文献，整理了高寒人工草地的综合利用方式。

一、饲草生产及草产品加工

青藏高原高寒中湿的气候条件，造就了植被类型以适合低温、大风、中湿的多年生草本植物为主。植被具有较强的抗寒性，丛生、莲座状或垫型，植株矮小，叶型小，被绒毛和生长期短，营养繁殖等一系列生物－生态学特征。因此，人工草地建植应结合不同区域气候特点和土壤条件，并根据其利用目的，建立不同功能的高寒人工草地，例如，选择耐牧耐践踏、群落稳定性好、草质柔软、适口性好的草种进行优化组合［青海中华羊茅（*Festuca sinensis* Keng cv. Qinghai）＋青海冷地早熟禾＋青海草地早熟禾］，达到不同草种对阳光、土壤营养及水分充分利用的牧用型人工草地；而选择抗逆性强、固土能力好、适应性广的草种，可建立退化天然草地恢复、退耕还（林）草地恢复的生态型人工草地；而选择植株高大、生长速度快、产量高的牧草品种即可建立刈用型人工草地。

影响人工草地种植的主要因素包括土壤条件准备、土壤肥力测定、牧草品种选择、播种时间、播种深度、杂草防除和鼠害防治等。种植人工草地，应通过深耕去除土壤次表层阻碍，平整土地以利于种子接触土壤、覆盖和灌溉，形成一个优质的苗床；根据当地气候特点和土壤条件，选择适宜的品种；播种的时机要有利于种子萌发和根系发育，播种深度应有利于种子出苗；实时监测牧草生长情况，科学施肥和灌溉，补偿养分和水分的不足；同时要加强杂草防除和鼠害防治。一年生牧草主要在高寒牧区退化草地和退耕还（林）草草地上（草带区）建立饲草料基地，采用青干草捆、捆裹青贮、窖贮等加工方法，用于当地及周边地区家畜的冬季补饲及育肥。多年生禾本科单播 / 混播人工草地应通过建立相对稳定的人工群落，采用刈割利用的方式，以生产青干草捆，或在收获草籽后将牧草加工成青干草捆，进一步加工成草粉、草颗粒和草块等，用于抗灾保畜、当地及周边地区的家畜冬季补饲育肥。

刈割牧草的主要利用方式有鲜饲、青贮、调制干草 3 种。鲜饲是一种成本相对较高的牧草利用方法，但可以保证每天的饲料都具有相同的品质。每天将鲜草切碎，直接运到畜舍进行饲喂。青贮一般用作冬季饲料，通常是把春季和初夏放牧剩余的牧草进行青贮处理，但也可将大部分牧草直接用于青贮。青贮需要把握好一些关键的技术环节，包括牧草青贮前通过半干燥降低含水量，此时需要干燥晴好的天气。青贮用的牧草不能含土和其他杂质，而且需要快速集草和进行青贮，以保证在青贮过程中可以尽可能地压紧牧草并隔绝空气。在青贮过程中，牧草中的糖分转变成各种不同的酸来保存牧草，有时也需要接种青贮所需的细菌或添加糖分。禾本科牧草比豆科牧草更容易进行青贮，因为它们的糖分含量较高。调制干草是另外一种储存冬季牧草的方法，最关键的是要保持干燥，以确保干草长期贮藏而不会腐败。

二、全混合日粮及饲喂

由于青藏高原突出的季节性气候变化，牧区草地畜牧业生产中冷季饲草料营养品质差、饲料价格低、经济效率低已成为限制畜牧业发展的瓶颈。全混合日粮（total mixed ration，TMR）由于其针对牲畜在不同生长发育阶段的营养需求，按营养需求设计配方，将粗饲料（青干草、青贮牧草等）、精饲料（麸皮、粉碎青稞、玉米、油菜饼等）和辅料（矿物质、维生素等其他添加剂）充分搅拌、切割、揉搓、混合后直接饲喂，保证了牲畜所采食的每一口饲料都具有均衡性的营养（陈玉华　等，2017）。TMR 技术的应用可明显改善高寒家畜冷季规模化育肥补饲中季节性营养不平衡的状况、提高饲草料资源利用率（赵亮　等，2013）。

TMR 饲养技术，可有效地避免传统栓系饲养方式下家畜对某一特殊饲料的选择性采食，消除畜体摄入营养不平衡的弊端，可较好地控制日粮的组成和营养水平，确保营养的平衡性和安全性，提高饲料利用率。在高寒牧区开展的 TMR 饲养试验发现，TMR 加工工艺明显地改善粗饲料的适口性，牦牛干物质采食量比传统饲喂提高了 19.95%，日排粪量比传统饲喂组降低了 37.33%，饲草料表观消化率提高了 23.50%，牦牛的粗蛋白（crude protein，CP）消化率提高 13.27%，料重比降低 58.25%，牦牛每日体高平均增加 2.26mm，而体长增加 2.52mm。这表明，相比传统饲喂，TMR 能够提高粗饲料利用率、饲草料的消化利用率、牦牛的生长潜力，同时可以缓解家畜粪便排泄造成的环境污染。

三、人工草地畜牧业优化模式

高寒天然草地退化的根本原因在于人类放牧活动日益加剧造成的过度干扰，以及原始传统落后的畜牧业生产经营管理方式（周华坤，2004；赵新全 等，2005）。草地植物资源的科学经营应以高生产力和高生物多样性为目标，建立人工草地的目的是持续获得优良牧草的高额产量。通过饲草基地建设、草产品加工与饲料配方及牦牛的太阳能暖棚饲养，可缩短牲畜存栏时间，减轻放牧压力，保护天然草场，实现畜牧业增效、农牧民增收，达到草地畜牧业与生态环境协调发展的目标。

青藏高原高山大川密布，地势险峻多变，地形复杂，其平均海拔远远超过同纬度周边地区，各处高山参差不齐，落差极大，海拔 4000m 以上的地区占青海全省面积的 60.93%。青海省地貌复杂多样，五分之四以上的地区为高原，东部多山，西部为高原和盆地，兼具青藏高原、内陆干旱盆地和黄土高原 3 种地形地貌。因此，确定人工草地利用模式是放牧型、刈割青贮型，还是放牧＋刈割型，需考虑不同地区人工草地的坡度及交通状况。

天然草地放牧＋舍饲育肥模式（图 0.1）：在地势较为平缓、有利于机械作业的玉树市、囊谦县、黄南藏族自治州（俗称黄南州）和格尔木市农牧交错区较为合适；夏秋季节对未选育的公犊牛（羔羊）、淘汰母牛（母羊）在天然草地上进行放牧育肥，10 月下旬转场之前，对它们继续进行暖棚育肥，淘汰母牛（母羊）12 月底出栏。

人工草地放牧＋舍饲育肥模式（图 0.2）：在一部分不利于机械作业地区，可于夏季放牧育肥；在一部分适于机械作业地区，可对人工草地进行刈割青贮。

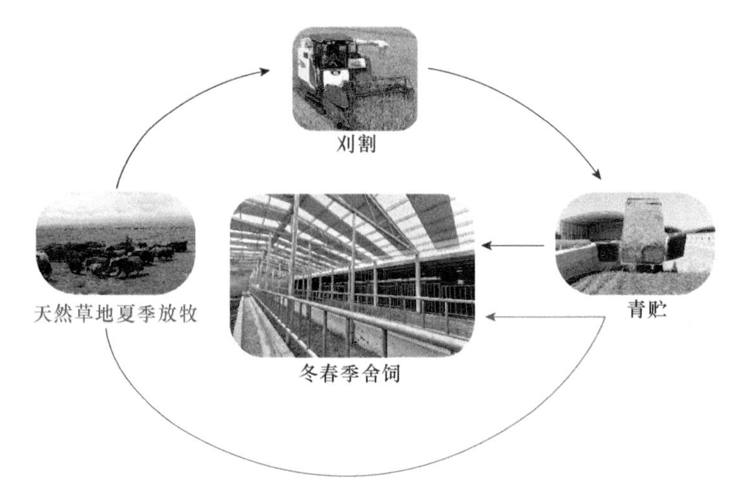

图 0.1　天然草地放牧＋舍饲育肥模式

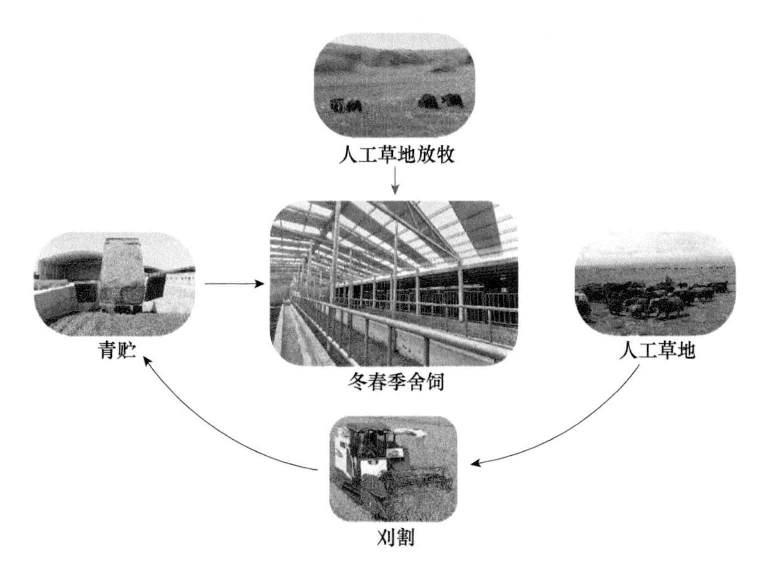

图 0.2　人工草地放牧＋舍饲育肥模式

人工草地刈割青贮＋人工草地放牧＋舍饲育肥模式（图 0.3）：在地势平缓且交通便利的人工草地，7 月下旬可对人工草地牧草全部进行刈割青贮；然后将 15～18 月龄未选育的公牛犊（羔羊）和淘汰母牛（羊）在刈割后的人工草地上集中育肥 3 个月，膘情和体重达到出栏标准的牛羊尽快出栏，膘情和体重未达到出栏标准的进行舍饲育肥。

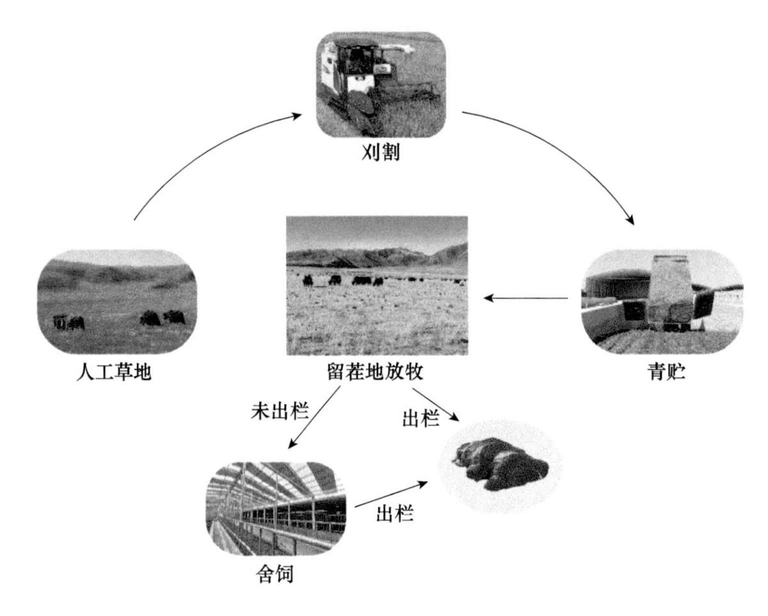

图 0.3　人工草地刈割青贮＋人工草地放牧＋舍饲育肥模式

第一篇

高寒人工草地栽培与管理

第一章 适宜草种种植区划

青藏高原独特的地理环境和特殊的气候条件，形成了世界上独一无二的高寒湿地、高寒草甸、高寒草原和高寒荒漠等生态系统，孕育了三江源区独特的生物区系。青藏高原具有丰富的物种多样性、遗传多样性和自然景观多样性，是世界上高海拔地区最珍贵的种质资源基因库，被誉为高寒生物自然种质资源库。

青藏高原高寒中湿的气候条件，造就其植被类型以适合低温、大风、中湿的中生多年生草本植物为主。特殊的极端气候条件造就了独特的种质基因库的同时，也使外来物种很难适应本区域气候。在草地生态系统退化后，植被恢复的适宜种大多数来源于这个基因库。受地理、气候条件的限制，针对此区域草种的培育一直处于初级阶段，主要以野生驯化为主，且开展时间较晚。在目前青藏高原生态系统受到人为和气候的影响而呈现全面退化的趋势下，采用人工干预方式选择哪些物种来修复其生态系统，是亟须解决的科学问题。

第一节 适宜草种的引种驯化选育

一、三江源区牧草的引种驯化

（一）三江源区牧草引种驯化原则

植物的引种驯化（introduction and acclimatization）为农业的诞生和发展奠定了基础，并且推动着人类物质文明和精神文明的不断发展。引种是指物种或品种的定向迁移；驯化是人类对植物适应新的地理环境能力的利用和改造。引种和驯化既互相联系又有区别：引种是驯化的前提，没有引种，就没有驯化；驯化是引种的客观需要和发展，没有驯化，引种就失去了生产意义。影响植物引种驯化成败的因子有外因和内因两个方面。外因主要是环境因子，主要有温度、光照、湿度（空气湿度和土壤湿度）、土壤等；内因主要是植物本身的固有特征。因此，植物引种驯化应遵循因地制宜的原则。植物的生长发育离不开环境条件（气候、土壤、生物），任何一个植物品种都是在一定的生态地区范围内，通过自然选择和人工选择，形成与该地区生态环境及生产要求相适应的品种类型。我国古代对引种驯化就有总结（黄宏文 等，2015），后魏贾思勰《齐民要术》中提出“习以成性”，讲的就是驯化。元朝王祯在《王祯农书》提出“土地不宜”，讲的是引种。这些论述表明环境条件可以改变植物的适应性，引种植物受土壤等生态条件的限制。引种时应尽可能从纬度和海拔相近、温度和日照相差不大、环境条件相似的地区进行。三江源区地势起伏较大，地形条件复杂，海拔为3300～6500m，全年平均气温为−5.6～3.8℃，气候寒冷，年均降水量为262.2～772.8mm。根据三江源区的气候特点，三江源区引种的首要条件是对高寒气候的适应。

（二）三江源区多年生牧草的引种驯化

三江源区高寒草地的特征是草层低矮、结构简单、层次分化不明显、生长密集、覆盖度较大、生长季短、生物生产量低、集群式营养繁殖。鉴于以上特点，经过前人长时间的探索和实践，三江源区牧草的驯化落脚于多年生禾草。自20世纪70年代以来，在国家牧草、饲料作物优良品种资源调查与繁育工作的推动下，1971～1979年青海省畜牧兽医科学院草原研究所和青海省同德牧场在同德县巴滩草原和泽库县夏德日公社羊玛日大队开展了牧草引种驯化试验，从植物学特征、生物学特征、栽培技术和适应性、营养成分、牧草产量、种子产量等方面对草种进行了评价，驯化选育出冷地早熟禾（现登记为地方品种：青海冷地早熟禾）、糙毛以礼草（*Kengyilia hirsuta*）、布顿大麦草（*Hordeum bogdanii*）、星星草（*Puccinellia tenuflora*）（现登记为地方品种：同德小花碱茅）和中华羊茅（现登记为地方品种：青海中华羊茅），并选育出地方品种多叶老芒麦［现登记为地方品种：青牧1号老芒麦］。

自1978年起，在玛多县先后引种18种牧草（吴玉虎 等，1983；1984；1985；1986），通过适应性评价，确定垂穗披碱草、梭罗草（*Kengyilia thoroldiana*）等13个适宜当地种植的品种。通过上述研究和实践，筛选出的青牧1号老芒麦、青海冷地早熟禾、同德小花碱茅、青海中华羊茅和垂穗披碱草目前作为退化草地生态治理的当家草种，在三江源生态保护和建设中广泛应用，并在青海省良种繁殖场（同德县）进行规模化生产。1978～1983年，在玉树市和共和县对无芒雀麦等进行栽培试验（车敦仁 等，1985），目前该草种仍然是海南藏族自治州（俗称海南州）贵南、贵德和共和县等地区退耕还林草的当家草种。1983～1986年青海省畜牧兽医科学院实施的“在冬春草场建立人工草地技术研究”和“当家草种区划研究”课题在青海省设立4个不同生态类型区12个试点引种20种牧草，提出了青海省不同生态类型区草种种植区划。1996～1999年，先后从欧洲、北美洲引进了19个多年生禾本科牧草和5个豆科牧草（刘迎春 等，2002）。在果洛州达日县和玛沁县通过2年的栽培试验，筛选出冰草、羊茅（*Festuca ovina*）、紫羊茅（*Festuca rubra*）、无芒雀麦、鸭茅（*Dactylis glomerata*）、硬叶偃麦草（*Elytrigia smithii*）、草地早熟禾（*Poa pratensis*）和梯牧草（*Phleum pratense*）8种多年生牧草，其越冬率高于20%，可以在青海省果洛地区及青海南部其他地区栽培和驯化。黄羽扇豆（*Lupinus luteus*）、苜蓿（*Medicago sativa*）和红豆草（*Onobrychis viciifolia*）等豆科牧草越冬率低，尚需进一步试验。2001～2003年，在同德县巴滩对6种禾本科牧草进行了引种试验（郭树栋，2006），从产量和经济性状两方面作了评价。2001～2006年"青南地区适用草种选育"项目登记了青海冷地早熟禾、青海中华羊茅、同德老芒麦（*Elymus sibiricus* cv. Tongde）、青牧1号老芒麦和青海短芒披碱草5个新品种。

利用以上研究成果，施建军（2002）等（2003a，b；2005；2006a，b，c；2007a，b；2009）在果洛州达日县、玛沁县，对禾本科17属42种牧草开展了4～5年的引种试验，从越冬性能、返青情况、生长情况、生育期、草层结构、营养成分、牧草产量、种子产量等方面进行评价，筛选出9属21种适宜此区域栽培的草种。在综合比较的基础上，确定6属14种草种是三江源区黑土滩治理的适宜草种。在此研究成果的支持下，课题组先后在果洛州（玛多县、甘德县）、海北藏族自治州（俗称海北州）（祁连县、刚察县）、玉树藏族自治州（称多县、玉树市、曲麻莱县）、海南州（同德县）进行了区域试验，垂穗披碱草、同德短芒披碱草、同德老芒麦、青海中华羊茅、青海冷地早熟禾和青海草地早熟禾是当前黑土滩治理中大面积推广应用的首选草种，青海扁茎早熟禾、同德小花碱茅、麦蕒草（*Elymus tangutorum*）、梭罗草和疏花针茅（*Stipa penicillata*）是黑土滩治理的后备草种，品种的合理配置可提高黑土滩人工草地的稳定性和生产力。

（三）一年生牧草的引种驯化

三江源区的高海拔和寒冷的气候条件限制了大部分长日照高产饲料作物的生长，但其暖季冷凉湿润的气候却适宜燕麦的生长。1971～1975年青海省同德牧场和青海省畜牧兽医科学院草原研究所在同德县巴滩草原先后选育出耐寒、耐旱、早熟、高产、优质，适宜类似巴滩草原区栽培的巴滩1号、2号和3号新品种。近年来，随着草原建设的开展，燕麦主要在圈窝种草和饲草料基地建设中广泛应用，结合项目开展了一些引种栽培试验（施建军 等，1999a，b；康海军 等，2000；杨力军 等，2002）。燕麦的选育和制种主要在东部农业区进行，并从世界各地引进了大量燕麦新品种，如：从澳大利亚引进的奥皮燕麦、Cooba、

Bimbil、Esk、Nile、Saia 等；从芬兰引进的 YTY、Lena；从挪威引进的 YTA；从丹麦引进的 146、444、437、2449；从英国引进的 Melys、Noen；从欧盟引进的 Echidna、Wallaroo、Swan、Marloo 等。青海省畜牧兽医科学院是西北地区拥有饲用燕麦种质资源最多（800 余份）的单位。

20 世纪 70 年代，在同德巴滩和泽库夏日德，青海省畜牧兽医科学院草原研究所和青海省同德牧场引种 11 个豌豆品种，为该区豌豆的引种选育奠定了基础。同时，引进了聚合草（*Symphytum officinale*），但推广种植面积不大，90 年代后退出市场。芜青（Brassica rapa）是古老的药食两用特有经济植物，也是青藏高原栽培历史较长的多汁饲料植物。

二、三江源区草地种质资源选育

（一）多年生禾草的选育

基于多年生禾草的引种驯化，青海省牧草良种繁殖场、青海省畜牧兽医科学院、中国科学院西北高原生物研究所联合攻关，选育登记了青海中华羊茅（品种登记号：261，2005 年）、青海冷地早熟禾（品种登记号：263，2004 年）、青海扁茎早熟禾（品种登记号：278，2004 年）、青牧 1 号老芒麦（品种登记号：279，2005 年）、同德老芒麦（品种登记号：280，2004 年）、青海草地早熟禾（品种登记号：304，2006 年）、同德短芒披碱草（品种登记号：331，2006 年）、同德小花碱茅（品种登记号：343，2007 年）、同德无芒披碱草（*Elymus sinosubmuticus* Keng f. cv. Tongde，品种登记号：465，2014 年）、同德贫花鹅观草［*Roegneria pauciflora*（Schwein.）Hylander cv. Tongde，品种登记号：492，2015 年］、沱沱河梭罗草［*Kengyilia thoroldiana*（Oliver）J. L. Yang et al cv. Tuotuohe，品种登记号：558,2018 年］、环湖寒生羊茅（*Festuca kryloviana* cv. Huanhu，品种登记号：577，2019 年）、环湖毛稃羊茅（*Festuca kirilowii* cv. Huanhu，品种登记号：575，2019 年）。

（二）燕麦的选育

在一年生饲草品种方面，青海省畜牧兽医科学院等单位先后培育出青引 1 号燕麦（品种登记号：281,2004 年）、青引 2 号燕麦（品种登记号：282,2004 年）、青莜 3 号莜麦（品种登记号：406，2010 年）、青燕 1 号（青审麦 2011004）、白燕 3 号、林纳（青审麦 2011004）、青海 444。

（三）嵩草属植物的选育

嵩草属（*Kobresia*）植物是青藏高原高寒草甸和灌丛草甸等草地生态系统的建群种，属莎草科薹草亚科，广泛分布于青藏高原。嵩草属植物种子的生产能力较大，但是由于种子很小，种皮坚硬，发芽率低，加之青藏高原的恶劣环境条件，最后能萌发为实生苗的种子比例较小（李希来 等，1996），驯化研究尚处于初步阶段，目前尚无突破性进展。

第二节 适宜草种区划指标体系的建立

整理青海省 50 个气象台站气象要素的资料（1971～2000 年），利用青海省 GRID 格式的 1∶25 万 DEM（数字高程模型），根据青海省各县市气象台站的经纬度、海拔等要素，结合引种试验实测数据建立牧草气候生态区指标体系。

一、牧草区划气候数据的收集及模型建立

（一）光能数据

太阳辐射是地球上一切活动的主要能量来源，也是地球气候形成的最重要的因子，对地表辐射平衡、能量交换以及天气气候的形成具有决定性的意义。太阳辐射的变化对农业、气候及日常生活有重要影响。太阳能工程的设计和农业生产潜力的估算都以太阳总辐射量为重要依据。但是我国陆地范围内仅有不到 100 个太阳辐射观测站，青海省 72 万 km^2 范围内也只有 5 个太阳辐射观测站，远远不能满足实际需要。通过考虑地理、气象因子影响，利用站点所观测的太阳辐射资料，建立基于物理模型的太阳辐射空间模型，对太阳辐射进行空间分布模拟研究具有重要的实际应用价值。

本试验区平均海拔 4000m，之前国内研究中得到的经验系数应用于高原区域太阳辐射计算时，难免产生较大的误差。另外，由于太阳辐射是研究草地第一性生产力的重要因子之一，因此，太阳辐射空间数据的获取将为青藏高原区域草地生产力研究提供必要的数据支撑。本书以国内外对太阳辐射有关参数、计算模型为基础，通过地外水平面辐射量、大气透明系数的计算，应用 DEM 模型，利用 Angstrom 模式，建立了青藏高原 500m×500m 的月、年太阳总辐射栅格模型，模拟了青藏高原高寒草地 30 年平均月、年太阳总辐射空间分布。

收集青海省原有的 50 个气象台站 1961 年以来到 2007 年 12 月的日照、气温、气压、蒸发、地面温度等；太阳辐射包括西宁、格尔木、刚察、玛沁、玉树 5 个太阳辐射观测站总辐射观测资料。其中，西宁资料时段为 1961 年 1 月～2007 年 12 月，格尔木资料时段为 1961 年 1 月～2007 年 12 月，玛沁资料时段为 1992 年 9 月～2007 年 12 月。

影响太阳辐射的因子主要有 4 类。①天文因子：日地距离、太阳赤纬角；②地理因子：测站的纬度、海拔；③大气物理因子：纯大气消光、大气中水汽含量、大气浑浊度（包括波长指数和浑浊度系数）等；④气象因子：天空总云量、日照时数（日照百分率）。其中：天文因子与辐射的关系不言而喻；地理因子中的纬度实际影响到的是太阳赤纬角，海拔反映的是大气的厚度；大气物理因子反映的是水汽及气溶胶等对辐射的吸收、漫射等作用；气象因子反映的是天空遮蔽状况。太阳总辐射的空间分布模型建立分为地外水平面辐照度的计算和太阳总辐射的气候学推算两部分。

地外水平面辐照度计算模型。该计算模型指垂直于太阳光线地球大气上界获得的太阳辐射，由于不存在大气干扰，计算相对容易一些。对于某一给定日期垂直于太阳光线的表面，从太阳获得的辐照度为

$$E_n = E_{sc} \times (r_0/r)^2$$

式中，E_{sc} 为太阳常数，世界气象组织（WMO）1981 年的推荐值为 1367W/m^2；$(r_0/r)^2$ 是当天日地距离订正系数。相对水平面而言，显然不能直接引用太阳常数，需要进行入射角度订正，计算公式为

$$E_c = E_n \times \sin H$$

$$E_n = E_{sc}(r_0/r)^2(\sin\delta\sin\varphi + \cos\delta\cos\varphi\cos\tau)$$

$$(r/r_0)^2 = 1.000\,423 + 0.032\,359\sin\theta + 0.000\,86\sin2\theta - 0.008\,349\cos\theta + 0.000\,115\cos2\theta$$

式中，φ 为该地纬度；H 为该时刻太阳高度角；δ 为该日太阳赤纬角；τ 为时角；θ 为日角。

下面进行 θ、H、δ 的计算。

1．日角计算

$$\theta = 2\pi t/365.2422$$

$$t = N - N_0$$

$$N = 79.6764 + 0.2422 \times (\text{year} - 1985) - \text{INT}[(\text{year} - 1985)/4]$$

式中，N 为积日，就是日期在年内的顺序号，平年 12 月 31 日的积日为 365，闰年则为 366；INT 为取整函数；year 为计算年份。

2．太阳高度角

太阳高度角是太阳光线与水平面的夹角，与地理纬度、赤纬角、时角有关，计算公式为

$$\sin H = \sin\delta\sin\varphi + \cos\delta\cos\varphi\cos\tau$$

$$\tau = 0$$

$$\sin H = \sin\delta\sin\varphi + \cos\delta\cos\varphi = \cos(\varphi - \delta)$$

式中，H 为太阳高度角；φ 为该地纬度；δ 为该日太阳赤纬角；τ 为时角，其中时角是

描述太阳在1天24小时内的运动情况，取每日正午太阳时角即可代表，故 $\tau=0$。

3．太阳赤纬角的计算

太阳赤纬角等于太阳入射角与地球赤道之间的角度，由于地球自转轴与公转平面之间的角度基本不变，因此太阳赤纬角随季节不同而有周期变化，其周期等于地球的公转周期，即1年。在赤道坐标系中，赤纬角是从天赤道沿太阳的赤经圈到太阳的角距离，太阳在天赤道以北为正，以南为负，变化范围为±23.44°。计算公式为

$$\delta=0.3723+23.2567\sin\theta+0.1149\sin 2\theta-0.1712\sin 3\theta+0.758\cos\theta$$
$$+0.3656\cos 2\theta+0.0201\cos 3\theta$$

4．日天文辐射量的计算

求得以上参数之后，某一时段内的天文辐射可表达为

$$\mathrm{d}E_{sc}=E_n\times\sin H\mathrm{d}t$$

日天文辐射为从日出到日落时段内的积分

$$E_d=\int_{\tau_0}^{\tau_s}E_{sc}\mathrm{d}t=2\int_{0}^{\tau_s}E_{sc}\mathrm{d}t$$

将时间转化为时角，

$$E_\mathrm{d}=\frac{24}{\pi}E_{sc}(r_0/r)^2\times\int_{0}^{\tau s}\sin\delta\sin\varphi+\cos\delta\cos\varphi\cos\tau\mathrm{d}\tau$$

积分结果为

$$E_d=\frac{24\times60\times60}{\pi}E_{sc}(r_0/r)^2(\tau_s\sin\delta\sin\varphi+\cos\delta\cos\varphi\sin\tau_s)$$

式中，τ_s 为日出时角。

在积分过程中要注意，由于太阳常数的单位为 W/m^2，所以时间的单位需化作秒，角度单位统一取弧度。

由于是水平面，

$$\beta=0$$
$$\tau_s=\arccos[-\tan\sigma\tan(\varphi-\beta)]$$
$$\tau_s=\arccos(-\tan\sigma\tan\varphi)$$

5．月天文辐射量计算

求得日天文辐射量之后，通过累加每日天文辐射量，可求得月天文辐射量，但实际上，月份中有代表性的日天文辐射量乘以当月天数获得的值和通过累加得到的月天文辐射量误差很小，因此，本书将利用各月代表日的日天文辐射量的计算来获取月天文辐射量（表1.1）。

表 1.1　各月代表日

月份	日期	赤纬角/°	序日
1	17	−20.84	17
2	14	−13.32	45
3	15	−2.40	74
4	15	9.46	105
5	15	18.78	135
6	10	23.04	161
7	18	21.11	199
8	18	13.28	230
9	18	1.97	261
10	19	−9.84	292
11	18	−19.02	322
12	13	−23.12	347

至此，得到了水平面月天文辐射量的计算模式。

$$E_m = N_m \frac{24\times60\times60}{\pi} E_{sc}(r_0/r)^2 (\tau_s \sin\delta\sin\varphi + \cos\delta\cos\varphi\sin\tau_s)$$

式中，N_m 为每月日数。

太阳总辐射的气候学计算，根据其所选取的要素不同，可以分为不同的模型，最典型的模式为强调日照时数 / 云量与太阳总辐射关系的 Angstrom 模式：

$$\frac{Q}{Q'} = a + b\frac{n}{N}$$

式中，Q 为太阳总辐射；Q' 为潜在太阳总辐射、大气总辐射或天文总辐射；n、N 分别为实际日照时数和可能日照时数（即日照百分率）；a、b 为待定系数。

潜在太阳总辐射是晴天无云条件下的太阳总辐射，是地球表面可能接受到的太阳总辐射的最大值，即在充分考虑太阳几何和地形因素及大气衰减等因素影响的条件下，计算到达地球表层的太阳总辐射量。对天文辐射经大气透射订正即可认为是该地的潜在太阳辐射。如果再考虑气象因子，即云的影响，那么用模式所计算的太阳辐射即为该区域水平面上的太阳辐射。研究表明，使用晴天天气总辐射、理想大气总辐射或天文总辐射进行计算差别不大，用日照百分率比云量效果好，双因子略好，但相差不大。本书确定计算公式为

$$Q = Q_0 t_b \left(a + b\frac{n}{N}\right)$$

式中，Q 为地表水平面接收的太阳总辐射；Q_0 为天文辐射，可按上文给出模式求出；$\frac{n}{N}$ 为日照百分率，为国家基本气象站观测项目；a、b 为系数，可回归求出；t_b 为大气透明度系数，下文将讨论给出。

6．大气透明度系数的计算

在晴朗无云的条件下，太阳直射辐射除了受到大气量的影响外，在大气中的传输还受到 3 种减弱：分子散射、臭氧吸收、某些气体选择吸收。

$$t_b=0.56\left(e^{0.56M_h}+e^{-0.095M_h}\right)$$

$$M_h=M_0\times P_h/P_0$$

$$M_0=\left[1229+\left(614\sin H\right)^2\right]^{0.5}-614\sin H$$

$$P_h/P_0=\left[\left(288-0.0065h\right)/288\right]^{5.256}$$

式中，M_h 为海拔为 h 的大气量；M_0 为海平面上的大气量；P_h/P_0 为大气压修正系数，h 为海拔（m）。该方程充分考虑了分子散射、臭氧吸收、某些气体选择吸收等因素，其拟合晴朗无云条件下的大气透明度系数的误差范围在 3%以内。

垂直于太阳光方向的大气直接辐射强度与它穿透大气层的路径和大气透明度系数（t_b）有关。太阳直接辐射穿过的大气路径用大气量表示，其数值大小与太阳高度角和当地的地形高度及大气压有关。

7．a、b 系数的确定

通过对玉树、西宁、格尔木 3 站模型计算得到潜在太阳辐射资料和实际观测日照百分率资料进行统计回归，得到 1～12 月 a、b 系数（表 1.2），均通过 t 检验。各月方程拟合率 R^2（表 1.2），9 月最高为 0.842 88，12 月最低 0.5227，均通过 α 检验。

表 1.2　各月总辐射 a、b 系数及拟合度

月份	a 值	b 值	R^2	月份	a 值	b 值	R^2
1	0.272 44	0.008 03	0.536 68	7	0.163 71	0.007 96	0.610 22
2	0.244 72	0.007 43	0.556 76	8	0.154 76	0.008 24	0.716 09
3	0.135 12	0.008 850	0.622 01	9	0.123 73	0.009 06	0.842 88
4	0.066 89	0.009 51	0.744 49	10	0.146 50	0.009 05	0.718 74
5	0.099 08	0.008 82	0.647 22	11	0.125 29	0.000 54	0.750 70
6	0.125 69	0.008 71	0.677 29	12	0.141 49	0.010 18	0.522 7

在建立模型过程中，将玉树、西宁、格尔木 3 站 1980～1983 年 4 年资料留

取，作为模型效果检验所用，3 站分别位于青海西部柴达木区、东部工业区、南部草原区。

图 1.1 为 3 站 1980 年 1～12 月模拟值和实测值对比结果。可以看出，3 站模拟效果均较理想，模型能完全模拟 3 站月辐射变化趋势。玉树站最小绝对误差值为 0.23MJ/m^2（12 月），最大绝对误差为 82.75MJ/m^2（6 月）。西宁站最小绝对误差值为 20.14MJ/m^2（12 月），最大绝对误差为 65.78MJ/m^2（6 月），模拟值整体高于实测值，这可能是由大气透射率的计算误差引起的。西宁地区为青海省人口聚集区和工业区，其大气透明系数要小于理想大气的透明系数。至于二者的定量关系，还需进一步研究。格尔木站最小绝对误差值为 0.14MJ/m^2（10 月），最大绝对误差为 48.97MJ/m^2（4 月），误差值属于模型随机误差。

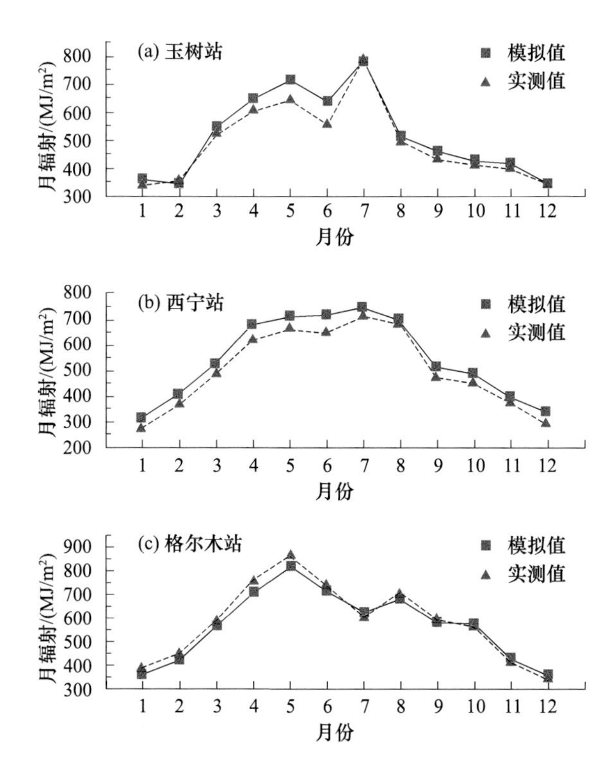

图 1.1　3 站 1980 年 1～12 月模拟值和实测值对比

对玉树、西宁、格尔木 3 站 1980～1983 年模型检验值的相对误差分析。格尔木站和玉树站 4 年 48 个检验值相对误差平均分别为 4.86% 和 6.74%。两站 96 个检验值中有 60 个值相对误差小于 10.00%，43 个值相对误差小于 5.00%。西宁站相对误差平均值为 10.46%，可能大气悬浮物对大气透射系数造成了影响，说明青海东部工业污染区模型的模拟精度要低于西部、南部区域。3 站平均相对误差 7.40%，总体来讲，模拟结果良好。

青海省太阳总辐射年平均值为 6771.95MJ/m^2，范围为 5472.40～7581.29MJ/m^2，空间分布不均匀，呈西北到东南部减少的态势。有 3 个最高值区，分别位于可可西里地区、柴达木盆地南部山区、大柴旦西部区域（7200～7400MJ/m^2）。最低值区域位于河湟谷地（5400～5600MJ/m^2）；祁连山区、青南久治县和班玛县是次低值区（5600～5800MJ/m^2）。按行政区域分析，区域年太阳辐射平均值最高的区域是可可西里，达到 7223.75MJ/m^2，其次为大柴旦镇和格尔木市，分别为 7076.98MJ/m^2 和 7056.40MJ/m^2；区域年太阳总辐射平均值最低和次低的区域是东部农业区的民和县、互助县，其值分别为 5777.00MJ/m^2 和 5902.70MJ/m^2。

青海省全省从 1 月开始太阳总辐射逐渐增加，到 5 月达到最高值，本月全省区域平均值是 717.24MJ/m^2，全区内最小值为 559.37MJ/m^2，最大值为 843.33MJ/m^2，变动范围达到 283.96MJ/m^2。6 月降低，其值为 695.48MJ/m^2，7 月又上升，为全年次高月份，全省平均值为 701.96MJ/m^2。从 8 月开始减少，到 12 月降至最低值，全省平均值为 352.63MJ/m^2，全区内最小值为 264.92MJ/m^2，最大值为 429.00MJ/m^2，变动范围达到 164.08MJ/m^2。

各月太阳总辐射在全省内的空间分布特征不尽一致。冬春季节柴达木盆地、河湟谷地、玉树、果洛南部区域是低值区；而从 4 月开始，柴达木盆地成为辐射的高值区，另外可可西里、海西都兰地区也是两个高值区，这种特征一直持续到 8 月；4～8 月太阳总辐射量约占全年总辐射的 60%，从而也决定了上述区域年太阳总辐射为全省的高值区。

（二）热量数据

青海省图形资料主要来源于青海省气象科学研究所，包括青海省 GRID 格式的 DEM（数字高程模型）和青海省县级行政区划图。属性数据包括东北部地区所辖县市各气象台站的经度、纬度、边界、海拔。气象数据包括青海省 1961～2008 年各月平均气温、各月降水量、各月平均相对湿度、各月平均最高气温、各月平均最低气温等，气候整编资料时间为 1971～2000 年。

影响气候要素空间分布的地理、地形因子很多。大气候要素主要是当地的经度、纬度和海拔，简称宏观地理因子；小气候因素主要指坡度、坡向和地形遮蔽度，简称小地形因子。构建宏观地理因子和小地形因子的空间数据库是建立地区各气候要素 GIS 空间分布模型的基础。

气候要素模拟值可以分解为宏观本底部分、微地形影响部分、随机误差部分。宏观本底部分反映区域性的气候特征，受大范围性的宏观因子（如经度、纬度、海拔等因素）的控制；微地形影响部分反映局地气候变化，受局部的小地形因子影响。因此，将气候要素的空间分布表示为

$$\mathrm{RM}=F(alt, lat, lon)+W(asp, slo, shi)+E$$

式中，RM为所要模拟的温度、降水、相对湿度等气候要素；F为大地形影响的宏观本底值；alt为海拔；lat为纬度；lon为经度；W、E分别为小地形和随机误差影响的结果；asp为坡向；slo为坡度；shi为遮蔽度。

分别采用三维二次趋势面模拟方法和多元回归分析方法对各气候要素的空间分布进行模拟。多元线性回归分析应用较为简单，模拟的是海拔、经度、纬度、坡度、坡向、遮蔽度单独对气象要素值的影响；三维二次趋势面模式，考虑了上述三因子两两结合的影响效果。有文献认为三维二次趋势面方法模拟效果要优于多元线性回归方法。但对青海省气候要素的实际模拟结果发现，从拟合效果和检验效果分析，对不同的地理要素因子，两种方法各有优劣。

对气象要素完成宏观本底部分的模拟分析之后，一个重要的问题是要对其进行微地形部分的模拟。要素点所处的坡度、坡向、遮蔽度不同，接收的太阳辐射有一定的差异，必然引起热量因素分布的差异。另外，对于降水要素，坡向更具显著影响。

在GIS支持下，以青海省DEM数据为基础，应用GIS系统中GRID模块的表面分析函数slope和aspect得到青海地区的坡度和坡向栅格图（彩图1和彩图2）应用以下公式创建地形遮蔽度栅格图：

$$k_i=n_i/N_i$$

式中，k_i为i公里范围的遮蔽度；n_i是以中心点为准、边心距为i公里的正方形范围内，海拔大于中心点高度的网格点数；N_i是除中心点外，边心距为i公里的正方形范围内网格点的总数。

借鉴前人关于遮蔽度对常规气候因子影响的研究成果，在计算遮蔽度时，选择的是5km的遮蔽度，临界值为50m。通过以上方法，建立了青海省年平均气温、月平均气温、月最高气温、月最低气温多元线性回归和三维二次趋势面模式（表1.3～表1 .8），并以此模式建立了青海省年平均气温、月平均气温500m分辨率的热量资源分布图（彩图3）。表1.9～表1.11依次表示积温多元线性回归模式、积温三维二次趋势面模式、初终日多元线性回归模式。表1.3～表1.11中，x_1=海拔、x_2=纬度、x_3=经度、x_4=坡向、x_5=坡度、x_6=遮蔽度、x_7=海拔×纬度、x_8=海拔×经度、x_9=纬度×经度、x_{10}=坡向×坡度。

表 1.3　气温多元线性回归模式

项目	模式	R^2	F 值	F 检验	T 检验			
1 月气温	$y=90.761-0.006x_1-1.678x_2-0.229x_3$	0.921	178.527	<0.0001	<0.0001	<0.0001	<0.0001	<0.0001
4 月气温	$y=90.556-0.007x_1-1.06x_2-0.271x_3$	0.964	434.757	<0.0001	<0.0001	<0.0001	<0.0001	<0.0001
7 月气温	$y=104.889-0.007x_1-0.613x_2-0.49x_3$	0.950	292.725	<0.0001	<0.0001	<0.0001	<0.0001	<0.0001
10 月气温	$y=84.777-0.006x_1-1.168x_2-0.214x_3$	0.958	352.355	<0.0001	<0.0001	<0.0001	<0.0001	<0.0001
年气温	$y=94.672-0.007x_1-1.119x_2-0.323x_3$	0.957	337.849	<0.0001	<0.0001	<0.0001	<0.0001	<0.0001

表 1.4　气温三维二次趋势面模式

项目	模式	R^2	F 值	F 检验	T 检验				
1 月气温	$y=33.413+0.001x_1\times x_2-0.036x_2\times x_3+1.034x_3$	0.929	148.246	<0.000 1	<0.000 1	0.031	<0.000 1	0.001	0.005
4 月气温	$y=140.769+0.001x_1\times x_2-0.009x_2\times x_3-0.029x_1-2.323x_2$	0.972	391.166	<0.000 1	<0.000 1	0.003	<0.000 1	<0.000 1	0.001
7 月气温	$y=56.889-0.000\,067x_1\times x_3-0.006x_2\times x_3$	0.942	382.69	<0.000 1	<0.000 1	<0.000 1	<0.000 1		
10 月气温	$y=42.029-0.000\,17x_1\times x_2-0.006x_2\times x_3$	0.955	499.663	<0.000 1	<0.000 1	<0.000 1	<0.000 1		
年气温	$y=64.127-0.012x_2\times x_3-0.01x_1+0.000\,034\,8x_1\times x_3$	0.959	357.482	<0.000 1	<0.000 1	<0.000 1	<0.000 1	0.012	

表 1.5　最高气温多元线性回归模式

项目	模式	R^2	F 值	F 检验	T 检验		
1 月气温	$y=69.426-0.004x_1-1.272x_2$	0.705	56.225	<0.0001	<0.0001	<0.0001	
4 月气温	$y=48.048-0.007x_1$	0.909	478.539	<0.0001	<0.0001		
7 月气温	$y=92.887-0.008x_1-0.384x_3$	0.941	376.049	<0.0001	<0.0001	<0.0001	
10 月气温	$y=63.722-0.004x_1-0.808x_2$	0.613	37.298	<0.0001	<0.0001	<0.0001	
年气温	$y=119.728-0.008x_1-0.532x_3-0.287x_2$	0.954	317.286	<0.0001	<0.0001	<0.0001	0.028

表 1.6　最高气温三维二次趋势面模式

项目	模式	R^2	F 值	F 检验	T 检验			
1 月气温	$y=217.565+0.001x_1\times x_2-5.412x_2-0.048x_1$	0.747	45.328	<0.000 1	<0.000 1	0.008	0.001	0.004
4 月气温	$y=48.048-0.007x_1$	0.909	478.539	<0.000 1	<0.000 1	<0.000 1		
7 月气温	$y=68.457-0.000\,078x_1\times x_3-0.138x_3$	0.941	372.674	<0.000 1	<0.000 1	<0.000 1	0.037	
10 月气温	$y=239.4+0.001x_1\times x_2-5.718x_2-0.055x_1$	0.680	32.511	<0.000 1	<0.000 1	0.003	0.001	0.002
年气温	$y=78.27-0.000\,078x_1\times x_3-0.233x_3$	0.949	433.289	<0.000 1	<0.000 1	<0.000 1	<0.000 1	

表 1.7　最低气温多元线性回归模式

项目	模式	R^2	F值	F检验	T检验				
1月气温	$y=114.269-0.011x_1-2.008x_2-0.387x_3$	0.799	61.136	<0.0001	<0.0001	<0.0001	<0.0001	0.031	0.023
4月气温	$y=114.904-0.009x_1-1.57x_2-0.459x_3$	0.777	53.453	<0.0001	<0.0001	<0.0001	<0.0001	0.004	
7月气温	$y=73.834-0.007x_1-0.724x_2-0.279x_3$	0.870	102.901	<0.0001	<0.0001	<0.0001	<0.0001	0.002	
10月气温	$y=49.035-0.008x_1-1.173x_2+0.246x_4$	0.708	37.114	<0.0001	0.002	<0.0001	0.003	0.014	
年气温	$y=131.604-0.011x_1-2.165x_2-0.519x_3$	0.767	50.533	0.000	0.000	0.000	0.000	0.007	

表 1.8　最低气温三维二次趋势面模式

项目	模式	R^2	F检验	T检验			
1月气温	$y=37.881-0.000\,3x_1\times x_2-0.01x_2\times x_3$	0.795	90.974	0.000	0.002	0.000	0.001
4月气温	$y=40.442-0.000\,24x_1\times x_2-0.008x_2\times x_3$	0.762	75.362	0.000	0.000	0.000	0.002
7月气温	$y=44.657-0.000\,18x_1\times x_2-0.251x_3$	0.866	151.928	0.000	0.000	0.000	0.005
10月气温	$y=5.587-0.000\,21x_1\times x_2+0.295x_4$	0.692	52.763	0.000	0.023	0.000	0.002
年气温	$y=43.864-0.000\,29x_1\times x_2-0.012x_2\times x_3$	0.758	73.629	0.000	0.001	0.000	0.000

表 1.9　积温多元线性回归模式

项目	模式	R^2	F值	F检验	T检验				
<0℃积温	$y=12\,169.994-0.952x_1-207.076x_2-29.977x_3+11.845x_5$	0.913	118.440	<0.000 1	<0.000 1	<0.000 1	<0.000 1	0.004	0.023
≥0℃积温	$y=21\,196.192-1.413x_1-187.391x_2-81.737x_3$	0.955	325.807	<0.000 1	<0.000 1	<0.000 1	<0.000 1	<0.000 1	
≥3℃积温	$y=21\,218.607-1.424x_1-186.276x_2-82.522x_3$	0.955	328.348	<0.000 1	<0.000 1	<0.000 1	<0.000 1	<0.000 1	
≥5℃积温	$y=21\,607.084-1.458x_1-185.980x_2-86.394x_3$	0.957	340.039	<0.000 1	<0.000 1	<0.000 1	<0.000 1	<0.000 1	
≥10℃积温	$y=24\,009.850-1.598x_1-109.721x_3-190.144x_2$	0.941	246.645	<0.000 1	<0.000 1	<0.000 1	<0.000 1	<0.000 1	
≥15℃积温	$y=18\,684.908-1.234x_1-90.143x_3-148.287x_2$	0.797	56.417	<0.000 1	<0.000 1	<0.000 1	<0.000 1	<0.000 1	
≥20℃积温	$y=1247.441-0.388x_1$	0.667	58.148	<0.000 1	<0.000 1	<0.000 1			

表 1.10 积温三维二次趋势面模式

项目	模式	R^2	F值	F检验	T检验				
<0℃积温	$y=5600.618-0.027x_7-1.064x_9+0.060x_{10}$	0.905	145.914	<0.0001	<0.0001	<0.0001	<0.0001	0.013	
≥0℃积温	$y=34\,130.087+0.097x_7-89.939x_3-523.890x_2-4.880x_1$	0.959	262.159	<0.0001	<0.0001	0.047	<0.0001	0.003	0.006
≥3℃积温	$y=34\,529.840+0.100x_7-90.964x_3-532.591x_2-4.992x_1$	0.959	265.404	<0.0001	<0.0001	0.042	<0.0001	0.003	0.005
≥5℃积温	$y=35\,656.280+0.105x_7-95.304x_3-551.495x_2-5.224x_1$	0.961	277.574	<0.0001	<0.0001	0.033	<0.0001	0.002	0.004
≥10℃积温	$y=12\,557.235-0.016x_8-1.771x_9$	0.943	387.143	<0.0001	<0.0001	<0.0001	<0.0001		
≥15℃积温	$y=9339.729-0.012x_8-1.446x_9$	0.807	91.805	<0.0001	<0.0001	<0.0001	<0.0001		
≥20℃积温	$y=1329.619-0.004x_8$	0.694	65.722	<0.0001	<0.0001	<0.0001			

表 1.11 初终日多元线性回归模式

项目	模式	拟合度	F值	F检验	T检验			
0℃初日	$y=-379.734+0.038x_1+6.445x_2+1.243x_3$	0.917	170.216	<0.0001	<0.0001	<0.0001	<0.0001	0.001
0℃终日	$y=617.032-0.026x_1-5.011x_2-0.593x_3$	0.949	284.121	<0.0001	<0.0001	<0.0001	<0.0001	0.004
0℃初终日数	$y=997.767-0.064x_1-11.456x_2-1.836x_3$	0.940	241.504	<0.0001	<0.0001	<0.0001	<0.0001	0.001
3℃初日	$y=-413.258+0.045x_1+6.318x_2+1.608x_3$	0.912	159.836	<0.0001	<0.0001	<0.0001	<0.0001	0.001
3℃终日	$y=669.617-0.03x_1-4.975x_2-1.155x_3$	0.930	202.450	<0.0001	<0.0001	<0.0001	<0.0001	<0.0001
3℃初终日数	$y=1083.876-0.075x_1-11.294x_2-2.763x_3$	0.925	188.245	<0.0001	<0.0001	<0.0001	<0.0001	<0.0001
5℃初日	$y=-467.918+0.051x_1+5.85x_2+2.283x_3$	0.905	143.168	<0.0001	<0.0001	<0.0001	<0.0001	<0.0001
5℃终日	$y=716.901-0.033x_1-4.909x_2-1.667x_3$	0.925	184.035	<0.0001	<0.0001	<0.0001	<0.0001	<0.0001
5℃初终日数	$y=1185.819-0.084x_1-10.759x_2-3.95x_3$	0.918	167.849	<0.0001	<0.0001	<0.0001	<0.0001	<0.0001

续表

项目	模式	拟合度	F值	F检验	T检验				
10℃初日	$y=-643.115+0.061x_1+3.865x_2+6.617x_3$	0.833	48.139	<0.0001	<0.0001	<0.0001	<0.0001	<0.0001	
10℃终日	$y=704.810-0.034x_1-4.370x_2-1.978x_3$	0.827	46.213	<0.0001	<0.0001	<0.0001	<0.0001	<0.0001	
10℃初终日数	$y=1348.925-0.095x_1-5.842x_2-10.987x_3$	0.840	50.570	<0.0001	<0.0001	<0.0001	<0.0001	<0.0001	
15℃初日	$y=89.857-0.037x_1$	0.770	30.103	<0.0001	<0.0001	<0.0001			
15℃终日	$y=177.757-0.01x_1+0.489x_6$	0.857	24.042	<0.0001	0.100	<0.0001	0.039		
15℃初终日数	$y=177.592-0.048x_1$	0.775	30.999	<0.0001	<0.0001	<0.0001			

气温分布只给出了7月平均气温分布图（彩图4），代表青海省夏季平均气温的分布趋势，但利用模式计算过程中，出现了一些不符合实际空间值分布的现象。比如，大于0℃积温时高海拔地区出现的负值、最低气温小于−50℃等，这在实际中是不可能的。处理这些不符合实际的数据，最简单的方法是通过GIS的空间运算功能将其剔除。

（三）水分数据

空间降水是气候的一个重要因素。空间降水信息对于区域水资源分析、旱涝灾害的预测和管理及生态环境治理都有相当重要的意义。降水的形成和分布是一个复杂的过程，影响降水的因素很多。准确获得某个区域的降水量，无论从理论上还是实际上都不现实，唯有对区域内有限的观测站点的降水数据进行插值，才能获取整个区域的降水量。

影响空间降水的因素很多，主要包括经纬度、站点高程、坡向、坡度、离水体的距离等。此外，风速对降水也有一定的影响，适当的风速有助于提高降水的强度；在低海拔地区，降水量大致与高程和风速成正比；当海拔增加到一定的高度，降水量会随着海拔的增加而降低。降水有时还呈现很强的季节变化，这些都为准确的降水插值带来困难。由于日降水、月降水和年降水的时间尺度不同，在考虑地形影响的情况下，影响降水的变量参数随着时间尺度的增大而减少，因而，所采用的插值模型就应该存在差异。但是，在对日降水和月降水进行插值时，忽略了一些短时间效应的微观变量对月降水插值的影响，影响降水空间分布的因素不同，所选择的空间降水插值方法和降水模型也不相同。对区域降水插值精度影响最大的是气象站点的数量及空间插值方法，在站点数量不变的情况下，影响区域降水空间插值精度的主要因素就是空间插值方法。关于数据的空间插值方法，有两种分类：一种归结为整体插值法（global methods）和局部插值法（local methods）2类，另一种将插值方法归结为整体插值法、局部插值法、地学统计法（statistical methods）和混合插值法（mixed methods）4类。实际上，地学统计法就是指克里金（kriging）插值法，是局部插值法的一种；而混合插值法则是指将整体插值法、局部插值法和地学统计法综合应用的一种方法。因此，空间数据插值方法可以归结为整体插值法、局部插值法和混合插值法3类。

影响青海省降水的环流系统是很复杂的。青南高原，尤其青南高原的东南部，由于有孟加拉湾水汽的输送，降水比较丰沛；而祁连山脉东段受海洋季风的影响，形成另一个降水区；黄河、湟水河谷地降水较少；青海湖又影响着周边地区；柴达木盆地常年盛行西风，致使东部降水量远远大于西部。总之，青海省是一个高寒地区，地形复杂、站点稀疏，观测资料短缺，这对选用适合的插值方法带来很大困难。选中青海省42个站点的1月、4月、7月、10月4个代表月份的30年平均降水量值，采用三维二次趋势面模式［多元线性回归模式（8月）］进行插值运算，其残差再用克里金插值法进行修正的方法对青海省无测站区500m×500m栅格进行空间插值，制作出青海省降水量分布图，其插值效果用剩余的8个站点（湟中、乐都、刚察、同德、称多、德令哈、小灶火、伍道梁）作为待检验站点进行检验。

用方程的拟合度、显著性F检验及待检验站点插值后的平均绝对误差EMA、平均相对误差EMR、平均误差平方和的平方根误差ERMSI，作为检验插值效果的标准，插值后计算出误差较大月份的计算效果显然比误差都较小年份的计算效果差：误差较大，一致程度较低；误差较小，一致程度较高。

$$\mathrm{EMA}=\frac{1}{n}\sum_{i=1}^{n}\left|P_{OBi}-P_{CAi}\right|$$

$$\mathrm{EMR}=\frac{1}{n}\sum_{i=1}^{n}\left|\frac{P_{OBi}-P_{CAi}}{P_{OBi}}\right|$$

$$\mathrm{ERMSI}=\sqrt{\frac{\sum_{i=1}^{n}(P_{OBi}-P_{CAi})^2}{n}}$$

式中，P_{OBi}为第i个站点的实测值；P_{CAi}为第i个站点的估计值；n为气象站点数目。

三维二次趋势面模式均通过了0.01水平的显著性F检验，其拟合度均在0.593以上（表1.12），可以确定降水量与地理地形因子关系在统计意义上是存在

表 1.12　青海省待检验站点降水量的空间插值误差分析

名称	EMA/%	ERMSI/%	EMR/mm
1 月降水量	1.2	1.5	0.5
2 月降水量	3.3	4.0	1.0
3 月降水量	2.5	3.2	0.5
4 月降水量	20.9	22.9	5.5
5 月降水量	11.8	13.7	0.9
6 月降水量	6.1	8.9	0.2
7 月降水量	8.8	11.7	0.2
8 月降水量	34.6	38.5	1.2
9 月降水量	5.6	7.9	0.2
10 月降水量	13.5	17.2	0.8
11 月降水量	2.2	3.0	0.8
12 月降水量	0.8	0.9	0.5
年降水量	61.0	79.8	0.3

的。从不同月份的对比分析来看，12 月、1 月、2 月降水量的空间差异性较大，说明冬季降水量分布受经纬度、海拔和局部地形条件的影响比较大；其他月份降水量逐渐增多，而空间差异性较冬季不明显，说明这些季节降水量分布除了受经纬度、海拔和局部地形条件的影响外，还受环流影响。

分析待检验站点的插值后的误差发现，12 月＜1 月＜11 月＜3 月＜2 月＜9 月＜6 月＜7 月＜5 月＜10 月＜4 月＜8 月，说明冬半年插值效果较为理想，而夏半年由于受到环流系统的影响插值效果较差。

由此可见，由三维二次趋势面模型得到的降水空间数据在大尺度范围中能反映青海省的降水情况，本数据也在青海省农牧业气候资源二次区划中得到了应用。

二、牧草栽培适应性区划指标体系

（一）区划原则

依据每种牧草对积温、降水量、月平均气温、海拔等条件的适应性进行原则性划分，适应性区划为 4 类区域：不可种植区、可种植区、次适宜种植区、适宜种植区。按照牧草的营养生长、生殖生长、越冬等情况对 4 类区域进行条件约束。①适宜种植区：高产量、种子能成熟、能越冬；②次适宜种植区：中产量、种子成熟、能越冬；③可种植区：低产量、种子不成熟、能越冬；④不可种植区：无产量、种子不成熟、不能越冬。

目前，青海省对各种牧草种植的试验条件、种植条件差别较大，因此，根据实际情况，按 3 级试验条件进行区划指标的研究。

1．具备分期播种试验资料

采用分期播种资料，该资料应该包括分期播种牧草的品种、从出苗（返青）到枯黄整个生育期的日气象资料，牧草产量、种子产量、越冬率等反映牧草生长状况的资料。用上述资料计算得到气温、降水量、积温等气象指标并进行区划，分 4 级：适宜种植区、次适宜种植区、可种植区和不可种植区。

2．具备多地栽培观测资料

根据各栽培地气象条件及牧草长势、越冬、种子成熟等情况，确定不同栽培地海拔、积温、降水量、7 月平均气温等指标，进行适应性区划。

3．仅有单一栽培地或不同栽培地资料不能反映牧草栽培适宜性

（1）以栽培区气候条件作为适宜气候条件，按积温、月平均气温、水分条件 3 项气候条件中任意气候条件低一档降至次适宜，2 项气候条件同时低一档降至可种植，3 项气候条件同时低一档为不可种植；1 项气候条件低两档为可种植区；若栽培区气候条件定位为次适宜种植气候条件，则积温、月平均气温、水分 3 项气候条件中任一项高一档以上为适宜种植区，低档与上述原则相同。

（2）专家对以上区划结果有异议时，按照青海省草地类型，由多个专家给出不同草种适宜种植、次适宜种植、可种植、不可种植草地类型。用专家给出的建议反推 4 种类型区的气象条件，最终给出区划结果。

（二）区划流程

1．按照气候条件进行牧草种植适应性区划

气候类型归属适应性区划法流程如下：①确定气候区积温、降水量、月气温指标；②进行青海省综合气候区划，划分青海省气候类型；③试验地气候区归属判断；④按照所设定区划原则进行区划；⑤组织专家进行讨论，按专家意见修订牧草适应性气候条件；⑥按照专家意见修订区划；⑦确定适应性区划。

2．按照牧草适宜草场类型进行区划

草场类型归属适应性区划法如下：①以青海省草场类型分类图，确定各种草场类型适应性气象（自然）条件（积温、月平均气温、湿润度、高程）；②专家对各种牧草按各种草场类型划分最适宜、适宜、较适宜、不可种植 4 类草场类型；③按照各种草场类型适应性气象条件，确定区划气象（自然）指标（包括按照区划原则进行区划）；④专家讨论初步区划结果；⑤按专家意见修订牧草适应性气候条件，修订区划；⑥专家讨论，确定青海牧草适宜性种植区划。

对于某种草地类型而言，其种群中优势种必然在某地是最适宜栽培牧草种类。如果牧草作为伴生种出现，可以认为该种牧草在这个区域是适宜生长的；另外结合专家调查法，如果有 70% 的专家认为某种牧草在一种草地类型上能满足栽培条件，将此归类为次适宜生长；将草地类型中的冰川石山、戈壁沙漠、湖泊水库、村镇道路归类为不可种植区；盐碱地依据牧草品种归类。

客观查询法收集的资料有《青海省草地资源》《青海植物志》（1～4）卷等。文献、资料因对一些草地型的伴生种记载不够详细，采用专家调查法可以补充文献资料的不足。其设计是由专家主观决定牧草品种在什么草地类型气候条件下栽培是适宜的、不适宜和不可种植的。

第三节　适宜草种种植区划

一、分区标准

气温低、热量资源较差是青海高原气候的主要特点，而气温又是限制牧草生长发育的主导因子之一，在全年各月气温指标中尤以 7 月平均气温对牧草生长发育影响较大。因此，以 7 月平均气温为依据，将青海省划分为温暖带（7 月平均气温为 14～20℃）、凉温带（7 月平均气温为 10～14℃）、冷凉带（7 月平均气温为 5～10℃）和寒冷带（7 月平均气温小于 5℃）。具体各气候带分布区见彩图 5。

结合稳定通过某界限温度的天数和期间的活动积温，参照多年来的大面积种草实践和在不同地区的试验结果，将全省划分为温暖地带豆科牧草种植区、凉温地带高禾草种植区、冷凉地带矮禾草种植区 3 个牧草种植大区和 1 个寒冷和极干地带非种草区，划分各区自然条件指标见表 1.13。

3 个牧草种植区适宜度划分标准：在适合种植指标范围内定为 1；种植指标不适合地区定为 0；将各指标进行平均，平均值为 0～1。按各指标平均值大小划分为适宜种植区、次适宜种植区、可种植区和不适宜种植区（表 1.14）。

表 1.13　不同牧草种植区自然条件指标

指标	温暖地带豆科牧草种植区	凉温地带高禾草种植区	冷凉地带矮禾草种植区	寒冷和极干地带非种草区
7 月平均气温 /℃	14～20	10～14	5～10	＜5
海拔 /m	＜3200	3000～4200	3600～4600	＞4800
年均温 /℃	1～9	−3～4	−6～0	＜−6

续表

指标	温暖地带豆科牧草种植区		凉温地带高禾草种植区	冷凉地带矮禾草种植区	寒冷和极干地带非种草区
稳定通过 5℃持续期 /d	160～230		120～180	40～120	
稳定通过 5℃积温 /℃	1800～3400		1500～2000	240～1000	<200
稳定通过 10℃持续期 /d	90～180		30～110	无	
稳定通过 10℃积温 /℃	1200～2300		330～1400	<170	
年降水量 /mm				260～760	260～400
稳定通过 5℃期间降水量 /mm	湟水河谷	350～470			
	共和盆地	180～300	210～510		
	柴达木盆地	14～190			
稳定通过 10℃期间降水量 /mm	湟水河谷	290～360			
	共和盆地	110～230	90～370		
	柴达木盆地	13～120			

表 1.14　不同种植区指标值

种植区	指标值	种植区	指标值
适宜种植区	0.8～1.0	可种植区	0.3～0.6
次适宜种植区	0.6～0.8	不适宜种植区	<0.3

二、区划结果

（一）温暖地带豆科牧草种植区

温暖地带豆科牧草种植区分布在青海省热量资源最丰富、降水量最少、海拔最低的地区，以共和、贵德县的县界为界，以东为东部半干旱地区苜蓿、红豆草副区，主要包括民和县、乐都区、平安区、互助县、大通县、湟中区、湟源县、化隆县、循化县、尖扎县、同仁县、贵德县和西宁市的全部或部分地区；以西为西部干旱地区斜茎黄耆（沙打旺，*Astragalus Laxmannii*）、苜蓿副区，主要包括共和、乌兰、都兰和格尔木等地区。

本区的东部副区以苜蓿为主，红豆草和沙打旺为辅助草种；西部副区以沙打旺为主，苜蓿、红豆草为辅助草种。此外，在本区山地阴坡地带还可以种植多叶老芒麦、同德短芒披碱草等。适于本区种植的非多年生豆科草种有长柔毛野豌豆（*Vicia villosa*）、箭筈豌豆（*Vicia sativa*）和草木樨（*Melilotus officinalis*）。

（二）凉温地带高禾草种植区

凉温地带高禾草种植区与温暖地带豆科牧草种植区相比，其热量资源较差，海拔较高，但降水量较多，主要分布在青海湖环湖地区、柴达木盆地南北两缘、玉树和果洛的河谷地带，分南北两个副区。南部副区主要包括贵德县、泽库县、河南县、同德县和贵南县等地的大部分地区，柴达木盆地的部分地区及囊谦县、玉树市、杂多县和称多县的小部分地区。北部副区主要包括互助县和大通县的北部地区、门源回族自治县和祁连县的部分地区、环青海湖的大部分地区。

适宜于本区种植的多年生牧草种类较多，就其产量、质量和适应性来说，以高禾草类为主，主要包括青牧 1 号老芒麦、同德短芒披碱草、无芒雀麦等，以青牧 1 号老芒麦和同德短芒披碱草为当家草种。矮禾草类的青海中华羊茅、青海冷地早熟禾、环湖寒生羊茅、紫羊茅、同德小花碱茅均在本区生长良好，其中尤以青海中华羊茅和青海冷地早熟禾生长最好，可作为本区辅助当家草种与高禾草类混播，或用于人工放牧育肥草地。

（三）冷凉地带矮禾草种植区

冷凉地带矮禾草种植区是本省牧草种植气候区的上限地区，分布在青南高原和祁连山地的高寒草甸地带，是最大的一个牧草种植气候区，面积约等于温暖地带豆科牧草种植区和凉温地带高禾草种植区的总和。该种植区分南北两个副区。南部副区主要包括三江源地区的大部分地区。北部副区主要包括祁连县、门源回族自治县、天峻县和刚察县的部分地区，柴达木盆地的小部分地区。

适宜于本区种植的多年生牧草主要有青海中华羊茅、青海冷地早熟禾、紫羊茅、环湖寒生羊茅等，高禾草中垂穗披碱草比较适宜在本区种植。

（四）寒冷和极干地带非种草区

非种草区气候条件分两种极端情况。一是气温极低，热量资源极差的地区，主要分布在三江源西部的可可西里山、唐古拉山、昆仑山等海拔高于 4800m 的地区。二是极端干燥的地区，主要分布在柴达木盆地的茫崖市、冷湖镇、大柴旦镇和德令哈市的部分地区，年降水量在 40mm 以下。

第二章

高寒人工草地培育与复壮改良

第一节　不同类型人工草地培育管理

一、封育对高寒人工草地的影响

（一）试验设计

试验区位于青海省果洛州玛沁县大武镇格多牧委会，海拔为3736m，地处N 34°27′57″，E 100°13′07″。年均温为3.9～0.8℃，年降水量为513.2～542.9mm，年平均蒸发量为2741.6mm，无绝对无霜期。试验地是2000年和2004年建植的垂穗披碱草人工草地，建植前草地为黑土滩退化草地。

2000年和2004年选择人工草地中植被均一的地段，采用网围栏围封50m×50m的草地作为试验区，在中间用网围栏一分为二隔开：一半完全围封，为全年永久封育；一半设置围栏门，在11月15日至翌年4月15日开放，做冬春放牧利用。2005年、2006年、2007年8月中下旬，在封育与放牧样地中，采用M取样法分别选取5个100cm×100cm的样方，统计物种数、测定盖度和株高，齐地面分种刈割，测定地上生物量，用土钻分3层钻取土样。本试验采用空间代替时间的方法进行围封时间序列的分析，见表2.1。

表2.1　人工草地时间代码

取样年份	2000年进行人工草地围封	2004年进行人工草地围封
2005	6龄	2龄
2006	7龄	3龄
2007	8龄	4龄

（二）封育对高寒人工草地群落结构的影响

放牧和封育草地的结果显示，封育草地优势种的重要值基本大于放牧草地（图 2.1），但封育处理 3 龄、4 龄、7 龄、8 龄物种丰富度基本小于放牧处理（图 2.2）。封育 4 龄垂穗披碱草的重要值比上年减少了 16.2%，次优势种为冷地早熟禾和中华羊茅，伴生种有 14 种；2000 年建植的垂穗披碱草经过 1 年封育后样地植物群落由 7 种组成。封育 8 龄垂穗披碱草的重要值比上年减少了 43.39%，次优势种为冷地早熟禾和中华羊茅。2004 年建植的垂穗披碱草放牧草地从 2 龄开始物种丰富度呈递增趋势。2000 年建植的垂穗披碱草放牧草地从 6 龄开始禁牧封育后垂穗披碱草的重要值也呈倒“V”字型，物种丰富度呈递增趋势。

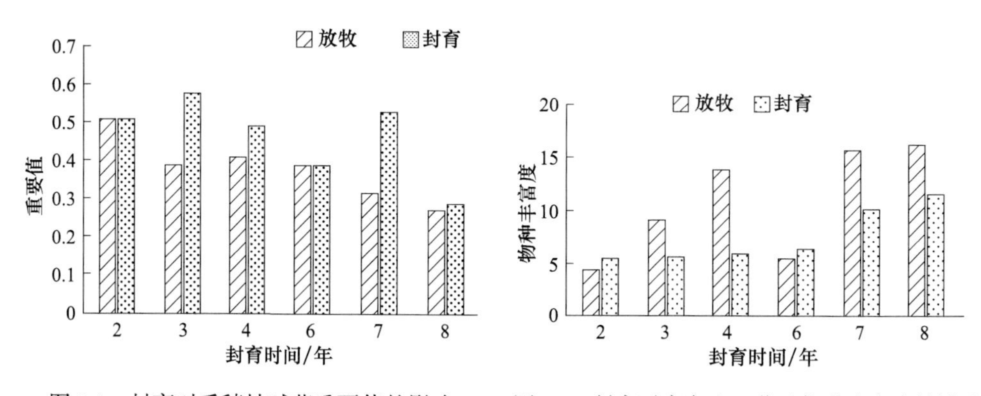

图 2.1　封育对垂穗披碱草重要值的影响　　图 2.2　封育对高寒人工草地物种丰富度的影响

从图 2.1 可看出，2004 年建植的垂穗披碱草放牧草地从 2 龄到 4 龄其垂穗披碱草的重要值呈“V”字型，封育草地呈倒“V”字型；2000 年建植的垂穗披碱草放牧草地从 6 龄到 8 龄垂穗披碱草的重要值呈递减趋势，封育草地呈倒“V”字型。这表明放牧降低了垂穗披碱草在群落中的优势地位，且草地生长年限越长，其影响越大。封育 1 龄有助于垂穗披碱草生长，优势地位提高，而封育 2 龄后垂穗披碱草重要值基本降低，8 龄与放牧地基本一致，表明长期封育对高寒人工草地不利，短期封育有助于草地恢复。从图 2.2 可看出，放牧草地物种丰富度基本随草地生长年限延长而增加，2 龄到 4 龄封育草地物种丰富度略呈递增趋势，7 龄、8 龄封育草地物种丰富度增加，但低于放牧草地。这表明封育可显著降低高寒人工草地中杂类草的增加，延滞高寒人工草地退化。

从图 2.3 可看出放牧草地群落物种多样性基本随草地生长年限延长而增加。2 龄到 4 龄封育草地群落多样性略呈“V”字型。6 龄到 8 龄封育草地群落多样性增加，但基本低于放牧草地。这表明放牧促进高寒人工草地群落的物种多样性增加，而封育可降低高寒人工草地中的物种多样性。从图 2.4 可看出放牧对草地

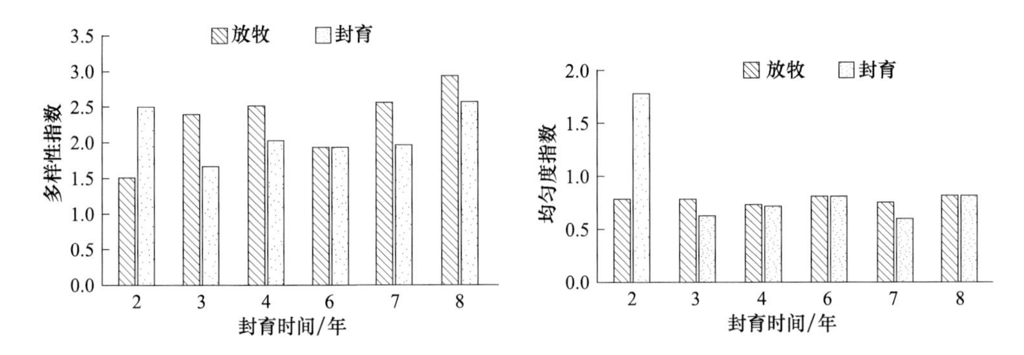

图 2.3　封育对高寒人工草地多样性指数的影响　　图 2.4　封育对高寒人工草地均匀度的影响

群落均匀性影响不大；相比 2 龄封育草地物种均匀性，3 龄、4 龄明显下降，6 龄到 8 龄封育草地物种均匀性无明显变化。

（三）封育对高寒人工草地群落特征的影响

2 龄、3 龄草地放牧后群落盖度变化不大，6～8 龄呈降低趋势，而禾草盖度变化趋势与总盖度一致（图 2.5）。封育后样地总盖度趋于降低，封育 3 龄后群落盖度低于封育前，封育样地的盖度基本低于其放牧利用样地，禾草盖度也呈现同样趋势。封育增加了立枯体量（图 2.6），对牧草的再生和生长产生了影响，导致群落盖度持续下降。这表明适度放牧有利于草地立枯体的清除，为翌年植物的生长提供适宜的生境。

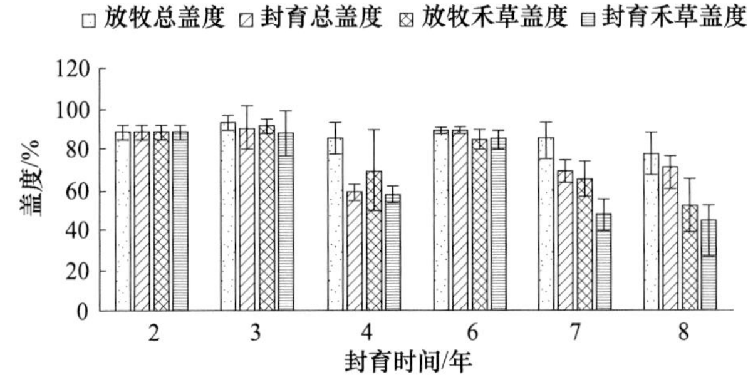

图 2.5　封育对高寒人工草地群落盖度的影响

从总生物量来看，3 龄放牧草地生物量高于封育草地生物量，基本呈现总生物量随建植年龄的增长逐年减少的趋势（图 2.6）。6 龄草地总生物量高于 7 龄和 8 龄草地，7 龄封育草地生物量低于放牧草地生物量。禾草生物量与总生物量变化趋势基本相同，总生物量只受杂类草生物量的影响，变化幅度不同。4 龄封育立枯体生物量明显高于 3 龄封育草地，而 7 龄封育草地与 8 龄封育草地立枯体的变化较小。

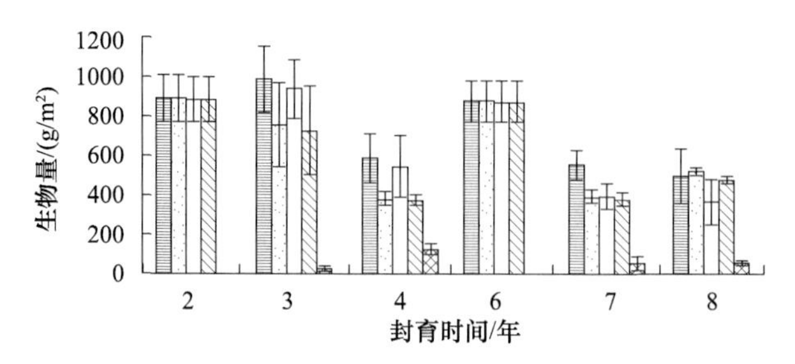

图 2.6　封育对高寒人工草地群落生物量的影响

从草地生态学的角度来讲，在一定程度上地上现存量代表着草地的第一性生产力，直接表现出草地植被恢复状况。地上现存量的变化是草地在放牧影响或外界干扰下的最直接的变化之一，表明禁牧封育对草地地上生物量的提高没有明显作用。这是因为禁牧封育虽然遏制了毒草和阔叶杂类草的生长蔓延，但同时也影响了禾本科人工牧草的正常生长，阻止了原生草种莎草科植物的侵入，使人工草地的生产力下降。这说明合理的放牧方式有利于草地生产力的增加，从而有助于草地的持续利用。

（四）小结

禁牧封育虽然遏制了毒草和阔叶杂类草的生长蔓延，但同时也影响了禾本科栽培牧草的正常生长，阻止了原生草种莎草科植物的侵入，使栽培草地的生产力下降；而适当的放牧利用可有效刺激草地牧草的再生与生长。

二、施肥对老龄人工草地的影响

（一）试验设计

试验选择在玛沁县大武镇格多牧委会黑土滩综合治理试验示范基地上进行，试验地概况同本节“一、封育对高寒人工草地的影响”中的试验设计。老龄刈用型人工草地建植于 2000 年、2004 年，主要种植垂穗披碱草；老龄放牧型人工草地建植于 2001 年、2004 年，主要种植垂穗披碱草和青海草地早熟禾。选择植被较为均一的地段，取 40m×210m 长方形，划分为 40m×10m 的小区，采用随机排列的方式，依据不同施肥量设置 3 组重复。根据项目组前期的试验结果，采用单施氮肥和氮、磷合施的方案。氮肥选择市场常用的尿素（云南云天化生产），总氮≥46.4%；磷肥选择过磷酸钙（陕西汉中唐枫生产），P_2O_5≥12%。施肥试验设计见表 2.2。取样时间为 2014 年 8 月，因此，后文提及的 15 龄草地和 11 龄草地分别代表建植于 2000 年、2004 年老龄刈用型人工草地；14 龄草地和 11 龄草地分别代表建植于 2001 年、2004 年老龄放牧型人工草地。

表 2.2　施肥试验设计

编号	施肥量 / （kg/hm^2）	
	尿素	过磷酸钙
A	146.7	0
B	195.3	0
C	254.7	0
D	146.7	375.3
E	195.3	562.5
F	254.7	844.2
CK	0	0

（二）施肥对老龄刈用型人工草地的影响

老龄刈用型人工草地施肥后，群落总盖度都提高到 90% 以上，各处理均比对照增加 16.34%～25.34%。施氮处理下，15 龄和 11 龄人工草地的群落盖度在 B 处理下最高。氮磷合施，盖度随施肥量增加而提高，平均高于单施氮肥。15 龄草地垂穗披碱草盖度随施肥量增加呈增加趋势，氮磷合施效果优于单施氮肥，最高施肥量下的盖度是对照的 3 倍。11 龄草地垂穗披碱草盖度在单施氮肥处理下，B 处理最高；氮磷合施处理下，11 龄草地垂穗披碱草盖度与施肥量成正比，与 15 龄草地的变化一致，略低于 15 龄草地。垂穗披碱草盖度与总盖度变化趋势基本一致，氮磷合施效果优于单施氮肥，氮磷合施最高施肥量下的盖度是对照的 3 倍（图 2.7）。总体上，随着施肥量增加，垂穗披碱草盖度基本呈上升趋势，优势种地位得以体现。

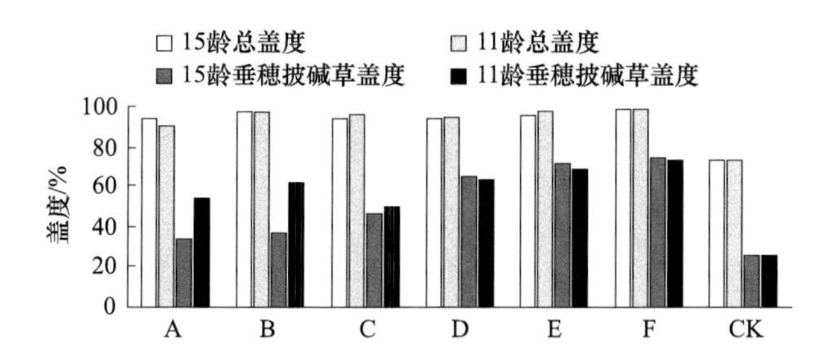

图 2.7　不同施肥处理下的老龄刈用型人工草地群落盖度变化

15 龄刈用型人工草地的垂穗披碱草重要值随着施肥量增加而增加，呈正相关，氮磷合施高于单施氮肥和对照处理（图 2.8）。11 龄刈用型人工草地的垂穗披碱草重要值变化不同于 15 龄草地，随着施氮量增加，垂穗披碱草重要值降低；而随着氮磷使用量增加，垂穗披碱草重要值增加。

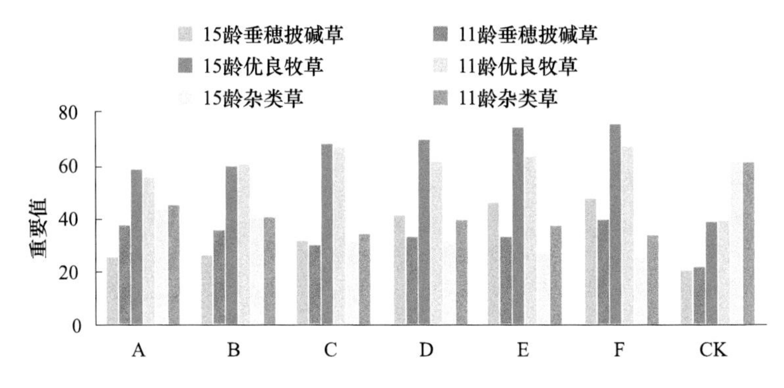

图 2.8　施肥对老龄刈用型人工草地群落重要值的影响

15 龄草地优良牧草重要值随施肥量增加而持续增加，与垂穗披碱草重要值变化趋势一致。11 龄草地优良牧草重要值随施氮量和施氮磷肥量增加而增加。

草地杂类草重要值与施肥量呈负相关，变化趋势与优良牧草重要值变化正好相反。随施肥量增加，杂类草的重要值逐步降低，杂类草的生长受到抑制。

施肥能提高草地生产力，随着施肥量增加，草地生物量和垂穗披碱草生物量增加（图 2.9）。氮肥对 15 龄刈用型人工草地生物量的影响要大于磷肥，最高生物量出现在 C 处理，约是对照的 3 倍。单施氮肥与氮磷合施对应之间无明显差异，氮磷合施处理的群落生物量略高于单施氮肥。氮磷合施对 11 龄刈用型人工草地的影响大于单施氮肥。

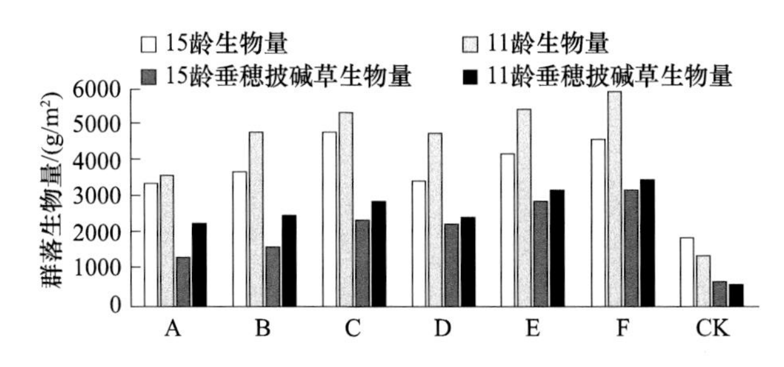

图 2.9　施肥对老龄刈用型人工草地群落生物量的影响

施肥对 15 龄刈用型人工草地中垂穗披碱草生物量的影响要高于总生物量，氮肥单施和氮磷合施分别高于对照，氮磷合施对垂穗披碱草生物量的影响要高于单施氮肥。11 龄刈用型人工草地施肥后垂穗披碱草生物量增加，氮肥单施和氮磷合施均高于对照。

（三）施肥对老龄放牧型人工草地的影响

14 龄放牧型人工草地施肥后，除处理 A，其他处理群落盖度与对照处理无明显差别（图 2.10）。在单施氮肥处理下，垂穗披碱草的盖度随氮量增加呈上升趋势，青海草地早熟禾盖度随施氮肥量增加而下降，11 龄放牧型人工草地群落盖度与 14 龄草地基本一致。垂穗披碱草的盖度与总盖度变化趋势基本一致。

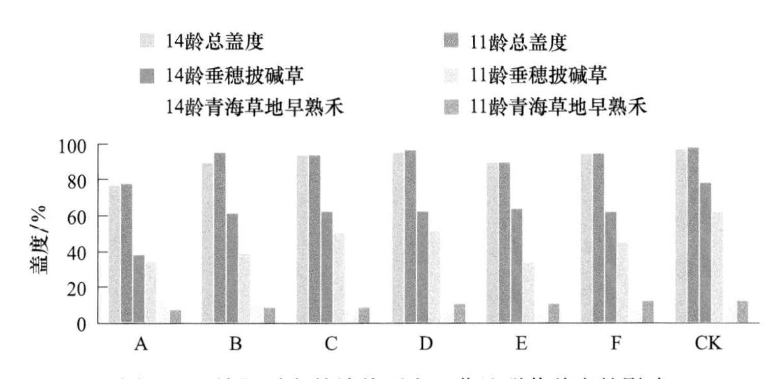

图 2.10　施肥对老龄放牧型人工草地群落盖度的影响

施肥可有效提高 14 龄放牧型人工草地优良牧草的重要值（B 处理除外）（图 2.11）。这表明施肥有助于上繁草的生长。杂类草的重要值逐步降低。11 龄放牧型人工草地，施氮肥后和氮磷合施垂穗披碱草重要值比对照先降低后升高，氮磷合施的趋势是先下降再上升。11 龄青海草地早熟禾重要值比对照略微增加，氮磷合施后的效果优于氮肥单施，证明氮磷合施更有利于放牧型人工草地提高草

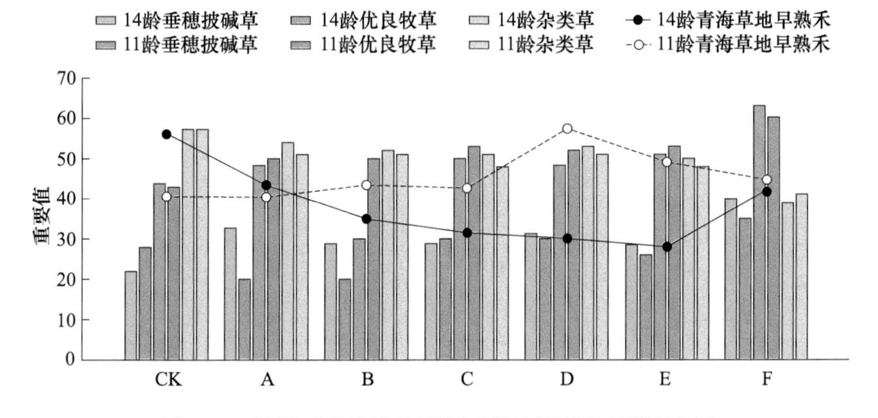

图 2.11　施肥对老龄放牧型人工草地群落重要值的影响

地生产性能。杂类草的重要值随施肥量增加而逐步降低。

施肥能提高 14 龄放牧型人工草地生物量，随施肥量增加，草地生物量比对照提高 97.5%～254.5%（图 2.12）。施肥对垂穗披碱草生物量的影响较大，氮磷合施对垂穗披碱草生物量的影响要高于单施氮肥。施低氮有助于青海草地早熟禾生物量提高，施高氮磷下青海草地早熟禾生物量高于施低、中量氮磷，证明氮磷合施更有利于 14 龄放牧型人工草地提高生物量。11 龄放牧型人工草地生物量与单施氮肥处理无明显差异，但在氮磷混施 F 处理下达到最高，在 D 处理最低。这在一定程度说明，氮磷混施对放牧型人工草地生物量既能产生积极作用，也能产生消极作用，须谨慎使用。

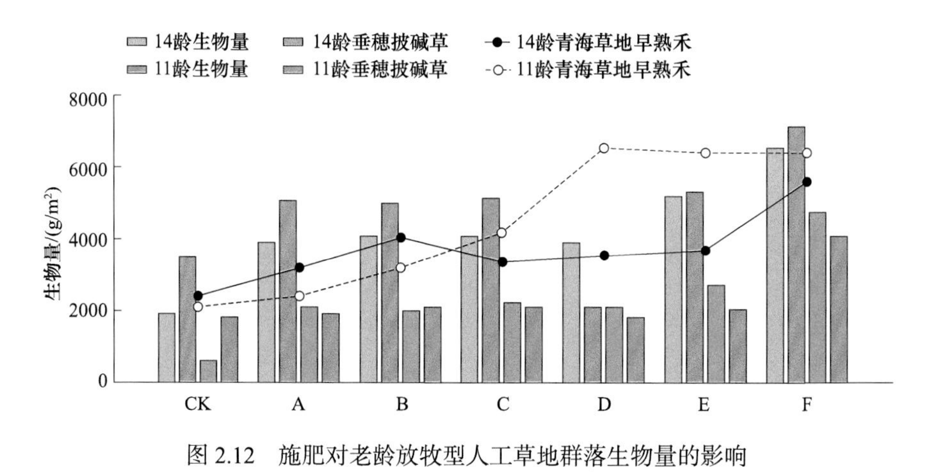

图 2.12　施肥对老龄放牧型人工草地群落生物量的影响

三、杂草防除和施肥对老龄人工草地的影响

（一）试验设计

试验选择在玛沁县大武镇格多牧委会黑土滩综合治理试验示范基地上进行，试验地概况同本节“一、封育对高寒人工草地的影响”中的试验设计。样地内主要杂类草是甘肃马先蒿、黄花棘豆（*Oxytropis ochrocephala*）、黄帚橐吾、乌头（*Aconitum carmichaelii*）等，也是试验防除的主要对象。

除草剂为 10% 苯磺隆可湿性粉剂（江苏南京祥宇农药有限公司生产），商品名为龙拳。氮肥为尿素（含氮 46%，为甘肃刘家峡化肥厂生产）。

试验以苯磺隆为除草剂，设 45g/hm^2（浓度Ⅰ）、90g/hm^2（浓度Ⅱ）和 135g/hm^2（浓度Ⅲ）3 个浓度，于 2014 年 5 月 29 日，对 2000 年建植垂穗披碱草人工草地进行杂草防除试验。7 月 5 日配合氮肥（尿素）进行施肥，施氮量如表 2.3 所示。

试验目的是通过两种改良方式的组合筛选出适宜本区人工草地的复合改良措施，提高草地生产稳定性、草地生产能力和抗逆性。

表 2.3　人工草地杂草防除与施肥试验设计

试验号	尿素 / (kg/ hm²)	苯磺隆浓度 / (g/ hm²)	
1	0 (A)	浓度Ⅲ	135
2	75 (B)		135
3	112.5 (C)		135
4	150 (D)		135
5	0 (A)	浓度Ⅱ	90
6	75 (B)		90
7	112.5 (C)		90
8	150 (D)		90
9	0 (A)	浓度Ⅰ	45
10	75 (B)		45
11	112.5 (C)		45
12	150 (D)		45

（二）除草剂对草地群落特征的影响

喷施苯磺隆第 1 年，浓度Ⅱ下的群落物种数平均最低，浓度Ⅰ下的群落物种数平均最高（图 2.13）。比较不同浓度下群落中杂类草优势种甘肃马先蒿的变化，随苯磺隆浓度增加，甘肃马先蒿高度下降，生殖枝比例下降。比较喷施苯磺隆后 2 年的群落物种组成，第 2 年平均物种数低于第 1 年。多样性指数结果显示（图 2.14），浓度Ⅰ下的多样性指数始终最高。

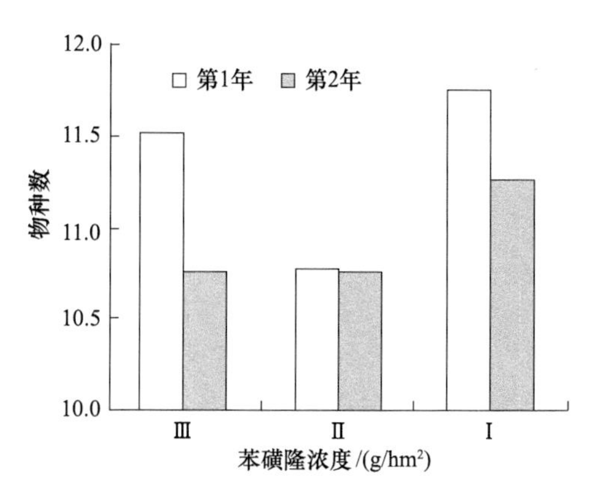

图 2.13　除草剂对人工草地物种数的影响

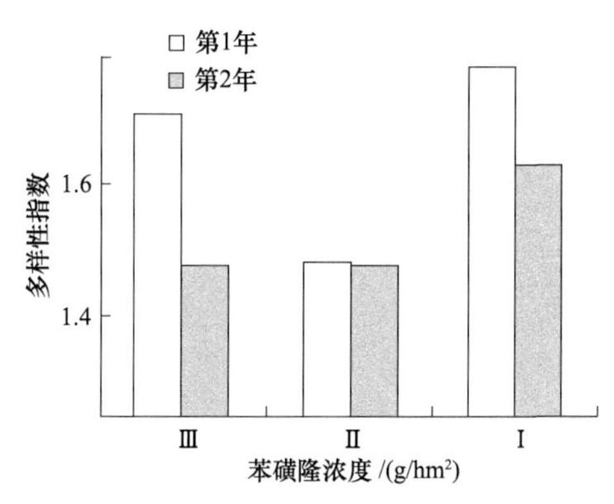

图 2.14　除草剂对人工草地物种多样性的影响

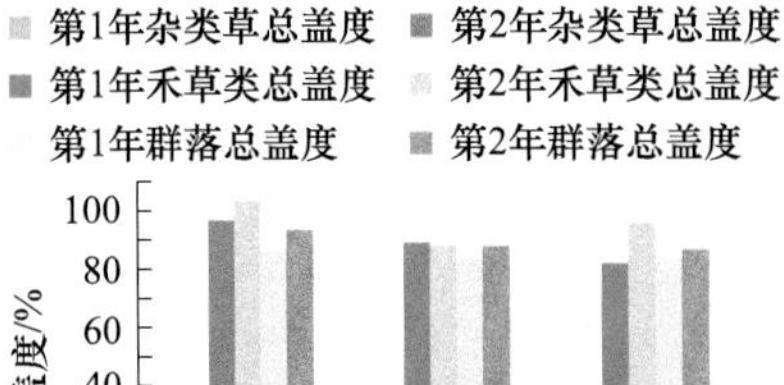

图 2.15 除草剂对人工草地群落盖度的影响

喷施苯磺隆可有效降低杂类草盖度，随喷施浓度增加，杂类草盖度降低。喷药第 1 年浓度Ⅱ下杂类草盖度比浓度Ⅰ下的低 7.25%（图 2.15），浓度Ⅲ下杂类草盖度又比浓度Ⅱ下的低 2.50%，但无明显区别。在相同苯磺隆浓度下，第 2 年杂类草盖度低于第 1 年。

群落中第 1 年禾草类总盖度变化趋势与杂类草盖度相反，随苯磺隆喷施浓度增加，禾草类盖度升高。群落中第 2 年禾草类总盖度随苯磺隆喷施浓度增加而先下降后升高。喷药第 1 年浓度Ⅲ下的禾草类盖度比浓度Ⅰ下的高 15.50%。第 2 年禾草类盖度基本高于第 1 年，浓度Ⅱ下的禾草类盖度最低，浓度Ⅲ下的禾草类盖度最高。人工草地的群落总盖度随苯磺隆浓度增加而升高。

第 1 年，随苯磺隆浓度增加，杂类草生物量大幅降低，浓度Ⅲ下的杂类草生物量只有浓度Ⅰ下的 1/3，是浓度Ⅱ下的 72.07%，高浓度的苯磺隆对杂类草的抑制强烈，但浓度Ⅱ以上抑制强度减缓（图 2.16）。随苯磺隆浓度增加，杂类草优势种甘肃马先蒿生物量下降，生殖生长受到明显抑制。第 2 年杂类草生物量大幅下降，3 个浓度下杂类草生物量基本一致。

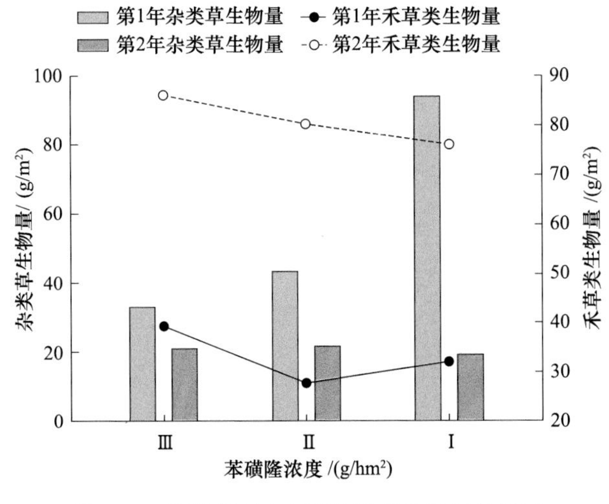

图 2.16 除草剂对人工草地群落生物量的影响

随苯磺隆浓度增加，禾草类生物量增加，第 1 年无明显差别，第 2 年生物量是第 1 年的 2 倍多。喷施苯磺隆有效抑制了杂类草的生长和生殖，降低了其对禾草类的种间竞争力，提高了禾草类的生产力。

（三）施肥对草地群落特征的影响

第 1 年，随施肥量增加，群落中禾草类生物量增加，从 A 水平到 D 水平，呈先急升、后平缓、再急升的增加趋势，最高生物量是最低生物量的 4 倍以上，（图 2.17）。第 2 年随施肥量增加，群落中禾草类生物量增加，趋势趋于平缓，比施肥第 1 年大幅降低，最高生物量只有第 1 年的 38.75%。生物量降低主要是因为氮肥作为速效肥，肥效主要在施肥当年；其次与牧草生长特性有关，前期研究表明 6 龄垂穗披碱草人工草地生产力约为 5 龄草地的 2/3；最后与年际间气候条件有关，生长季降水分布是否与生长期同步对草地生产力影响巨大。

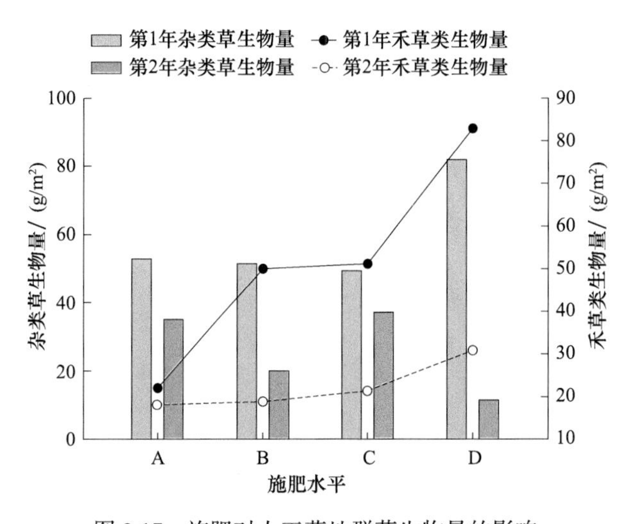

图 2.17 施肥对人工草地群落生物量的影响

喷施苯磺隆后，第 1 年杂类草生物量随施肥量增加，呈先降后升趋势。第 2 年杂类草生物量低于第 1 年，下降 37.45%～86.87%，并随施肥量增加，总体呈下降趋势，D 水平下杂类草生物量只有 A 水平下的 32.00%。

第 1 年，随施肥量增加，杂类草总盖度降低，D 水平下杂类草总盖度是 A 水平下的 53.77%。禾草类总盖度和样方盖度随施肥量的增加而呈上升趋势（图 2.18）。第 2 年杂类草总盖度变化随施肥量的增加呈下降趋势。禾草类总盖度和样方盖度变化趋势与第 1 年相同，但和第 1 年比上升，各水平下禾草类总盖度之间无明显差别。

（四）小结

随苯磺隆浓度增加，禾草类总盖度和生物量均增加，第 1 年的杂类草生物量呈相反趋势。随施肥量增加，禾草总盖度和生物量均呈上升趋势。

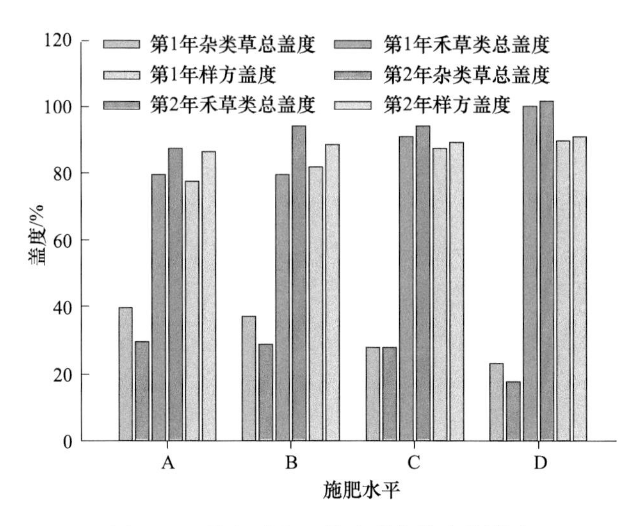

图 2.18　施肥对人工草地群落盖度的影响

第二节　退耕还草人工草地复壮改良

一、试验区概况与试验设计

（一）自然概况

试验地位于青海省海南州贵南县过马营镇，地处 E 100°13′～101°33′，N 35°09′～36°08′。平均海拔为 3500m，气候为典型的高原大陆型气候，四季变化交替不明显，只有冷暖之分，冬季寒冷漫长、夏季温暖短暂。年平均气温为 0.7～2.2℃，温差为 12～18℃，无霜期 54d，日照时间较长，太阳辐射强烈，年平均总太阳辐射量为 105 018～111 019kJ/m^2，年降水量为 300～490mm，年均蒸发量为 1558.1mm，农作物和牧草生长期为 100～160d。该地区主要植被类型是山地干草原和山地草甸草原，植被优势种为青海固沙草（*Orinus kokonorica*）、短花针茅（*Stipa breviflora*）、暗褐薹草（*Carex atrofusca*）、草地早熟禾、洽草（*Koeleria macrantha*）、鸡冠茶（*Sibbaldianthe bifurca*）、赖草等，毒杂草有秦艽（*Gentiana macrophylla*）、狼毒（*Stellera chamaejasme*），土壤为栗钙土和山地草原化草甸土。害鼠种类有高原鼠兔（*Ochotona curzoniae*）、高原鼢鼠（*Myospalax baileyi*）。

（二）试验设计

试验样地选择：在地处过马营地区的青海省贵南草业开发有限责任公司，选择在 2003 年退耕还林（草）的退耕地上建植垂穗披碱草的人工草地 15hm^2 作为试验样地，该样地地上植被长势相对均匀，土壤肥力基本一致。根据试验处理数，将试验样地分为3块处理样地，面积各为5hm^2，每个试验样地实施一个处理。处理1：于2008年6月中旬用青引1号燕麦（播量为150kg/hm^2）＋垂穗披碱草（播量为30kg/hm^2）混播重新建植人工草地，2008年以收获燕麦为主，2009年以收获垂穗披碱草为主；处理2：2008年6月中旬进行划破草皮＋施肥（施肥量为尿素75kg/hm^2）改良人工草地；对照：未实施任何改良措施作为对照。

采用样方法：调查样方内植物（样方内植物按主要经济类群分为禾草和阔叶型杂类草两大类）名称、种类组成、盖度和物候期等群落因子，然后齐地面分种剪草并称取重量。在测定地上生物量的每个样方内，用土钻法对各样地分5层进行取样，依次为0～10cm、10～20cm、20～30cm、30～40cm、40～50cm，相同土层混合装袋。然后风干、磨细、过筛、混匀、装瓶。

（三）研究方法

调查工作分别于2008年8月、2009年8月进行。此时，生物量积累接近峰值，在选定样地内采用对角线法进行群落调查，样方面积为1m×1m，5次重复。依据植物生长状况和该区小生境条件，选取微地形差异较小、植物生长相对均匀的草原植物群落作为取样对象，取群落相关参数的算术平均值进行计算和分析。

植物名称：记录样方内出现的所有植物名称，野外调查时不能直接查出种名的，制作标本，编号保存，待野外工作结束后鉴定。

高度：测定某一物种的高度时，在样方内随机选取10株，用直尺或钢卷尺测营养枝（不开花的枝条）或生殖枝（开花结果的枝条）的自然高度，取其平均值作为该物种的高度。草地植被的高度有种的高度和草层高度。种的高度按营养枝或生殖枝测定其自然高度。草层高度是指草地植被优势种生殖枝的自然高度。

盖度：盖度是指植被垂直投影面积占地表面积的百分数，它反映植被的茂密程度及植被进行光合作用的面积，是草地监测的重要指标之一。总盖度和分种盖度，用目测法得出，以百分数计。

地上生物量：对于整个植物群落分别于2008年7～9月，每隔15d，用收获法沿对角线进行地上生物量的测定，样方面积为1m×1m，重复3次。对样方内植物群落齐地面分种剪草（样方内植物按主要经济类群分为禾草和阔叶型杂类草两大类，其中禾草包括垂穗披碱草、冷地早熟禾等禾本科植物，其余植物则归为阔叶型杂类草），草样称取鲜重后，带到实验室置于烘干箱内，在80℃条件下烘24h至恒重，然后称取烘干重。测完每个样方地上生物量后，将几个样方的草样混合、粉碎，取一部分作为分析样待用。其中，由于处理1人工草地是2008年重新种植的，处理 1 人工草地从 8 月中旬开始采样。

牧草营养成分测定：在每次测定地上生物量的同时，针对整个植物群落留取 1kg 混合草样作为分析样，进行牧草养分（粗灰分、粗蛋白、粗脂肪和粗纤维）的常规分析。牧草养分分析工作于 2008 年 9～12 月进行，具体分析方法如下：干物质测定采用经典烘干法（101-Z-BS-Ⅱ电热恒温鼓风干燥箱），粗灰分测定采用高温灼烧法（SX2-5-12 箱式电阻炉、马弗炉），粗蛋白测定采用凯氏半微量定氮法（KDN-08B 消化器、NPC-02 氮磷钙测定仪），粗脂肪测定采用索氏乙醚浸提法（SZF-06A 脂肪测定仪），粗纤维测定采用酸碱消煮法（CXC-06 粗纤维测定仪），全磷测定采用钼锑抗比色法（722 型分光光度计）。

土壤养分分析：分别于 2008 年 8 月中旬、2009 年 8 月中旬进行；用土钻法对各样地分 5 层进行土壤样品采集，依次为 0～10cm、10～20cm、20～30cm、30～40cm、40～50cm；每个样地取 3 个样点的混合样品，放入黑色编织袋中，分别编号；相同土层混合装袋；将土样带回并放置在阴凉通风处；风干后，将土样过筛，取过筛的土样放入样品袋中，进行养分含量的测定分析。所有分析方法采用《土壤农化分析方法》中的分析方法，具体分析方法见表 2.4。

表 2.4　土壤常规养分的测定方法

测定项目	测定方法	使用仪器
全氮	半微量凯氏定氮法（K_2SO_4-$CuSO_4$-Se 蒸馏法）	KDN-08B 消化器、NPC-02 氮磷钙测定仪
速效氮	碱解蒸馏法	KDN-08B 消化器、NPC-02 氮磷钙测定仪
全磷	酸溶－钼锑抗比色法	722 型分光光度计
速效磷	0.5mol/L $NaHCO_3$ 法	722 型分光光度计
有机质	重铬酸钾氧化外加热法	DK-3 型电砂浴
pH	复合电极测定法	PHs-25 数字式酸度计

（四）数据分析

植物重要值（优势度）的测定：采用如下公式（任继周，1998）：

物种重要值（P_i）＝（相对高度＋相对盖度＋相对生物量）/3

相对高度（RH）＝（某种植物的高度 / 所有植物种的高度和）×100%

相对盖度（RC）＝（某种植物的盖度 / 所有植物种的盖度和）×100%

相对生物量（RB）＝（某种植物的鲜重 / 所有植物种的鲜重和）×100%

物种多样性分析：采用多样性指数分析物种多样性。其包括两个概念：一个是指群落中物种的多少，另一个指各植物种之间的相对丰富度。以植物种优势度作为参数来进行多样性分析。

1．丰富度指数

$$R=S$$

2．多样性指数采用 Shannon-Wiener 指数（H）

$$H=-\sum_{i=1}^{s}P_i\,\mathrm{Ln}\,P_i$$

3．均匀度指数采用 Pielou 指数（E）

$$E=H/\mathrm{Ln}S$$

式中，S 为物种数；i 为第 i 个物种。

二、改良措施对群落结构的影响

（一）改良措施对退耕还林（草）人工草地优势种高度的影响

通过对不同改良措施退耕还林（草）人工草地群落优势种高度变化的研究（图 2.19），人工草地优势种高度变化表现出一定的规律性。从年际变化来看，在改良措施实施第 2 年（2009 年），两种改良人工草地的优势种高度呈现升高的趋势。改良第 1 年（第 2008 年），处理 1 人工草地、处理 2 人工草地和对照样地的优势种高度分别为 67cm、72cm、55cm；改良第 2 年，处理 1 人工草地、处理 2 人工草地和对照样地的优势种高度分别为 72cm、79.7cm、54.3cm。与第 1 年相比，未改良的对照样地的优势种高度在第 2 年有下降的趋势，两种改良人工草地的优势种高度在改良第 2 年有上升的趋势。在改良第 1 年，处理 1 人工草地较对照样地优势种高度提高了 21.8%，处理 2 人工草地较对照样地优势种高度提高了 30.9%；在改良第 2 年，处理 1 人工草地较对照样地优势种高度提高了 32.6%，处理 2 人工草地较对照样地优势种高度提高了 46.8%。这可能是因为实施改良措施，施肥增加了土壤速效养分，促进植物生长；划破草皮改善土壤通气透水性，促进土壤有机质分解，增加土壤养分，有利于植物根系生长、发育，从而促进植物地上部分生长，增加植物高度。

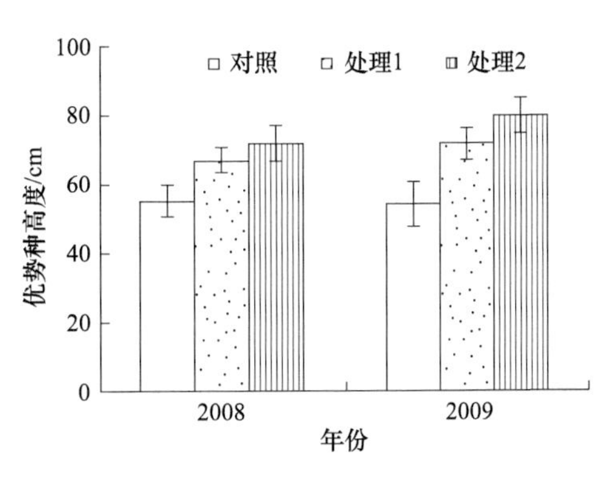

图 2.19　不同改良措施退耕还林（草）人工草地群落优势种高度变化

（二）改良措施对退耕还林（草）人工草地植物群落组成及数量特征的影响

通过对不同改良措施退耕还林（草）人工草地植物群落组成的调查分析表明

（表 2.5），在改良措施实施第 1 年，对照样地由 6 种植物组成，隶属 4 科 6 属，样地群落优势种为垂穗披碱草，优势度为 66.5%，高度为 55cm。处理 1 人工草地由 3 种植物组成，隶属 2 科 3 属，群落优势种为燕麦，优势度为 77.2%，高度为 67cm。处理 2 人工草地由 4 种植物组成，隶属 3 科 4 属，群落优势种植物为垂穗披碱草，优势度为 87.9%，高度为 72cm。

在改良措施实施第 2 年，对照样地由 6 种植物组成，隶属 4 科 6 属，群落优势种为垂穗披碱草，优势度为 60.5%，高度为 54.3cm。处理 1 人工草地由 4 种植物组成，隶属 2 科 3 属，群落优势种为垂穗披碱草，优势度为 71.9%，高度为 72cm。处理 2 人工草地由 5 种植物组成，隶属 3 科 5 属，群落优势种为垂穗披碱草，优势度为 67.9%，高度为 79.7cm（图 2.19）。

表 2.5　不同改良措施退耕还林（草）人工草地的植物群落组成

年份	处理	植物组成			优势种	优势度 /%
		科	属	种		
2008	对照	4	6	6	垂穗披碱草	66.5
	处理 1	2	3	3	燕麦	77.2
	处理 2	3	4	4	垂穗披碱草	87.9
2009	对照	4	6	6	垂穗披碱草	60.5
	处理 1	2	3	4	垂穗披碱草	71.9
	处理 2	3	5	5	垂穗披碱草	67.9

由表 2.5 可知，在改良第 1 年和第 2 年，改良人工草地的优势种的优势度均高于未改良的人工草地，改良人工草地的优势种高度也均高于未改良的人工草地。在改良第 2 年，对照样地的优势种的优势度下降了 6.0%，物种数没有变化；处理 1 人工草地和处理 2 人工草地的物种数比改良第 1 年有所增加，优势种的优势度比改良第 1 年有所下降；两种改良的人工草地开始有物种侵入，而两种改良的人工草地的优势种高度比改良第 1 年有所增加；处理 1 人工草地的优势种变成了垂穗披碱草，原因为处理 1 样地是燕麦和垂穗披碱草混播建植的人工草地，燕麦作为一年生牧草，其作用为弥补多年生牧草垂穗披碱草当年建植产量低的缺陷，提高土地利用效益，第 2 年是多年生禾本科牧草的生长高峰期。

（三）改良措施对退耕还林（草）人工草地多样性的影响

由表 2.6 可知，从年际变化来看，随改良措施实施时间的增加，改良的人工草地群落丰富度指数、多样性指数、均匀度指数均呈现增加变化趋势。在改良第 1 年，处理 1 人工草地的丰富度指数、多样性指数、均匀度指数分别为 3、0.635、0.578；处理 2 人工草地的丰富度指数、多样性指数、均匀度指数分别为 4、0.688、0.496；对照样地的丰富度指数、多样性指数、均匀度指数分别为 6、1.060、0.592。在改良第 1 年，未改良的对照样地的丰富度指数、多样性指数、均匀度指数均高于两种改良的人工草地，并且处理 2 人工草地的丰富度指数、多样性指数均高于处理 1 人工草地。

表 2.6　不同改良措施退耕还林（草）人工草地物种丰富度、多样性、均匀度指数

年份	处理	丰富度指数（S）	多样性指数（H）	均匀度指数（E）
2008	对照	6	1.060	0.592
	处理 1	3	0.635	0.578
	处理 2	4	0.688	0.496
2009	对照	6	1.161	0.648
	处理 1	4	0.868	0.626
	处理 2	5	1.040	0.646

在改良第 2 年，处理 1 人工草地的丰富度指数、多样性指数、均匀度指数分别为 4、0.868、0.626；处理 2 人工草地的丰富度指数、多样性指数、均匀度指数分别为 5、1.040、0.646；对照样地的丰富度指数、多样性指数、均匀度指数分别为 6、1.161、0.648。在改良第 2 年，物种丰富度、多样性指数、均匀度指数均呈现为对照＞处理 2＞处理 1，处理 1 和处理 2 人工草地的丰富度指数、多样性指数、均匀度指数均比改良当年有增加的趋势。这说明，改良第 2 年由于改良人工草地的良好环境，有乡土草种和杂类草的入侵。人工草地的目的是获得栽培植物种的高额产量，常常使人工群落结构比较简单，这种结构的群落稳定性不高。随着生长年限的增加，单播人工草地很容易受到外来非栽培草种的入侵，如果不及时进行毒杂草防除，则会大大降低人工草地质量。

三、改良措施对地上生物量的影响

（一）地上生物量季节动态变化

改良措施实施第 1 年，不同改良措施退耕还林（草）人工草地的地上生物量（表 2.7），处理 1 人工草地是改良第 1 年重新种植的，在改良第 1 年 7 月中旬还未出苗，所以在 2008 年 7 月 17 日和 2008 年 8 月 4 日未对处理 1 人工草地进行采样。

表 2.7 不同改良措施退耕还林（草）人工草地的地上生物量 （单位：g/m^2）

采样日期	对照	处理 1	处理 2
2008-7-17	125.7b±9.83		147.1c±8.87
2008-8-4	210.4a±44.74		211.8b±59.97
2008-8-23	223.8a±63.81	325.1b±10.54	283.1a±84.64
2008-9-3	206.0a±7.71	361.7a±96.92	249.7ab±49.96
2008-9-18	118.1b±14.43	354.5a±10.66	217.0b±2.94

注：表中数据为平均值 ± 标准差；相同小写字母表示差异不显著（$P>0.05$）；下表同。

由表 2.7 可知，不同改良措施退耕还林（草）人工草地的地上生物量，从 2008 年 7 月中旬到 2008 年 9 月中旬随着生长发育都呈现单峰型的变化趋势。7 月 17 日、8 月 4 日、8 月 23 日、9 月 3 日及 9 月 18 日对照样地的地上生物量分别为 125.7g/m^2、210.4g/m^2、223.8g/m^2、206.0g/m^2、118.1g/m^2，处理 2 人工草地的地上生物量分别为 147.1g/m^2、211.8g/m^2、283.1g/m^2、249.7g/m^2、217.0g/m^2，8 月 23 日、9 月 3 日及 9 月 18 日处理 1 人工草地的地上生物量分别为 325.1g/m^2、361.7g/m^2、354.5g/m^2。对照样地和处理 2 人工草地的地上生物量的最高值都出现在 8 月 23 日，生物量分别为 223.8g/m^2 和 283.1g/m^2；处理 1 人工草地地上生物量的最高值出现在 9 月 3 日，生物量为 361.7g/m^2。两种改良人工草地的地上生物量在各个采样时期均高于未改良的对照样地，且处理 1 人工草地的地上生物量在各个采样时期均高于处理 2 人工草地。

通过方差分析可知，8 月 4 日、8 月 23 日、9 月 3 日对照样地的地上生物量之间差异不显著（$P>0.05$），但三者均显著高于 7 月 17 日和 9 月 18 日（$P<0.05$），而 7 月 17 日和 9 月 18 日之间差异不显著（$P>0.05$）；处理 1 人工草地的地上生物量 9 月 3 日和 9 月 18 日之间差异不显著（$P> 0.05$），但二者均显著高于 8 月 23 日（$P<0.05$）；处理 2 人工草地的地上生物量在 8 月 23 日显著高于 7 月 17 日、8 月 4 日、9 月 18 日（$P<0.05$），但 8 月 23 日与 9 月 3 日之间无显著差异（$P>0.05$）。以上不同草地类型的地上生物量最高值出现的时间不一致，但都在 9 月左右，不同的建植时间和不同的草种造成地上生物量出现高峰的时间稍有差异，但都在当地草地开始枯黄前 15d 左右达到峰值，这可以进一步确定各人工草地最适宜的收获期。

（二）地上生物量年际变化

由表 2.8 可知，改良第 1 年，牧草生长旺盛期（8 月中旬）处理 1 人工草地的地上总生物量为 325.1g/m^2，禾草、杂类草分别为 321.8g/m^2、3.3g/m^2；处理 2 人工草地的地上总生物量为 283.1g/m^2，禾草、杂类草分别为 278.8g/m^2、4.3g/m^2；对照样地的地上总生物量为223.8g/m^2，禾草、杂类草分别为218.1g/m^2、5.7g/m^2。处理1人工草地较对照草地地上总生物量提高了45.3%，处理2人工草地较对照草地地上总生物量提高了26.5%。通过方差分析表明，处理1人工草地的地上总生物量显著高于对照样地（$P<0.05$），但处理1与处理2地上总生物量之间差异不显著（$P>0.05$），处理2与对照样地之间也无显著差异（$P>0.05$）。

表2.8　不同改良措施退耕还林（草）人工草地的地上生物量组成

年份	处理	总生物量/（g/m^2）	禾草		杂类草	
			生物量/（g/m^2）	占总生物量比例/%	生物量/（g/m^2）	占总生物量比例/%
2008	对照	223.8b±63.8	218.1b±64.4	97.5	5.7a±2.1	2.5
	处理1	325.1a±11.6	321.8a±11.2	99.0	3.3a±0.58	1.0
	处理2	283.1ab±28.28	278.8ab±29.0	98.5	4.3a±1.53	1.5
2009	对照	185.3b±5.5	176.5b±12.6	95.3	8.8a±7.2	4.7
	处理1	262.1a±4.4	261.6a±4.7	99.8	0.5a±0.4	0.2
	处理2	238.4a±42.9	232.8a±45.0	97.7	5. 6a±2.3	2.3

在改良措施实施第2年，处理1人工草地的地上总生物量为262.1g/m^2，禾草、杂类草分别为261.6g/m^2、0.5g/m^2；处理2人工草地的地上总生物量为238.4g/m^2，禾草、杂类草分别为232.8g/m^2、5.6g/m^2；对照样地的地上总生物量为185.3g/m^2，禾草、杂类草分别为176.5g/m^2、8.8g/m^2。处理1人工草地较对照草地地上总生物量提高了41.4%，处理2人工草地较对照草地地上总生物量提高了28.7%。通过方差分析，两种改良人工草地的总地上生物量均显著高于未改良的人工草地（$P<0.05$），而两种改良人工草地的地上生物量之间无显著差异（$P>0.05$）。在改良后第2年，未改良的人工草地的地上生物量比改良第1年有所下降，两种改良的人工草地的地上生物量比改良第1年也有所下降。

对群落中不同植物类群的组成变化分析可知（表2.8），不同改良措施退耕还林（草）人工草地禾草占绝对优势。在改良第1年，处理1人工草地禾草生物量占地上总生物量的99.0%，而杂类草只占总生物量的1.0%；处理2人工草地禾草生物量占地上总生物量的98.5%，而杂类草占总生物量的1.5%；对照样地的禾草生物量占地上总生物量的97.5%，杂类草占总生物量的2.5%。在改良措施实施第2年，处理1人工草地禾草占地上总生物量的99.8%，杂类草只占总生物量的0.2%；处理2人工草地禾草占地上总生物量的97.7%，杂类草占总生物量的2.3%；对照样地的禾草占地上总生物量的95.3%，杂类草占总生物量的4.7%。

从经济类群来看，在改良第1年和第2年，两种改良人工草地的禾草比例均高于未改良的人工草地。在改良第 1 年，两种改良的人工草地的禾草比例均达到 98% 以上；在改良第 2 年，两种改良人工草地的禾草比例仍然在 97% 以上。在改良第 2 年，处理 1 人工草地的禾草比例比改良第 1 年有所增加，并且处理 1 人工草地的禾草比例在改良第 1 年和第 2 年均高于处理 2 人工草地。从以上可知，通过对草地的改良可提高人工草地的地上生物量，其中用燕麦和垂穗披碱草混播重新建植的改良措施比划破草皮施肥效果更好，产草量更高。

四、改良措施对牧草营养成分的影响

（一）粗蛋白含量的动态变化

分析不同改良措施退耕还林（草）人工草地牧草粗蛋白含量的动态变化（表 2.9），各类型人工草地的粗蛋白含量从 2008 年 7 月 17 日～9 月 18 日基本呈下降趋势，对照样地和处理 2 人工草地的粗蛋白含量的最高值都出现在 7 月 17 日，分别为 5.92% 和 11.76%；最低值均出现在 9 月 18 日，分别为 3.81% 和 5.94%。处理 1 人工草地从 8 月 23 日开始采样，其最高值出现在 8 月 23 日，粗蛋白含量为 11.17%；最低值在 9 月 18 日，为 6.66%。两种改良人工草地的粗蛋白含量在各个采样时期均高于未改良的对照样地，且处理 1 人工草地的粗蛋白含量在各个采样时期均高于处理 2 人工草地。通过方差分析表明，处理 1 人工草地各个时期的粗蛋白含量均呈显著差异（$P<0.05$）。处理 2 人工草地的粗蛋白含量在 7 月 17 日显著高于其他任何时间（$P<0.05$），7 月 17 日、8 月 4 日、8 月 23 日之间均呈显著差异（$P<0.05$），并且三者均显著高于 9 月 3 日和 9 月 18 日（$P<0.05$），但 9 月 3 日和 9 月 18 日之间无显著差异（$P>0.05$）。对照样地的粗蛋白含量在 7 月 17 日、8 月 4 日、9 月 18 日之间均呈显著差异，并且三者与 8 月 23 日、9 月 3 日之间均呈显著差异，但 8 月 23 日与 9 月 3 日之间无显著差异。总的来说，在整个生长季内不同草地类型的粗蛋白含量随着生育期的进程呈下降趋势。牧草粗蛋白含量随着植株的衰老而下降。

表 2.9　不同改良措施退耕还林（草）人工草地牧草粗蛋白含量的动态变化　（单位：%）

采样日期	对照	处理 1	处理 2
2008-7-17	5.92a±0.13		11.76a±0.08
2008-8-4	4.91b±0.01		8.83b±0.43
2008-8-23	4.37c±0.09	11.17a±0.88	6.96c±0.09
2008-9-3	4.52c±0.09	8.44b±0.09	6.02d±0.16
2008-9-18	3.81d±0.16	6.66c±0.04	5.94d±0.23

（二）粗脂肪含量的动态变化

通过对2008年不同改良措施退耕还林（草）人工草地牧草粗脂肪含量的动态变化分析（图2.20）发现，处理1和处理2人工草地的粗脂肪含量从7月17日～9月18日均呈先降低后增加的趋势；对照样地人工草地的粗脂肪含量从7月17日～9月18日呈先降低后增加再降低的趋势，7月17日、8月4日、8月23日、9月3日及9月18日对照样地的粗脂肪含量分别为3.77%、3.47%、3.26%、5.72%、2.80%；处理2人工草地的粗脂肪含量分别为4.43%、4.05%、2.84%；3.06%、3.68%；8月23日、9月3日及9月18日处理1人工草地的粗脂肪含量分别为3.12%、2.44%、2.48%。通过方差分析表明，处理2人工草地粗脂肪含量的最高值出现在7月17日。处理1人工草地的粗脂肪含量的最高值出现在8月23日。对照样地粗脂肪含量的最高值出现在9月3日，并且显著高于8月4日、8月23日和9月18日（$P<0.05$），9月3日与7月17日之间无明显差异，8月4日、8月23日和9月18日之间均无明显差异。

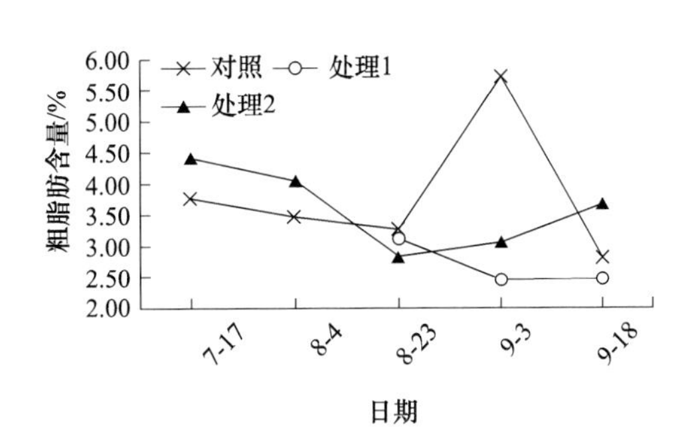

图2.20 2008年不同改良措施退耕还林（草）人工草地牧草粗脂肪含量的动态变化

（三）粗纤维含量的动态变化

纤维是植物细胞壁的主要成分，它的高低直接影响家畜对牧草的喜食程度。分析不同改良措施退耕还林（草）人工草地牧草粗纤维含量的动态变化（表2.10），各类型人工草地牧草粗纤维含量从2008年7月17日～9月18日基本呈增加趋势。对照样地和处理1人工草地粗纤维含量的最高值均出现在9月18日，分别为33.91%和21.84%。处理2人工草地粗纤维含量的最高值出现在9月3日，为31.23%。对照样地和处理2人工草地的粗纤维含量的最低值均出现在7月17日，分别为29.95%和26.41%。处理1人工草地粗纤维含量的最低值出现在8月23日，为18.57%。其中未改良的对照样地粗纤维含量最低值高于两种改良的人工草地的最低值，且处理1人工草地粗纤维含量的最低值低于处理2人工草地。未改良的对照样地粗纤维含量最高值高于两种改良的人工草地的最高值，且处理2人工草地粗纤维含量最高值高于处理1人工草地。通过方差分析表明，9月3日和9月18日处理1人工草地的牧草粗纤维含量高于8月23日（$P<0.05$），但二者之间无显著差异。8月23日和9月3日处理2人工草地的粗纤维含量显著高于7月17日、8月4日、9月18日（$P<0.05$），但二者之间无显著差异。对照样地的牧草粗纤维含量在采样的各个时期均呈现差异显著。7月17

日对照样地和处理 2 人工草地的粗纤维含量显著低于其他取样时间，这说明牧草粗纤维含量随着牧草生长时间的延长，粗纤维含量增加，牧草的营养价值降低，牧草的适口性下降。

表 2.10　不同改良措施退耕还林（草）人工草地牧草粗纤维含量的动态变化　（单位：%）

采样日期	对照	处理 1	处理 2
2008-7-17	29.95e±0.21		26.41d±0.01
2008-8-4	31.25c±0.13		28.61c±0.05
2008-8-23	31.53b±0.09	18.57b±0.26	31.01a±0.26
2008-9-3	30.76d±0.01	20.97a±0.41	31.23a±0.34
2008-9-18	33.91a±0.14	21.84a±0.57	30.51b±0.19

（四）粗灰分含量的动态变化

通过对不同改良措施退耕还林（草）人工草地牧草粗灰分含量的动态变化分析（表 2.11）发现，两种改良人工草地的粗灰分含量从 2008 年 7 月 17 日～9 月 18 日基本呈下降的趋势，而对照样地的粗灰分含量呈现先降低后增加再降低的趋势。对照样地和处理 2 人工草地粗灰分含量的最高值均出现在 7 月 17 日，分别为 5.67% 和 6.75%，而对照样地粗灰分含量的最低值出现在 8 月 23 日，为 5.18%，处理 2 人工草地粗灰分含量的最低值出现在 9 月 3 日，为 5.61%；处理 1 人工草地粗灰分含量的最高值在 8 月 23 日，为 9.08%，最低值出现在 9 月 18 日，为 5.71%。处理 1 和处理 2 人工草地的粗灰分含量在各个采样时期均高于未改良的对照样地，且处理 1 人工草地的粗灰分含量最高值和最低值均高于处理 2 人工草地的最高值和最低值。通过方差分析表明，处理 1 人工草地的粗灰分含量在各个采样时期均呈显著差异（$P<0.05$）。处理 2 人工草地的粗灰分含量 7 月 17 日、8 月 4 日、8 月 23 日均显著高于 9 月 3 日与 9 月 18 日（$P<0.05$），7 月 17 日与 8 月 4 日、8 月 23 日之间均呈显著差异（$P<0.05$），但 8 月 4 日与 8 月 23 日之间无显著差异（$P<0.05$），9 月 3 日与 9 月 18 日之间呈显著差异（$P<0.05$）。对照样地的粗灰分含量在各个采样时期均呈显著差异（$P<0.05$）。

表 2.11　不同改良措施退耕还林（草）人工草地牧草粗灰分含量的动态变化　（单位：%）

采样日期	对照	处理 1	处理 2
2008-7-17	5.67a±0.03		6.75a±0.04
2008-8-4	5.23d±0.02		6.23b±0.01
2008-8-23	5.18e±0.01	9.08a±0.01	6.27b±0.04
2008-9-3	5.55b±0.02	6.70b±0.04	5.61d±0.14
2008-9-18	5.44c±0.01	5.71c±0.03	5.99c±0.03

五、改良措施对土壤养分的影响

（一）人工草地土壤有机质含量变化

分析不同改良措施退耕还林（草）人工草地土壤有机质含量变化（表 2.12）发现，各类型退耕还林（草）人工草地随着土层的加深，土壤有机质含量基本呈现下降的趋势。研究发现，在改良第 1 年和第 2 年，各类型人工草地土壤有机质含量最高值均出现在 0～10cm 和 10～20cm。改良第 1 年，处理 1、处理 2 人工草地和对照样地的 0～10cm 土层有机质含量分别为 4.07%、4.60%、3.77%，处理 1 和处理 2 人工草地较对照样地分别增加了 8% 和 22%。在 10～20cm 土层上，处理 1、处理 2 人工草地和对照样地的有机质含量分别为 4.41%、4.05%、4.17%，处理 1 人工草地在 10～20cm 的有机质含量高于对照样地，而处理 2 人工草地的有机质含量低于对照样地。通过方差分析表明，在 0～10cm、30～40cm 土层，处理 2 人工草地的有机质含量显著高于处理 1 人工草地（$P<0.05$），并且二者均显著高于未改良的对照样地（$P<0.05$）。在 20～30cm、40～50cm 土层，两种改良人工草地的有机质含量均显著高于未改良的对照样地（$P<0.05$），但两种改良人工草地之间无显著差异。

表 2.12 不同改良措施退耕还林（草）人工草地土壤有机质含量变化 （单位：%）

年份	处理	土层深度 /cm				
		0～10	10～20	20～30	30～40	40～50
2008	对照	3.77c±0.16	4.17a±0.30	3.05b±0.11	2.17c±0.02	2.09b±0.19
	处理 1	4.07b±0.16	4.41a±0.06	3.54a±0.06	2.30b±0.01	2.75a±0.01
	处理 2	4.60a±0.02	4.05a±0.24	3.69a±0.10	3.02a±0.03	2.97a±0.08
2009	对照	4.17a±0.26	4.02a±0.32	4.07b±0.05	3.38b±0.21	2.23b±0.21
	处理 1	5.35a±0.21	5.17a±0.31	4.24b±0.95	3.60ab±0.53	2.44ab±0.1
	处理 2	5.99a±1.79	5.64a±1.67	5.93a±0.58	4.24a±0.21	3.18a±0.64

在改良第 2 年，处理 1、处理 2 人工草地和对照样地的 0～10cm 土层有机质含量分别为 5.35%、5.99% 和 4.17%，并且是各土层中最高值。在 0～10cm 土层上，处理 1 和处理 2 人工草地有机质含量均高于未改良的对照样地，3 种类型的人工草地有机质含量均比第 1 年有增加的趋势。在 10～20cm 土层，处理 1、处理 2 人工草地和对照样地的有机质含量分别为 5.17%、5.64% 和 4.02%，两种改良人工草地有机质含量均高于未改良的对照样地，两种改良人工草地均比改良第 1 年有所增加，但对照样地比第 1 年有所下降。在 20～30cm、30～40cm

和40～50cm土层，各类型人工草地有机质含量基本比第1年有所增加。在20～30cm，处理2人工草地有机质含量显著高于处理1和对照样地，但处理1和对照样地无显著差异。在30～40cm、40～50cm土层，处理2人工草地有机质含量显著高于对照样地（$P<0.05$），但处理1和处理2人工草地之间无显著差异（$P>0.05$），并且处理1和对照样地也无显著差异（$P>0.05$）。

（二）人工草地土壤全氮含量变化

氮元素是调节陆地生态系统结构和功能（如生物量）的关键性元素，能够限制群落初级和次级生产力，在草原生态系统乃至全球碳氮循环中至关重要。分析不同改良措施退耕还林（草）人工草地土壤全氮含量变化（表2.13）发现，在改良第1年和第2年，各类型人工草地土壤全氮含量最高值均出现在0～10cm和10～20cm。从年际变化来看，各类型人工草地不同土层的全氮含量各自变化趋势基本不同。

表2.13　不同改良措施退耕还林（草）人工草地土壤全氮含量变化　（单位：%）

年份	处理	土层深度/cm				
		0～10	10～20	20～30	30～40	40～50
2008	对照	0.201c±0.006	0.204c±0.005	0.180c±0.001	0.118c±0.008	0.090c±0.012
	处理1	0.242b±0.013	0.240b±0.003	0.218b±0.004	0.165b±0.004	0.132b±0.003
	处理2	0.299a±0.001	0.260a±0.006	0.240a±0.007	0.215a±0.004	0.164a±0.011
2009	对照	0.243b±0.001	0.243b±0.016	0.183c±0.003	0.131b±0.001	0.113b±0.004
	处理1	0.267a±0.007	0.273a±0.004	0.261a±0.002	0.196a±0.004	0.165a±0.004
	处理2	0.245b±0.012	0.288a±0.001	0.252b±0.004	0.196a±0.006	0.165a±0.001

在改良第1年，处理1、处理2人工草地和对照样地在0～10cm土层全氮含量分别为0.242%、0.299%、0.201%，在10～20cm土层分别为0.240%、0.260%、0.204%，在20～30cm土层分别为0.218%、0.240%、0.180%。在各个土层，两种改良的人工草地土壤全氮含量均高于未改良的对照样地。通过方差分析表明，在各个土层处理1和处理2人工草地的土壤全氮含量均显著高于对照样地（$P<0.05$），并且处理2人工草地的全氮含量显著高于处理1人工草地（$P<0.05$），三者之间在各个土层均呈现显著差异（$P<0.05$）。

在改良第2年，处理1、处理2人工草地和对照样地在0～10cm土层全氮含量分别为0.267%、0.245%和0.243%，在10～20cm土层分别为0.273%、0.288%和0.243%，在20～30cm土层分别为0.261%、0.252%、0.183%。在各个土层，处理1和处理2人工草地全氮含量均高于未改良的对照样地。在改良第2年，0～10cm、30～40cm土层对照样地和处理1人工草地全氮含量均比改良第1年有增加的趋势，而处理 2 人工草地全氮含量比改良第 1 年有所下降。在 10～20cm、20～30cm、40～50cm 土层，3 种类型的人工草地全氮含量均比改良第 1 年有增加的趋势。方差分析表明，在 0～10cm 土层，处理 1 人工草地全氮含量显著高于对照样地和处理 2 人工草地（$P<0.05$），但对照样地与处理 2 人工草地之间无显著差异（$P>0.05$）。在 10～20cm、30～40cm、40～50cm 土层，处理 1 和处理 2 人工草地全氮含量之间无显著差异（$P>0.05$），但二者显著高于对照样地（$P<0.05$）。在 20～30cm 土层，处理 1 人工草地的全氮含量显著高于处理 2 人工草地（$P<0.05$），并且二者均显著高于未改良的对照样地（$P<0.05$）。

（三）人工草地土壤全磷含量变化

分析不同改良措施退耕还林（草）人工草地土壤全磷含量变化，由表 2.14 可知，在改良第 1 年和第 2 年，处理 1 和处理 2 人工草地全磷含量随土层加深而呈现先增加后下降的变化趋势，而对照样地基本随土层加深呈现下降的趋势；各类型人工草地全磷含量在各土层之间虽然有基本下降趋势，但变化较小，全磷在土壤剖面中分布较均匀。

表 2.14　不同改良措施退耕还林（草）人工草地土壤全磷含量变化　（单位：%）

年份	处理	土层深度 /cm				
		0～10	10～20	20～30	30～40	40～50
2008	对照	0.065a±0.003	0.063b±0.004	0.062b±0.003	0.060b±0.001	0.056b±0.001
	处理 1	0.069a±0.001	0.071a±0.001	0.067a±0.002	0.061b±0.002	0.059b±0.004
	处理 2	0.068a±0.001	0.072a±0.001	0.069a±0.001	0.065a±0.001	0.065a±0.001
2009	对照	0.057a±0.013	0.046c±0.007	0.043c±0.003	0.037c±0.001	0.046b±0.001
	处理 1	0.062a±0.001	0.066b±0.002	0.063b±0.001	0.061b±0.001	0.057a±0.001
	处理 2	0.068a±0.001	0.074a±0.001	0.071a±0.001	0.069a±0.001	0.057a±0.008

在改良第 1 年，处理 1 和处理 2 人工草地土壤全磷含量的最高值出现在 10～20cm，分别为 0.071%、0.072%，而对照样地土壤全磷含量的最高值出现在 0～10cm，为 0.065%。在改良第 1 年，各土层两种改良人工草地的土壤全磷含量平均值均高于未改良的对照样地。方差分析表明，在 0～10cm 土层，对照样地、处理 1 和处理 2 人工草地全磷含量三者之间均无显著差异。在 10～20cm、20～30cm 土层，处理 1 和处理 2 人工草地全磷含量之间无显著差异，但二者均显著高于对照样地（$P<0.05$）。在 30～40cm、40～50cm 土层，处理 2 人工草地的全磷含量显著高于处理 1 和对照样地（$P<0.05$），但处理 1 人工草地与对照样地的全磷含量之间无显著差异。

在改良第 2 年，处理 1 和处理 2 人工草地的土壤全磷含量最高值也出现在

10～20cm，分别为0.066%、0.074%，而对照样地的土壤全磷含量最高值也出现在0～10cm，为0.057%。与改良第1年相比，未改良的对照样地和处理1人工草地的全磷含量最高值有所下降，处理2人工草地的最高值有所增加。在改良第2年，各土层，处理1和处理2人工草地的土壤全磷含量平均值均高于未改良的对照样地。在改良第2年，0～10cm、10～20cm、20～30cm土层对照样地和处理1人工草地全磷含量均比第1年有下降的趋势，而处理2人工草地全磷含量比改良第1年持平或有所增加；40～50cm土层，3种类型的人工草地全磷含量均比第1年有下降的趋势。方差分析表明，在0～10cm土层，对照样地、处理1和处理2人工草地全磷含量三者之间均无显著差异。在10～20cm、20～30cm、30～40cm土层，对照样地、处理1和处理2人工草地全磷含量三者之间均差异显著（$P<0.05$），为处理2＞处理1＞对照样地。在40～50cm土层，两种改良人工草地全磷含量之间无显著差异，但二者均显著高于对照样地（$P<0.05$）。

（四）人工草地土壤速效氮含量变化

分析不同改良措施退耕还林（草）人工草地土壤速效氮含量变化（表2.15）可知，在改良第1年，对照样地和处理1人工草地土壤速效氮含量的最高值出现在10～20cm土层，分别为128.44mg/kg和138.31mg/kg，而处理2人工草地的最高值出现在0～10cm，为136.89mg/kg。对照样地和处理1人工草地的速效氮含量随着土层的加深呈现先升高再下降的变化趋势，而处理2人工草地随着土层的加深呈现下降的趋势。在改良第1年，在0～10cm、10～20cm、20～30cm土层，两种改良人工草地的速效氮含量均高于未改良的对照样地。在30～40cm、40～50cm土层，各类型人工草地的速效氮含量均为处理2＞对照样地＞处理1。方差分析表明，在0～10cm土层，两种改良人工草地的速效氮含量之间无显著差异，但二者均显著高于对照样地（$P<0.05$）。在10～20cm，处理1人工草地速效氮含量显著高于对照样地（$P<0.05$），但处理1和处理2，对照样地和处理2之间无显著差异。在20～30cm、30～40cm，处理1、处理2和对照样地三者速效氮含量之间均差异显著（$P<0.05$）。在40～50cm土层，处理2人工草地的速效氮含量显著高于处理1和对照样地（$P<0.05$），但处理1和对照样地之间无显著差异。

表2.15 不同改良措施退耕还林（草）人工草地土壤速效氮含量变化 （单位：mg/kg）

年份	处理	土层深度/cm				
		0～10	10～20	20～30	30～40	40～50
2008	对照	117.53b±3.17	128.44b±2.83	89.00c±0.70	62.94b±0.70	40.74b±3.18
	处理1	135.14a±1.06	138.31a±2.13	123.15a±0.35	52.36c±0.70	38.98b±3.52
	处理2	136.89a±9.15	131.62ab±5.98	107.31b±4.24	80.20a±5.29	59.76a±6.69

续表

年份	处理	土层深度 /cm				
		0～10	10～20	20～30	30～40	40～50
2009	对照	159.00a±18.4	176.12b±6.94	106.78b±1.38	69.34c±6.93	44.38c±1.39
	处理 1	160.85a±5.52	183.75ab±0.69	168.72a±18.6	96.38b±3.46	81.83b±0.00
	处理 2	165.03a±0.00	189.25a±7.62	157.40a±0.69	116.49a±0.00	99.84a±1.37

在改良第 2 年，对照样地、处理 1 和处理 2 人工草地速效氮含量的最高值均出现在 10～20cm 土层，分别为 176.12mg/kg、183.75mg/kg、189.25mg/kg，与改良第 1 年相比均有所增加。在改良第 2 年，各类型人工草地的速效氮含量随着土层的加深均呈现先升高再下降的趋势；各土层，处理 1 和处理 2 人工草地的土壤速效氮含量平均值均高于未改良的对照样地。在第 2 年，对照样地、处理 1 和处理 2 人工草地在各土层的速效氮含量均比第 1 年有所增加。方差分析表明，在 0～10cm 土层，对照样地、处理 1 和处理 2 人工草地的土壤速效氮含量之间均无显著差异。在 10～20cm 土层，处理 1 和处理 2，对照样地和处理 1 速效氮含量之间均无显著差异，但处理 2 人工草地的速效氮含量显著高于对照样地（$P<0.05$）。在 20～30cm 土层，处理 1 和处理 2 人工草地速效氮含量之间无显著差异（$P<0.05$），但二者均显著高于对照样地（$P<0.05$）。在 30～40cm、40～50cm 土层，各类型人工草地速效氮含量均呈现显著差异（$P<0.05$），为处理 2＞处理 1＞对照样地。

（五）人工草地土壤速效磷含量变化

速效磷是能被植物直接吸收利用的营养元素，土壤中速效养分主要与土壤的矿化作用、植物的吸收量、牲畜排泄物量、植物枯枝落叶的分解及植物根系的交换作用和化学作用有关。分析不同改良措施退耕还林（草）人工草地土壤速效磷含量变化（表 2.16）可知，在改良第 1 年和第 2 年，对照样地、处理 1 和处理 2 人工草地土壤速效磷含量基本随土层加深呈现下降的趋势。

表 2.16　不同改良措施退耕还林（草）人工草地土壤速效磷含量变化　（单位：mg/kg）

年份	处理	土层深度 /cm				
		0～10	10～20	20～30	30～40	40～50
2008	对照	9.07b±0.12	7.20b±0.35	5.48b±0.61	3.90b±0.03	3.50b±0.09
	处理 1	12.22a±0.29	10.18a±0.18	6.21b±0.76	4.17b±0.29	3.29b±0.24
	处理 2	11.55a±1.49	9.48a±0.59	7.70a±0.09	6.15a±0.12	4.87a±0.18
2009	对照	12.22b±0.04	8.63b±0.35	7.43b±0.24	6.25a±0.33	6.03b±0.46
	处理 1	13.27a±0.17	10.56a±0.96	10.56a±0.44	6.97a±0.53	6.97a±0.18
	处理 2	12.99a±0.63	9.93ab±0.59	7.54b±0.61	6.51a±0.28	6.73a±0.28

在改良第1年，对照样地、处理1和处理2人工草地的速效磷含量的最高值均出现在0～10cm土层，分别为9.07mg/kg、12.22mg/kg和11.55mg/kg。改良第1年，在各土层，两种改良人工草地的速效磷含量均高于未改良的对照样地（除40～50cm土层，处理1速效磷含量低于对照样地外）。方差分析表明，在0～10cm、10～20cm土层，处理1和处理2人工草地的速效磷含量之间无显著差异，但二者均显著高于对照样地（$P<0.05$）。在20～30cm、30～40cm、40～50cm土层，处理2人工草地速效磷含量显著高于处理1和对照样地（$P<0.05$），但处理1与对照样地之间无显著差异。

在改良第2年，对照样地、处理1和处理2人工草地速效磷含量的最高值也均出现在0～10cm土层，分别为12.22mg/kg、13.27mg/kg和12.99mg/kg，与第1年相比均有所增加。改良第2年，在各土层，处理1和处理2人工草地土壤速效磷含量均高于未改良的对照样地；与第1年相比，对照样地、处理1和处理2人工草地速效磷含量在各土层均有所增加（除了处理2在20～30cm土层比改良第1年有所下降）。方差分析表明，在0～10cm、40～50cm土层，处理1和处理2人工草地速效磷含量之间无显著差异，但二者均显著高于对照样地（$P<0.05$）。在10～20cm土层，处理1人工草地速效磷含量显著高于对照样地（$P<0.05$），但处理1与处理2，对照样地与处理2之间均无显著差异。在20～30cm土层，处理1人工草地速效磷含量显著高于对照样地和处理2人工草地（$P<0.05$），但对照样地与处理2之间无显著差异。在30～40cm土层，对照样地、处理1和处理2人工草地速效磷含量之间均无显著差异。

（六）人工草地土壤pH变化

土壤酸碱度是土壤各种化学性质的综合反映，它与土壤微生物的活动、有机质的合成和分解、各种营养元素的转化与释放及有效性、土壤保持养分的能力都有关系。分析不同改良措施退耕还林（草）人工草地土壤pH变化（表2.17）可知，在改良第1年和第2年，对照样地、处理1和处理2人工草地的pH随着土层的加深均呈现增大的趋势，土壤出现向偏碱性方向发展的趋势。

表2.17　不同改良措施退耕还林（草）人工草地土壤pH变化

年份	处理	土层深度/cm				
		0～10	10～20	20～30	30～40	40～50
2008	对照	8.56a±0.01	8.94a±0.01	8.95a±0.01	9.01a±0.02	9.03a±0.01
	处理1	8.48b±0.04	8.61c±0.01	8.74b±0.00	8.92b±0.01	9.00b±0.01
	处理2	8.54a±0.01	8.73b±0.01	8.74b±0.00	8.77c±0.01	8.93c±0.00

续表

年份	处理	土层深度 /cm				
		0～10	10～20	20～30	30～40	40～50
2009	对照	8.47a±0.02	8.95a±0.02	9.03a±0.01	9.12a±0.01	9.16a±0.01
	处理 1	8.27b±0.01	8.33c±0.01	8.47c±0.02	8.56c±0.00	8.89c±0.01
	处理 2	8.31b±0.04	8.45b±0.02	8.67b±0.01	8.85b±0.01	8.99b±0.01

在改良第 1 年，对照样地、处理 1 和处理 2 人工草地的 pH 最高值均出现在 40～50cm，分别为 9.03、9.00 和 8.93，并且未改良的对照样地的 pH 最高值高于两种改良人工草地。在各土层，对照样地的 pH 均高于两种改良人工草地。方差分析表明，在 0～10cm 土层，对照样地和处理 2 人工草地 pH 显著高于处理 1 人工草地（$P<0.05$），但对照样地和处理 2 之间无显著差异。在 10～20cm、30～40cm、40～50cm 土层，对照样地、处理 1 和处理 2 人工草地 pH 之间均呈显著差异（$P<0.05$）。在 10～20cm 土层，对照样地＞处理 2＞处理 1；在 30～40cm、40～50cm 土层，对照样地＞处理 1＞处理 2。在 20～30cm 土层，对照样地 pH 显著高于处理 1 和处理 2 人工草地（$P<0.05$），但处理 1 和处理 2 之间无显著差异。

在改良第 2 年，对照样地、处理 1 和处理 2 人工草地的 pH 最高值均出现在 40～50cm，分别为 9.16、8.89 和 8.99，与第 1 年相比，对照样地和处理 2 人工草地有所升高，处理 1 人工草地有所下降。在各土层，对照样地的 pH 均高于两种改良人工草地。在改良第 2 年，0～10cm 土层，各类型人工草地 pH 均比第 1 年有所下降；在 10～20cm、20～30cm 土层，对照样地 pH 比第 1 年有所升高，但两种改良人工草地比第 1 年有所下降；在 30～40cm、40～50cm 土层，对照样地和处理 2 人工草地 pH 均比第 1 年有所升高，但处理 1 人工草地比第 1 年有所下降。方差分析表明，在 0～10cm，对照样地土壤 pH 显著高于处理 1 和处理 2 人工草地（$P<0.05$），但处理 1 和处理 2 之间无显著差异。在 10～20cm、20～30cm、30～40cm、40～50cm 土层，对照样地、处理 1 和处理 2 人工草地 pH 之间均呈显著差异（$P<0.05$），并且顺序均为对照样地＞处理 2＞处理 1。

第三节　讨　　论

一、群落结构组成与多样性分析

物种多样性反映生物群落功能的组织特征，是群落中关于丰富度和均匀度的一个函数，用物种多样性可以定量分析群落的结构和功能。只有了解草地的群落组成、结构和功能，才能更好地实现草地的高效培育和合理利用，使草地的生产、生态功能得以全面发挥（Xue et al.，2019）。在本研究中，通过对两种改良人工草地和对照样地的群落组成及多样性的研究，发现草地植物群落中具有高多样性指数的群落同时也具有高均匀度，即多样性指数与均匀度指数的变化基本趋于一致。在改良第 1 年和第 2 年，物种丰富度指数、多样性指数、均匀度指数均为对照样地高于两种改良人工草地，并且处理 2 人工草地的物种丰富度指数、多样性指数均高于处理 1 人工草地。在改良第 2 年，两种改良人工草地的物种数比改良第 1 年有所增加，并且物种丰富度指数、多样性指数、均匀度指数也均比改良第 1 年呈现增加的趋势。这主要是由于单播垂穗披碱草人工草地在建成初期和中期垂穗披碱草处于绝对优势地位，富集程度很高，垂穗披碱草在群落总密度中所占比例大，物种丰富度、多样性、均匀性较差；而后随着种植生长年限的增加，乡土草种如冷地早熟禾、中华羊茅和洽草等优良牧草得到充分发育，使群落分布物种丰富度、多样性、均匀性增加，表明优良牧草仍然是该类草地的建群种，但人工草地随着生长年限的增加，杂类草的侵入有明显增加趋势。

二、地上生物量与高度

退耕还林（草）人工草地牧草产量的季节变化动态与牧草的生长发育有着密切的关系。高寒牧区天然草地牧草 5 月初开始萌动，生长初期生物量增长速率较高，以后受环境条件尤其是水热组合关系的影响，生物量的增长速度减慢，7 月末 8 月初达到高峰，9 月之后植株开始枯黄，生物量的积累呈现负值。在本研究中，从季节变化来看，各类型人工草地的地上生物量随着生长季的推移，均呈现先增加后减少的变化趋势，各类型人工草地地上生物量的最高值均出现在 8 月中旬到 9 月初，两种改良人工草地的地上生物量均高于对照样地，处理 1＞处理 2＞对照样地（361.7g/m^2＞283.1g/m^2＞223.8g/m^2）。由此可见，改良措施的实施能提高牧草的产草量。用燕麦和垂穗披碱草混播重新建植的改良措施比划破草皮施肥效果好，产草量高。从年际变化来看，在改良后第 2 年，各类型人工草地的地上生物量比第 1 年均有所下降，但是在改良第 1 年和第 2 年，两种改良人工草地的地上生物量均高于未改良的对照样地，为处理 1＞处理 2＞对照。这说明用燕麦和垂穗披碱草混播重新建植和划破草皮施肥改良措施是高寒地区人工草地持续获得优良牧草高额产量的有效途径。

植物的株高是衡量人工草地的一个重要指标，高度是提供高产的基础，同时也是刈割草地经营技术水平的反映。通过对不同改良措施人工草地优势种高度的研究，草地优势种高度变化表现出一定的规律性。在改良第 1 年与第 2 年，两种改良人工草地的优势种高度均高于未改良的对照样地，其中处理 2 人工草地的优势种高度均高于处理 1 人工草地，但二者之间无显著差异。从年际变化来看，在改良措施实施第 2 年，两种改良人工草地的优势种高度呈现升高的趋势。可见，改良措施的实施能提高牧草的株高。因为施肥增加土壤速效养分，促进植物生长；划破草皮改善土壤通气透水性，促进土壤有机质分解，增加土壤养分，利于植物根系生长、发育，从而促进植物地上部分生长，增加植物高度。

三、牧草营养成分

草地牧草的营养成分是形成畜产品的基础，也是评定牧草营养价值的重要指标之一，其含量及季节动态变化是草地利用价值高低的一个重要体现，直接影响家畜的生产性能（张福平　等，2017）。多年生牧草营养价值决定于蛋白质、粗纤维含量的多少。据资料报道（Osem et al.，2004；吴海艳　等，2009），牧草营养成分含量随季节不同有很大变化。夏秋季节牧草处于青草期，粗蛋白含量和消化率较高，然而随着生长月份增加，牧草营养价值降低。进入枯草期牧草营养价值降到一年中最低水平，粗蛋白含量较低，造成家畜能量和蛋白质缺乏，使家畜整体营养状况恶化。

本研究中，不同改良措施人工草地在 2008 年 7 月中旬到 2008 年 9 月底，随着生长季的推移，干物质含量不断积累，粗蛋白、粗脂肪、粗灰分含量基本呈现降低的趋势，而粗纤维含量呈现增加趋势，这是因为植物营养质量的变化和植物的物候期密切相关。其中两种改良的人工草地的粗蛋白含量在各个采样时期均高于未改良的对照样地，且处理 1 人工草地的粗蛋白含量在各个采样时期均高于处理 2 人工草地；未改良的对照样地粗纤维含量最高值高于两种改良的人工草地的最高值，且处理 2 人工草地的粗纤维含量最高值高于处理 1 人工草地。由此可见，随着牧草生长季的推移和生物量的增加，牧草营养品质在降低，表现为粗蛋白质在逐渐降低，而粗纤维在增加，其消化率显著下降，同时牧草的适口性也变差。确定牧草的适宜刈割期，把牧草的营养物质含量及牧草产量兼顾起来进行适时刈割，才能使改良人工草地提供高产优质的牧草。其中两种改良人工草地的牧草总体营养品质高于对照样地，处理 1 人工草地的牧草总体营养品质高于处理 2 人工草地。因此，通过改良措施的实施，能进一步提高人工草地牧草总体营养品质，解决家畜对营养需求平衡的目的，提高饲养水平，实现草地畜牧业可持续发展。

四、土壤养分

土壤中氮素的总贮量及其存在状态，与牧草地上生物量的多少在某种条件下有一定的正相关。土壤中氮素从形态上可以分成有机态和无机态两类，其中能被植物吸收利用的无机态氮约占全氮量的5%，绝大部分以有机态存在的氮素，需要在微生物的活动下逐渐分解矿化后，才能被植物利用（Leff et al.，2015；Zhao et al.，2017；张亚亚 等，2018）。土壤全磷量即磷的总贮量，包括有机磷和无机磷两大类。土壤中的磷素大部分是以迟效性状态存在，因此土壤全磷含量并不能作为土壤磷素供应的指标。土壤有效磷的含量往往是判断土壤肥力高低的一项重要指标，它反映了该土壤供磷能力的大小。

土壤有机质的含量是决定土壤持久性肥力的重要标志。土壤有机碳的含量是进入土壤的生物残体等有机质的输入与以土壤微生物分解作用为主的有机质的损失之间的平衡，其中有机质的输入量在很大程度上取决于气候条件、土壤含水量状态、养分的有效性、植被生长及外界扰动等因素，而土壤中有机质的分解速率则受制于有机物的化学组成、土壤水热状况及物理化学等因素（李忠佩 等，2015；Rittl et al.，2020）。土壤pH是评价土壤各种反应的一个重要的指标，它可以反映土壤的酸碱度，其变化会影响土壤的化学反应、土壤养分的有效性及微生物的活性和植物群体的组成。

本研究中，总体来看，不同改良措施人工草地的pH在8.27～9.16间变化，表明各类型人工草地土壤均偏碱性。从分析结果看，总体上，不论改良人工草地，还是未改良对照样地土壤的有机质、全氮、速效氮、全磷、速效磷含量，均表现为随土层深度增加而降低的趋势，而pH则表现为相反趋势，即随土层深度增加而增大。总体上来看，在改良第1年和第2年，两种改良人工草地不同土层土壤有机质、全氮、全磷、速效磷、速效氮含量基本高于未改良对照样地，但在个别土层中的含量变化不尽一致。除了改良第1年，对照样地土壤有机质含量在10～20cm土层高于处理2人工草地，但差异不显著（$P>0.05$）。从年际变化来看，在改良第2年，两种改良人工草地各土层的有机质、全氮、速效氮及速效磷含量与改良第1年相比，各土壤养分含量变化有所不同，但大体上呈现增加的趋势。由此可知，改良措施的实施能提高退化人工草地土壤养分含量。因此，改良措施的实施对人工草地的持续利用与管理是有好处的，对于人工草地的不同改良措施，其利弊有待于进一步研究。

第四节　结　　论

（1）在改良第 1 年，处理 1 人工草地植物群落由 3 种植物组成，隶属 2 科 3 属，群落优势种为燕麦，优势度为 77.2%；处理 2 人工草地植物群落由 4 种植物组成，隶属 3 科 4 属，群落优势种为垂穗披碱草，优势度为 87.9%；对照样地植物群落由 6 种植物组成，隶属 4 科 6 属，样地群落优势种为垂穗披碱草，优势度为 66.5%。在改良第 2 年，处理 1 人工草地植物群落由 4 种植物组成，隶属 2 科 3 属，群落优势种为垂穗披碱草，优势度为 71.9%；处理 2 人工草地植物群落由 5 种植物组成，隶属 3 科 5 属，群落优势种为垂穗披碱草，优势度为 67.9%；对照样地植物群落由 6 种植物组成，隶属 4 科 6 属，群落优势种为垂穗披碱草，优势度为 60.5%，由此可见，两种改良人工草地第 2 年开始有其他物种侵入。在改良第 1 年和第 2 年，未改良人工草地的物种丰富度指数、多样性指数、均匀度指数均高于两种改良的人工草地。在改良第 2 年，两种改良人工草地的物种丰富度指数、多样性指数、均匀度指数比改良第 1 年有增加的趋势。

（2）不同改良措施退耕还林（草）人工草地地上生物量，从 2008 年 7 月中旬到 2008 年 9 月中旬随着生长期的推移均呈现单峰型的变化趋势。其中对照样地和处理 2 人工草地的地上生物量的最高值都出现在 8 月 23 日，生物量分别为 223.8g/m^2、283.1g/m^2；处理 1 人工草地地上生物量的最高值出现在 9 月 3 日，生物量为 361.7g/m^2。两种改良的人工草地的地上生物量在各个采样时期均高于未改良的对照样地，且处理 1 人工草地的地上生物量在各个采样时期均高于处理 2 人工草地。

（3）在改良第 1 年，处理 1 人工草地较对照草地地上总生物量提高了 45.3%，处理 2 人工草地较对照草地地上总生物量提高了 26.5%。在改良第 2 年，其地上总生物量的变化是处理 1＞处理 2＞对照，处理 1 人工草地较对照草地地上总生物量提高了 41.4%，处理 2 人工草地较对照草地地上总生物量提高了 28.7%。从经济类群来看，在改良第 1 年和第 2 年，两种改良人工草地的禾草比例均高于未改良的人工草地，两种改良的人工草地的禾草比例均达到 97% 以上，处理 1 人工草地的禾草比例均高于处理 2 人工草地。

（4）在改良第 1 年，处理 1 人工草地较对照样地优势种高度提高了 21.8%，处理 2 人工草地较对照样地优势种高度提高了 30.9%；在改良第 2 年，处理 1 人工草地较对照样地优势种高度提高了 32.6%，处理 2 人工草地较对照样地优势种高度提高了 46.8%。与改良第 1 年相比，未改良的对照样地的优势种高度在改良第 2 年有下降的趋势，两种改良人工草地的优势种高度在改良第 2 年有上升的趋势。

（5）不同改良措施退耕还林（草）人工草地牧草的粗蛋白、粗脂肪和粗灰分含量在 7 月 17 日～9 月 18 日随着生长季的推移基本呈下降趋势，而粗纤维含量随着生长季的推移基本呈上升趋势，说明随着牧草生长季的推移，牧草总体营养价值呈下降趋势。其中，两种改良的人工草地粗蛋白含量在各个采样时期均高于未改良的对照样地，且处理 1 人工草地粗蛋白含量在各个采样时期均高于处理 2 人工草地；而未改良的对照样地的粗纤维含量最高值高于两种改良的人工草地的最高值，为对照＞处理 2＞处理 1。

（6）在改良第 1 年和第 2 年，不论改良人工草地还是未改良对照样地，土壤的有机质、全氮、速效氮、全磷、速效磷含量总体上均表现为随土层深度增加而降低的趋势，而 pH 则表现为相反趋势，即随土层深度增加而增大。总体上来看，在改良第 1 年和第 2 年，两种改良人工草地不同土层土壤有机质、全氮、速效磷、速效氮含量基本高于未改良对照样地，但在个别土层中有所不同。不同改良措施人工草地的 pH 在 8.27～9.16 变化，表明各类型人工草地土壤均偏碱性。

第二篇

高寒人工草地牦牛放牧系统

第三章

研究区域概况及研究方法

第一节　研究区域概况

一、地理气候特征

本篇所有的研究区域都位于青海省果洛州大武镇格多牧委会。该区域位于N 34°17′～34°25′、E 100°26′～100°43′，平均海拔为3980m，为一山间小盆地。属高原寒冷气候类型，年均气温为−2.6℃左右，≥0℃年积温为914.3℃，日照时间为2576.0h。年均降水量为513mm，5～9月降水为437.10mm，占年降水量的85.20%。无绝对无霜期，牧草生长期为110～130d。该牧委会草地总面积约为16万hm^2，其中滩地草场约为1.2万hm^2，山地草场约为0.17万hm^2。

二、植被状况

（一）人工草地建植前的植被状况

研究区域的牧场原生植被属于高寒草甸，主要植被类型有高山嵩草（*Carex parvula*）草甸、高山灌丛草甸。但由于长期超载过牧和滥采药材（主要是冬虫夏草），害鼠泛滥，约有80%的草地已严重退化。以嵩草属植物为建群种的草地植被严重退化后已被铁棒锤、鹅绒委陵菜（*Potentilla anserina*）、甘肃马先蒿、黄帚橐吾、细叶亚菊（*Ajania tenuifolia*）等代替，优良牧草盖度不足10%，生物量不到15g/m^2，牧用价值已基本消失。夏季时，植被总盖度可以达到70%左右，但植物以阔叶毒杂草为主，而在冬春季节，地面基本处于裸露状态，是典型的“黑土滩”退化草地。

（二）人工草地的建植状况

2002 年 4～6 月，选择在格多牧委会地势平坦且原始植被盖度在 30% 以下的黑土滩地上，利用垂穗披碱草、青海冷地早熟禾、同德小花碱茅、老芒麦等牧草，建立了 $700hm^2$ 快速恢复退化草地的核心示范基地和 $300hm^2$ 推广示范基地。放牧试验地设于 2002 年在该牧委会建植的垂穗披碱草 / 同德小花碱茅混播人工草地上进行。

（三）土壤类型

土壤类型以高山草甸土和高山灌丛草甸土为主。

第二节　放牧试验设计与研究方法

一、试验目的及意义

对高寒人工草地合理利用和管理技术的研究较少，技术储备不足，尤其是对高寒人工草地放牧系统的研究更为缺乏，因此如何合理利用和科学管理三江源区来之不易的人工草地、实现其持续利用与稳定发展迫在眉睫。

二、试验设计

在当地牧户牛群内，随机选取生长发育良好、健康、阉割过的 2.5 岁公牦牛 16 头，体重是 100±5kg，随机分为 4 组（每组 4 头）。放牧强度按照草场地上生物量、草场面积和牦牛的理论采食率高低区分：极轻放牧（A，牧草利用率为 20%）、轻度放牧（B，牧草利用率为 40%）、中度放牧（C，牧草利用率为 60%）、重度放牧（D，牧草利用率为 80%）和对照（CK，牧草利用率为 0）（表 3.1）。试验从 2003 年开始，试验期为每年 6 月 20 日～9 月 20 日。

表 3.1　高寒人工草地放牧强度试验设计

放牧处理	牧草利用率 /%	放牧牦牛 / 头	草地面积 /hm^2	放牧强度 /（头 /hm^2）
极轻放牧（A）	20	4	1.52	2.63
轻度放牧（B）	40	4	0.76	5.26
中度放牧（C）	60	4	0.52	8.0
重度放牧（D）	80	4	0.38	10.52
对照（CK）	0	0	1.0	0

三、主要研究内容

人工草地放牧试验的目的在于为高寒人工草地放牧生态系统管理实践提供理论指导和生物学方面的基本信息。基于此，本试验的主要研究内容可归纳为：

（1）放牧强度对高寒人工草地第一性生产力的影响，包括：对不同功能群植物地上净初级生产力及地上现存量的季节变化和年度变化的影响；对地下净初级生产力的影响；对不同植物经济类群的生产率变化及再生能力（补偿生长）的影响。

（2）放牧强度对高寒人工草地第二性生产力的影响，包括对牦牛个体增重、单位面积增重的影响。

（3）放牧强度对高寒人工草地植物群落的影响，包括：对盖度及生物量组成的影响；对植物群落组成、植物多样性的影响。

（4）放牧强度对高寒人工草地土壤养分含量的影响，包括对土壤有机质、有机碳、全氮、全磷及速效氮、速效磷和碳氮比的影响。

（5）研究不同放牧强度下高寒人工草地主要植物种群的生态位和生态位重叠，探讨不同放牧强度下主要植物种群的优势度和生态位分化规律。

（6）研究放牧家畜（牦牛）－植物互作关系，探讨放牧强度与地上、地下净初级生产力及地上现存量的关系，探讨放牧强度与物种多样性之间的关系，探讨放牧强度与各土壤营养因子之间的关系。

（7）优化放牧的研究。通过对高寒人工草地－牦牛放牧系统的研究，拟确定该类草场的最适放牧强度（生态放牧强度）、植被不退化放牧强度及该类草场的放牧演替规律。

四、指标的测定

（一）指标的测定

1．植物功能群的划分

根据人工植被群落组成，可分为垂穗披碱草、同德小花碱茅、其他禾草、莎草、阔叶草 5 个生活型功能群。

2．植物群落地上指标的测定和样品的收集

每半个月在每个放牧区内按对角线选定 5 个具有代表性的样点，在每个样点上取 5 个重复样方（0.5m×0.5m），齐地面剪去全部植物，测定植被的地上生物量，按垂穗披碱草、同德小花碱茅、其他禾草、莎草、阔叶草分类，称其鲜重

后在80℃的恒温箱烘干至恒重；每年8月20日在每个样点上各取5个重复样方（0.5m×0.5m），并将它分成4个小样方（0.25m×0.25m），测定植被群落的种类组成及其特征值（盖度、高度、频度和生物量）。

3．植物群落地下生物量的测定

每年8月下旬结合植被群落的调查，在测完地上现存量后，在每个样点各取5个重复样方（0.25m×0.25m），用土钻法采集土样，采样深度分别为0～5cm，5～10cm，10～20cm。取得的土柱装于网袋，用水将植物根系冲洗干净，于80℃烘干至恒重，称重后用以计算单位面积内的地下生物量。

4．采食量的测定

采食量用放牧前后草地的干物质产量来表示，并经放牧期内的草地牧草生长量（用扣笼法测定）来校正。

（二）土壤理化性质测定分析

土壤容重采用环刀法测定。

土壤紧实度采用土壤紧实度仪测定。

土壤有机质用重铬酸钾法测定；土壤全氮用重铬酸钾－硫酸消化法测定；土壤速效氮用蒸馏法测定；土壤全磷用 H_2SO_4-$HClO_4$ 消煮－钼锑抗比色定量；土壤速效磷用 $NaHCO_3$ 法测定。

五、计算公式

（一）物种多样性分析

物种丰富度：采用物种数和Margalef指数（Ma）表示。其计算公式为

$$\mathrm{Ma}=(S-1)/\ln N \tag{3.1}$$

重要值（importance value，IV）的计算公式为

$$\mathrm{IV}=(\text{相对盖度}+\text{相对频度}+\text{相对高度}+\text{相对生物量})/4 \tag{3.2}$$

物种多样性：用Simpson多样性指数（D）和Shannon-Wiener指数（H'）表示。其计算公式为

$$D=1-\sum P_i^2 \tag{3.3}$$

$$H'=-\sum P_i \ln P_i \tag{3.4}$$

物种均匀度：用Pielou指数（J'）表示。其计算公式为

$$J'=H'/\ln S \tag{3.5}$$

物种优势度：用Berger-Parker-优势度指数（I）表示。其计算公式为

$$I=N_{\max}/N \tag{3.6}$$

式（3.1）～（3.6）中，S 为样方中的物种数；P_i 为样方中第 i 种的生物量占总生物量的比例；N_{max} 为群落中优势种的个体数；N 为群落的所有物种的总个体数。

（二）群落相似性系数

相似性系数是反映群落组成的重要参数，它的大小说明群落组成的差异水平，是评价生态系统结构和功能性及生态异质性的重要参数，用 Greg-Smith（1983）的公式表示为

$$S_m=2\sum\min\left(U_i^{(m)},\ V_i\right)/\sum\left(U_i^{(m)}+V_i\right) \tag{3.7}$$

式中，S_m 为相似性系数；$U_i^{(m)}$ 为放牧处理间植物丰富度；V_i 为对照区植物丰富度；i 为在放牧下植物类群 i（i=1，2，3，4）。

取其在 m 放牧区的生物量（作为丰富度指标）$U_i^{(m)}$ 与对照区生物量 V_i 的最小值，对类群求和并除以两区植物总生物量，从而获得相似性系数 S_m。可以看出，$U_i^{(m)}$ 与 V_i 的最小值和两组植物群落的丰富度（$\sum U_i^{(m)}$，$\sum V_i$）决定了 S_m 的大小。显然，$0\leqslant S_m\leqslant 1$。当 m 放牧区的植物群落与对照处理相同时，$S_m=1$，即没有变化。若 $S_m=0$，则表明该组植物群落与对照相比，在组成和丰富度两方面完全改变了。因此，S_m 值下降表示群落相对变化增大，反之，变化则减小。

（三）生态位宽度及生态位重叠的计算

采用 Shannon-Wiener 生态位宽度公式及 Pianka 生态位重叠公式计算种群生态位宽度及种间生态位重叠。其计算公式为

$$\mathrm{NB}=\frac{\ln\sum N_{ij}-\left(1/\sum N_{ij}\right)\left(\sum N_{ij}\ln N_{ij}\right)}{\ln r} \tag{3.8}$$

$$\mathrm{NO}=\left(\sum N_{ij}\cdot N_{kj}\right)/\left(\sum N_{ij}^2\cdot\sum N_{kj}^2\right)^{1/2} \tag{3.9}$$

式中，NB 为生态位宽度；NO 是种群 i 和种群 k 的生态位重叠；j 为放牧梯度；N_{ij} 和 N_{kj} 分别为种群 i 和种群 k 在第 j 级资源位上的优势度；r 为放牧强度等级数。

优势度采用式（3.6）计算。

（四）草场质量指数

草场质量指数（grassland quality index，GQI）采用杜国祯等（1995）的方法计算。

把不同的植物类群按适口性划分为优良、较好、低、劣、有毒 5 类，并分别用数字表示适口性，即−1 为有毒，0 为劣，1 为低，2 为较好，3 为优良，数字越大表示适口性越高。其计算公式为

$$\mathrm{GQI}=\sum P_i C_i \tag{3.10}$$

式中，GQI 为草地质量指数；P_i 为第 i 类群的适口性；C_i 为第 i 类群的分盖度。

六、数据分析

所有数据在分析前进行正态性和方差齐性检验，对于不符合正态分布的数据进行对数转化。各试验指标各处理的检验，根据具体的试验设计及分析目的采用不同的方差分析（ANOVA）检验；所测指标之间的相关性用相应的回归方法分析。以 $P<0.05$ 作为统计分析差异性显著的阈值。

第四章

高寒人工草地放牧强度对土壤理化性质的影响

放牧家畜的践踏首先改变土壤的紧实度（张成霞 等，2010），继而引发其他土壤理化性质的变化。当前放牧家畜对土壤理化性质的研究结果存在两点争议。首先，表层土壤紧实度和容重对践踏的响应，有增加、减少和无明显影响 3 种研究结果（宋磊，2016；牛钰杰 等，2018）。一般来说，土壤保持一定含水量时，践踏作用有压实效应；土壤水分匮缺时，践踏“蹄耕”表土的效应才能显现出来；少数研究中放牧践踏不影响土壤物理性质的情况则属于压实与疏松之间的中间状态。Finlayson 等（2002）的模型发现草地植被对践踏的敏感性与土壤含水量呈正相关。分析认为，土壤对放牧践踏的响应依赖于土壤含水量，土壤对放牧践踏存在耐受阈限，但尚无相关报道，而且土壤对践踏的反应与水分的关系也没有专项试验研究。其次，多数研究认为放牧践踏只影响表层土壤（＜5cm 或＜10cm），但是，祁连山高山草原 0～40cm 土层水分含量在践踏强度梯度上的变化幅度有随土层加深而增大的趋势，任继周（1995）也指出随着土壤含水量增加，放牧对草地生草土的破坏深度呈指数上升的趋势。因此，仅研究草原上层土壤尚不足以获取全面、准确的草地放牧的践踏影响，需要全面分析放牧家畜对草地不同深度土壤理化性质的影响。

第一节　放牧强度对土壤物理性质的影响

一、放牧强度对土壤含水量的影响

（一）土壤含水量的季节和年动态变化

随着放牧强度的增大，2003 年和 2004 年各土层土壤含水量均呈先下降后升高的趋势（图 4.1）。该地区大气降水主要集中在 7 月、9 月，8 月水分蒸发量过大，地下水分严重减少，使 8 月各层土壤含水量总体低于 9 月。试验开始前（6

月 20 日）各处理 0～10cm 的土壤含水量之间无明显区别；试验开始后随放牧强度的增大，土壤含水量变化较为明显。这是因为随放牧强度增加，牦牛践踏作用逐渐增强，破坏了原生土地等物理结构，导致土壤水分快速流失；但随着放牧强度的进一步增大，使草地土壤表面硬度增大，土壤总孔隙度减小，土壤的渗透阻力加大，从而导致土壤的保水能力有所增加（郭建英 等，2019）。另外，随放牧强度的增加，土壤通气透水性变差，导致土壤水分多集中在土壤表层而不能够向下渗透，土壤水分向下运动量少，所以水分蒸发快，造成不同放牧强度草地在大气降水后 0～10cm 土壤含水量上升，其后又很快蒸发使各处理土壤含水量又低于对照，并且放牧强度越大降低得越多。在 10～20cm 和 20～30cm 土层，土壤含水量的变化趋势与 0～10cm 相似，但各放牧处理之间无明显区别，且土层越深，含水量的变化越不明显，这说明放牧强度对下层土壤含水量的影响不大。这与戎郁萍等（2001）在华北地区人工草地上所做的放牧试验结果相似。

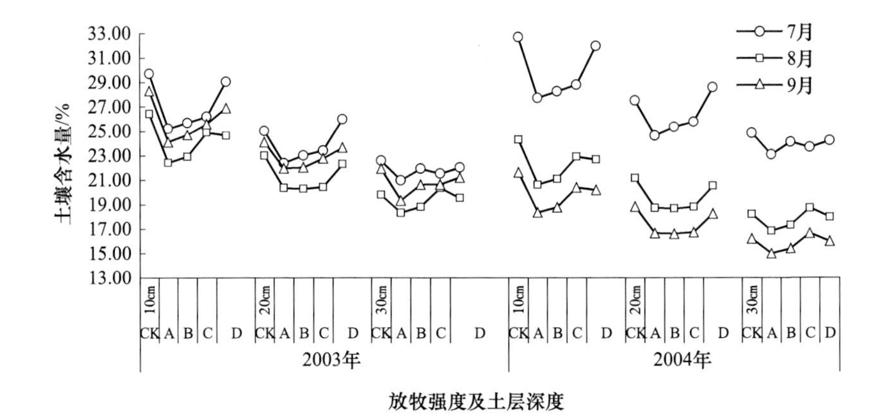

图 4.1　放牧强度对土壤含水量的影响

注：图中 CK、A、B、C、D 分别表示对照和极轻、轻度、中度、重度放牧，下同。

（二）放牧强度与土壤含水量间的关系

相关分析表明，放牧强度与不同时期不同土层含水量呈负相关，它们与放牧强度之间的回归方程见表 4.1。

表 4.1　放牧强度与各土层土壤含水量之间的回归分析

月份	土层深度 /cm	回归方程 $y=a-bx$（$b>0$）		拟合系数 R	显著水平 P
		a	b		
7	0～10	29.649	0.4688	−0.9489	<0.02
	10～20	26.216	0.3698	−0.9557	<0.02
	20～30	28.043	0.4004	−0.9868	<0.01

续表

月份	土层深度 /cm	回归方程 $y=a-bx$（$b>0$）		拟合系数 R	显著水平 P
		a	b		
8	0～10	25.614	0.3117	−0.8738	<0.10
	10～20	22.745	0.2772	−0.9281	<0.05
	20～30	24.098	0.2247	−0.9778	<0.01
9	0～10	22.469	0.1249	−0.8701	<0.10
	10～20	20.097	0.1318	−0.7189	>0.10
	20～30	21.902	0.2175	−0.9497	<0.02

二、放牧强度对土壤容重和紧实度的影响

（一）对土壤容重的影响

土壤容重与土壤的孔隙度和渗透率密切相关。土壤容重的大小主要受到土壤有机质含量、土壤结构及放牧家畜践踏程度等因素的影响。贾树海等（1999）认为土壤容重对草地退化程度具有敏感性，可以作为评价草地退化的数量指标。土壤越疏松或是土壤中有大量的根孔、小动物洞穴或裂隙，则土壤孔隙度大而容重小；反之，土壤越紧实其容重越大。

随放牧强度的增加，2003 年和 2004 年土壤容重较对照均呈增大的趋势，且 0～10cm 的土壤容重大于 10～20cm 土壤容重（图 4.2）。这一结果与戎郁萍等（2001）在华北地区人工草地、蒲小鹏等（2004）在东祁连山金强河段金露梅灌丛草地、红梅等（2004）在内蒙古草原所做的放牧试验结果一致。2004 年各放牧处理组的土壤容重均大于 2003 年，这说明土壤容重的增加具有累积效应。

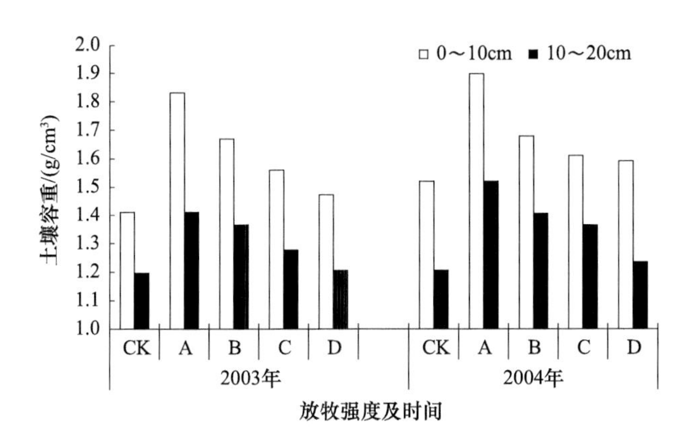

图 4.2 放牧强度对土壤容重的影响

（二）对土壤紧实度的影响

土壤紧实度的大小受土壤质地、结构性和松紧度等因素的影响。由表 4.2 可以看出，随着放牧时间累加，土壤紧实度随之基本增大。各放牧处理组的紧实度基本高于同期对照组，且 2004 年各处理组同期的土壤紧实度基本高于 2003 年。这说明在较高放牧强度下，随放牧时间的延长，牦牛的践踏导致土壤孔隙分布的空间格局发生变化，土壤变得僵硬、结构变得紧实，且土壤紧实度也具有明显累积效应。

表 4.2　不同放牧强度下土壤紧实度的动态变化　（单位：kg/cm^2）

处理	2003 年						2004 年					
	7-5	7-20	8-5	8-20	9-5	9-20	7-5	7-20	8-5	8-20	9-5	9-20
A	0.53	0.69	0.68	1.11	1.35	1.36	0.65	0.79	1.39	1.73	1.63	2.30
B	0.46	0.53	0.63	0.96	0.91	0.97	0.41	1.33	1.40	1.05	1.24	1.74
C	0.52	0.52	0.55	0.80	0.73	0.83	0.44	0.80	0.80	0.82	0.87	0.89
D	0.55	0.44	0.47	0.43	0.49	0.46	0.45	0.55	0.78	0.91	0.96	0.96
CK	0.46	0.37	0.46	0.36	0.41	0.39	0.41	0.40	0.34	0.44	0.50	0.55

（三）放牧强度与土壤含水量、容重和紧实度之间的关系

相关分析表明，放牧强度与不同土层含水量呈极显著的负相关，与土壤容重和紧实度呈极显著的正相关，它们与放牧强度之间的回归方程见表 4.3。这与贾树海等（1999）在内蒙古草原上的结论有所不同。这可能是因为试验地是 2 龄人工草地，建植时破坏了原生植被，土壤结构松散、孔隙度较高，对试验结果有一定影响；另外由于该试验只进行了两年，对于放牧试验来说时间太短，因此尚需进一步研究和探讨，以便科学合理地确定放牧强度与人工草地物理性质之间的真实关系。

表 4.3　放牧强度与土壤含水量、土壤容重和土壤紧实度之间的简单回归方程

土壤物理性质	深度 /cm	回归方程 $y=a-bx$		拟合系数 R	显著性检验 P
		a	b		
含水量 /%	0～10	27.969	0.4128	−0.9907	$P<0.01$
	10～20	24.152	0.2712	−0.9393	$P<0.01$
	20～30	21.489	0.1602	−0.9495	$P<0.01$
容重 /（g/cm^3）	0～10	1.2781	−0.1035	0.9829	$P<0.01$
	10～20	1.1133	−0.0593	0.9764	$P<0.01$
紧实度 /（kg/cm^2）		3.8595	−0.0314	0.9831	$P<0.01$

注：回归方程中，y 分别表示土壤含水量、土壤容重和土壤紧实度，x 表示放牧强度，a 和 b 是回归方程系数。

三、小结

（1）随着放牧强度的增大，试验两年各土层土壤含水量均呈先降低后升高趋势，放牧强度与各土层土壤含水量呈显著负相关。

（2）放牧第 1 年和第 2 年，不同土层土壤容重均随放牧强度的增大而减小；土壤容重的增加具有累积效应。

（3）土壤紧实度随放牧时间的增加而增加，具有累积效应。

第二节 放牧强度对土壤化学性质的影响

放牧生态系统由于不合理放牧等原因引起的草地退化问题，已引起人们的广泛关注。草地放牧强度的变化会引起植被和土壤的变化，土壤变化也会引起植被的变化，而植被的演替也会引起土壤性质的改变。土壤最本质的特征是具有肥力，而土壤养分是组成肥力的重要因素之一，土壤营养元素的形式、分布及它们的相对含量等特征是生物功能发挥正常的保证。因此研究不同放牧（率）强度下植物营养元素的供应、吸收、分配及在植物新陈代谢过程中的功能，对植物的生长发育、演化、生物产量的形成，植物与环境资源、消费者与生产者之间的营养平衡都有重要的意义，也是研究土壤－植物－家畜之间物质循环和养分平衡的基础和重要内容（Munyati，2018；勒佳佳 等，2020）。国内外许多学者在放牧强度对草地土壤营养含量的影响等方面做了大量研究，但高寒人工草地－牦牛放牧系统中土壤营养含量的变化还未见报道。

一、放牧强度对土壤有机质和有机碳的影响

从图 4.3 和图 4.4 可以看出，同一放牧区土壤有机质和有机碳的含量随土壤深度的增加而呈下降趋势，这与放牧强度无关，是土壤各营养因子自然分布的结果。在 0～10cm 土层，随放牧强度的增加，土壤有机质和有机碳呈“低—高—低—高—低”的变化趋势，而在 10～20cm 和 20～30cm 土层，土壤有机质和有机碳的变化出现了“低—高—低”的变化（图 4.4）。土壤有机质的碳氮比变化很大：各土层均在极轻放牧下最大，随土层深度的增加，它们的比值分别为 14.69、38.18 和 31.00；重度放牧下最小，其比值分别为 4.93、7.50 和 7.59（表 4.4）。方差分析表明，放牧强度（同一土层）和土层深度（相同放牧强度）

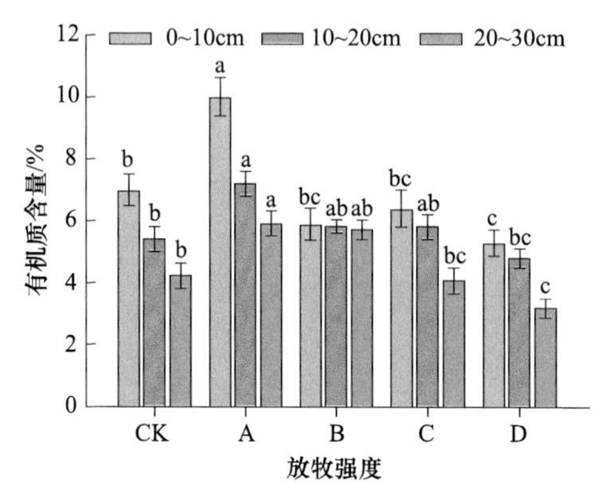

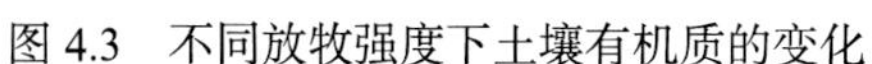
图 4.3　不同放牧强度下土壤有机质的变化

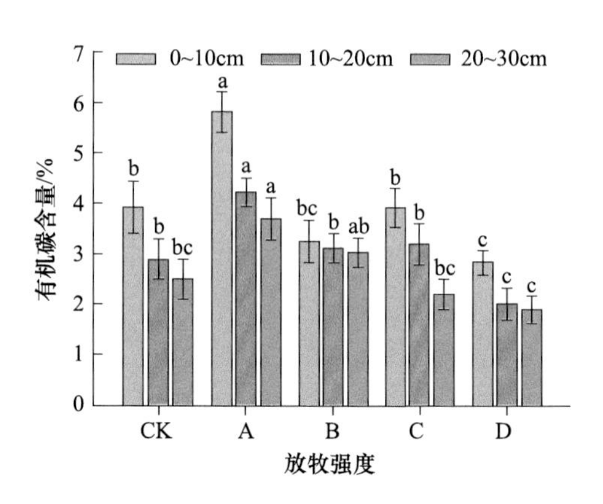

图 4.4　不同放牧强度下土壤有机碳的变化

对有机质含量产生了极显著影响；放牧强度（同一土层）对土壤有机碳含量产生了极显著影响；而土层深度（相同放牧强度）产生了显著影响；放牧强度对土壤碳氮比有显著的影响（$P<0.05$），而土层深度对碳氮比的影响不显著（$P>0.05$）（表 4.5）。然而，随放牧强度的增加，各放牧区（不包括极轻度放牧）碳氮比均随土壤深度的增大而增大（表 4.4）。在 0～10cm 和 10～20cm 土层深度上，极轻放牧区的土壤有机质和有机碳含量极显著地高于其他放牧区和对照区（$P<0.01$），20～30cm 土壤有机碳的含量也有同样的变化，但极轻放牧区 20～30cm 土壤有机碳的含量与轻度放牧区之间的差异不显著（$P>0.05$），而它们却极显著高于其他放牧区和对照区（图 4.3 和图 4.4）。另外，在各土层深度上，极轻和轻度放牧区土壤有机质的碳氮比之间没有显著的差异（$P>0.05$），但它们与其他放牧区和对照区之间的差异显著（$P<0.05$）；同时，对照和中度放牧区之间没有显著的差异（$P>0.05$）（表 4.4）。

表 4.4　不同放牧强度下碳氮比的变化

	土层深度 /cm		
放牧强度	0～10	10～20	20～30
CK	8.17±2.13a	8.37±2.81a	9.31±3.01a
A	14.69±3.65b	38.18±9.45b	31.00±9.54b
B	9.88±2.89b	14.90±3.21b	30.52±7.35b
C	9.10±3.01a	9.84±2.45a	16.07±4.12a
D	4.93±1.35c	7.50±2.49c	7.59±2.22c

表 4.5 放牧强度和土层深度对土壤有机质、有机碳和碳氮比的影响

土壤营养因子	影响因子	平方和	自由度	*F* 值	*P*
有机质	放牧强度	19.661	4	12.067	0.0018
	土层深度	14.840	2	18.216	0.0011
有机碳	放牧强度	8.522	4	9.142	0.0044
	土层深度	3.667	2	7.868	0.0129
碳氮比	放牧强度	901.063	4	5.644	0.0185
	土层深度	236.631	2	2.964	0.1088

二、放牧强度对土壤氮、磷、钾含量的影响

（一）土壤总养分的变化

随放牧强度的增加，相同土层上全氮和全钾含量随放牧强度的变化出现了“高—低—高”的变化趋势（图 4.5、图 4.6）；在 0～10cm 土层，全磷的含量呈“低—高—低”的变化趋势（图 4.7），而在 10～20cm 土层和 20～30cm 土层的变化与全氮和全钾相似（图 4.5、图 4.6）。在各土层，土壤全氮的含量在对照区数值相对较高，在轻度放牧下相对较低。对全磷而言，0～10cm 土层其含量在轻度放牧最高，对照区最低，10～20cm 土层在轻度放牧下最低；20～30cm 土层在重度放牧下最高。各土层全钾含量均在对照区最大（图 4.6）。

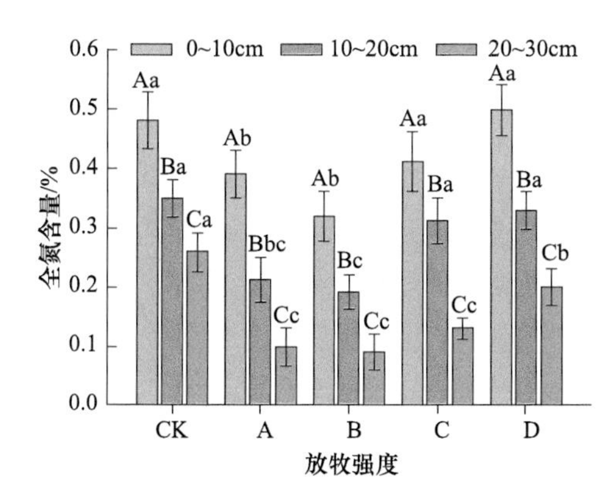

图 4.5 不同放牧强度下土壤全氮的变化

注：相同大写字母表示相同处理内不同土层差异不显著，相同小写字母表示相同土层不同处理间差异不显著，下同。

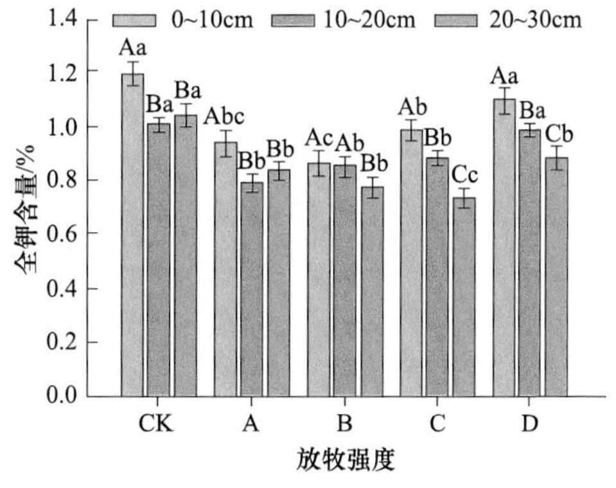

图 4.6 不同放牧强度下土壤全钾的变化

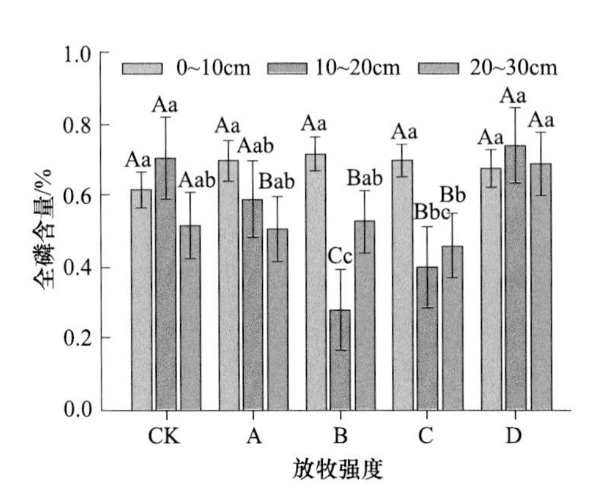

图 4.7　不同放牧强度下土壤全磷的变化

方差分析表明，放牧强度对全磷、全氮和全钾的影响分别为不显著（$P>0.05$）、显著（$P<0.05$）和极显著（$P<0.01$），而土层深度对全磷的影响不显著（$P>0.05$），对全氮和全钾的影响极显著（$P<0.01$）（表4.6）。进一步作新复极差检验，不同放牧区0～10cm和10～20cm土层全氮含量极显著地高于20～30cm；对全钾而言，对照和极轻度放牧区0～10cm和20～30cm土层全钾含量之间的差异显著；轻度放牧下0～10cm和10～20cm土层全钾含量显著高于20～30cm（$P>0.05$）；中度放牧下0～10cm土层全钾含量极显著地高于10～20cm和20～30cm（$P<0.01$），10～20cm土层全钾含量极显著地高于20～30cm（$P<0.01$）；重度放牧下0～10cm土层全钾含量极显著地高于10～20cm和20～30cm（$P<0.01$），10～20cm土层全钾含量显著地高于20～30cm（$P<0.05$）。另外，不同放牧强度下同一土层全氮、全钾含量也存在一定差异。在0～10cm和10～20cm土层中，对照、中度和重度放牧区土全氮含量之间的差异不显著（$P>0.05$），极轻和轻度放牧区之间差异也不显著（$P>0.05$），但对照、中度和重度放牧区土全氮含量显著高于极轻和轻度放牧区；在10～20cm土层中，极轻和轻度放牧区全氮含量之间、中度和重度放牧区全氮含量之间的差异均不显著，但对照区全氮含量显著高于极轻和轻度放牧区，同时中度和重度放牧区全氮含量显著高于极轻和轻度放牧区。对全钾而言，在0～10cm土层，对照、中度和重度放牧区全钾含量极显著高于轻度放牧区（$P<0.01$）；在10～20cm土层，对照和重度放牧区全钾含量之间、轻度和中度放牧区全钾含量的差异不显著（$P>0.05$），但对照和重度放牧区全钾含量极显著地高于轻度和中度放牧区（$P<0.05$）；在20～30cm土层对照区土壤全钾含量显著地高于其他各放牧区，极轻、轻度和重度放牧区显著高于中度放牧区，极轻和轻度放牧区全钾含量之间的差异不显著（$P>0.05$）。放牧强度和土层深度对全磷的影响均不显著，这与董全民等（2004b；2005a，b）、孙宗玖等（2013）对高寒草甸土壤磷素的研究不一致。这可能是因为土壤全磷属于土壤较为稳定的一类指标，它的含量主要取决于土壤母质的类型及质地，但它的含量也与土壤有机磷的净矿化作用、土壤磷素的微生物和非生物固定作用有关，同时由于试验区气候寒冷，土体内有机磷的净矿化作用、土壤磷素的微生物和非生物固定作用都比较弱，导致土壤全磷含量对放牧和土层深度的反应不敏感。

表 4.6　放牧强度和土层深度对土壤全氮、全磷和全钾及其速效养分的影响

土壤营养因子	影响因子	平方和	自由度	F 值	F 临界值	P 值
全氮	放牧强度	0.0568	4	6.8613	3.8379	0.0106
	土层深度	0.1460	2	35.2732	4.4590	0.0001
全磷	放牧强度	0.0008	4	1.3545	3.8379	0.3305
	土层深度	0.0007	2	2.4099	4.4590	0.1516
全钾	放牧强度	0.1188	4	7.9558	3.8379	0.0068
	土层深度	0.0834	2	11.1773	4.4590	0.0048
速效氮	放牧强度	222.8093	4	1.7290	3.8379	0.2362
	土层深度	475.8813	2	7.3885	4.4590	0.0152
速效磷	放牧强度	10.6996	4	1.0674	3.8379	0.4232
	土层深度	19.6364	2	3.9179	4.4590	0.0651
速效钾	放牧强度	956.6642	4	5.4106	3.8379	0.0208
	土层深度	508.0961	2	5.7473	4.4590	0.0284

（二）土壤速效养分的变化

在相同放牧强度下，各土层速效养分的含量基本随土层深度的增加而逐渐降低（图 4.8～图 4.10）。但同一土层各速效养分含量的变化随放牧强度的增加不尽相同。在 0～10cm 土层，土壤速效氮的含量随着放牧强度的增大而减小，速效磷的含量则呈“高—低—高”的变化趋势，而速效钾的含量在对照区最大，极轻放牧区最小；在 10～20cm 土层，土壤速效氮的含量在对照区最高，轻度放牧区最低，速效磷的含量重度放牧区最大，极轻度放牧区最小，而速效钾则在对照区最大，重度放牧区最小；在 20～30cm 土层，土壤速效氮的含量在轻度放牧区

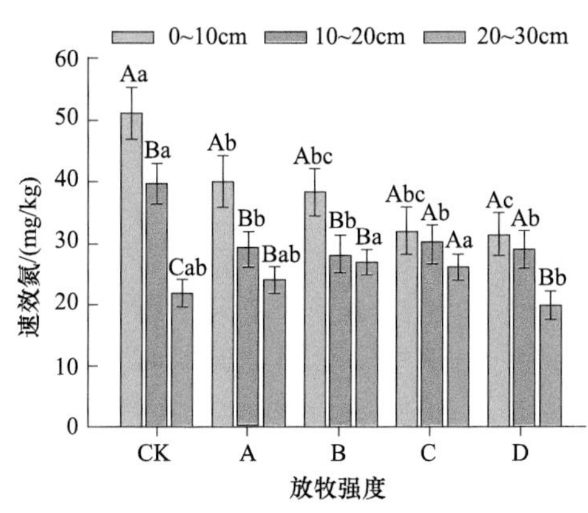

图 4.8　不同放牧强度下土壤速效氮的变化

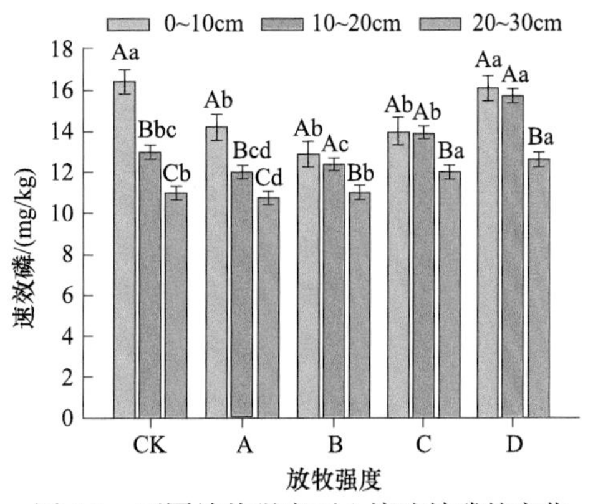

图 4.9　不同放牧强度下土壤速效磷的变化

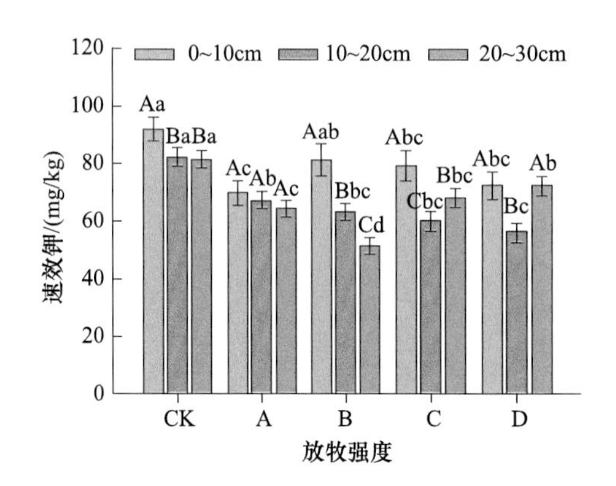

图 4.10　不同放牧强度下土壤速效钾的变化

最高，重度放牧区最小，速效磷在重度放牧区最高，极轻放牧区最低，而速效钾在对照区最高，轻度放牧区最低。

这可能是因为土壤速效性养分主要来源于有机质的矿质化，其含量受有机质本身碳氮比、温度、湿度等多因素的影响，易变性强；也可能是随着放牧强度的逐渐增强，植物有机体、土壤动物、土壤微生物等分别通过光合作用、豆科牧草的固氮作用、分解动植物残体和牲畜粪便及分解和转化有机质和矿物质的重要作用（Zhang et al.，2020），通过自我调节对逆境的“胁迫反应”（资源亏损胁迫，即牦牛的采食，尤其是过度采食）（赵志平　等，2013），或是其他原因，有待于做进一步研究。

三、小结

放牧强度对土壤全磷、全氮和全钾的影响分别为不显著、显著（$P<0.05$）和极显著（$P<0.01$），而土层深度对全磷的影响不显著，对全氮和全钾的影响极显著（$P<0.01$）；放牧强度对土壤速效氮和速效磷的影响不显著，对速效钾的影响显著（$P<0.05$），但土层深度对速效氮和速效钾的影响显著（$P<0.05$），对速效磷的影响不显著。

第三节　讨　　论

一、放牧强度对土壤物理性质的影响

放牧家畜对草地的践踏首先改变土壤的紧实度，继而引发其他理化性质的变化。在干旱的撒哈拉地区，绵羊和山羊践踏导致土壤结皮破碎，减少土壤结皮的面积，虽然重度践踏降低土壤渗透指数，但中等强度践踏却提高土壤渗透性；只有表层土壤容重下降，深层土壤不受践踏影响。Kobayashi 等（1997）研究发现，家畜践踏虽然减少阳坡的土壤含水量，但对阴坡土壤有效水无显著影响。天山北麓的高山草地，放牧强度增加 1 倍，土壤紧实度提高 1.13 倍（李建龙　等，1993）。祁连山高山草原 10～40cm 土壤容重与放牧强度呈正相关，但放牧较重区域 0～10cm 土壤容重较小。内蒙古典型草原，随着放牧强度的增加，上层土壤容重和紧实度逐渐增加，土壤含水量下降，群落蒸发量随上层土壤紧实度增加而升高（关世英　等，1997）。一般来说，土壤保持一定含水量时，践踏作用有压实效应，土壤水分匮缺时，践踏“蹄耕”表土的效应才能显现出来，少数研究中践踏不影响土壤物理性质的情况则属于压实与疏松之间的中间状态；Finlayson 等（2002）建模时甚至假设草地植被对践踏的敏感性与土壤含水量正相关。分析认为，土壤对践踏的响应依赖于土壤水分条件，土壤对践踏存在耐受阈限，但尚无有关报道，土壤对践踏的反应与水分的关系也没有专项试验研究。多数研究认为践踏只影响表层土壤（＜5cm 或＜10cm），任继周（1995）也指出随着土壤湿度增加，放牧对草地生草土的破坏深度呈指数函数上升，因此仅研究草原上层土壤不足以获取全面、准确的草地放牧践踏信息。

在草地畜牧业领域中，人工草地的管理及持续利用的研究是一个备受人们重视的发展方向。在许多国家，通过建植人工草地来快速恢复退化草地和发展草地畜牧业，仍是当前生态畜牧业和集约化畜牧业经营管理的主要途径。针对三江源区生态环境恶化、气候寒冷、风沙和干旱灾害频繁的特点，从理论上探讨三江源区人工草地生态系统在家畜放牧，以及这些变化对人工草地生态系统稳定性和可持续能力的作用，从而为该地区人工草地合理持续利用和生态畜牧业的持续发展奠定基础。人工草地的可持续利用与放牧管理密切相关，不同的放牧强度对草地土壤性质的影响也不尽相同。在重度放牧下，家畜活动范围小，对土壤践踏程度高，地上植被盖度明显下降，土壤表层的蒸发量增加，土壤含水量下降，土壤表面变得紧实，因此大气降水后，地表水分不易下渗，土壤水分向上传导的速度减慢，导致下层土壤的含水量变化不大。另外，土壤容重和紧实度也随放牧强度的增加而增大，压实效应显著（Martin et al.，2002），这不仅打破了人工草地土壤含水量、容量和紧实度空间分布的时间稳定性，而且对草地植物的生长和群落结构产生不利影响。从中长期来看，这将严重危害这些生境的稳定性和存在，因为过度放牧对土壤和植物的破坏是不可复原的。

人工草地的生产力主要受草地管理和降水分配的制约，而这种制约作用在很大程度上是通过土壤实现的，土壤的水分决定着植物的生长、产量及种群的组成。土壤含水量是河滩草甸植物多样性、植被演替、草地恢复的决定因素，而且土壤通气状况和土壤表面硬度是影响植物根系生长、光合作用的主要因素。Cao 等（2004）在中国科学院海北高寒草甸生态系统定位站的研究表明：土壤含水量随放牧强度的增加而减小，而且由于土壤容重和土壤表面硬度的增加，土壤呼吸强度下降。本试验土壤含水量的变化与戎郁萍等（2001）在华北地区人工草地上、红梅等（2004）在内蒙古典型草原上的结论一致，而且他们认为这些特征对草场的放牧退化是敏感的，可作为草场退化的数量指标。王仁忠（1996）在松嫩平原羊草草地的放牧试验表明：随放牧强度增大，土壤容重逐渐增加，特别是重度放牧后，增加显著，但土壤含水量却随放牧强度增加而逐渐下降，重度放牧阶段，土壤含水量比轻度放牧阶段下降了43.2%。另外，戎郁萍等（2001）认为土壤容重的增加具有累积效应，这与本试验的结果也一致。

研究放牧和草地土壤理化性质的关系，既能阐明放牧的生态学后果，又有助于揭示过度放牧导致土壤退化的机理。从中长期来看，过度放牧将严重危害这些生境的稳定性和存在，过度放牧对土壤和植物的破坏是不可复原的。放牧主要影响表层土壤的理化性质，如家畜践踏的直接影响和刈割的间接影响，但在本研究中，不同放牧强度对10～20cm土壤容重也有明显的影响，这一结果与姚爱兴等（1998a）的奶牛放牧试验的结果一致。另外，本试验只进行了两年，对于放牧试验来说可能时间太短，因为土壤的理化性质对放牧强度的反应表现出“滞后效应”，因此放牧强度试验要有足够的试验时间，应包含尽可多的草地和气候类型，以便科学合理地确定放牧强度与人工草地土壤物理性质之间的真实关系。

二、放牧强度对土壤氮素的影响

土壤中的氮素90%以上存在于有机质中，一般土壤全氮含量约相当于土壤有机质含量的8%～12%。土壤含氮量的多少，主要取决于有机质的含量。土壤有机质含量多，则养分供应量大，因此有机质含量多少直接影响着土壤氮素的供应。在人工草地放牧系统中，氮素循环过程包括植物从土壤中吸收氮素、家畜采食植物中的氮素、动植物残体中的氮素归还土壤、在土壤微生物的作用下分解动植物残体，释放氮素、土壤氮素再次被植物吸收等。在高寒草地“土壤－牧草－家畜”放牧系统中，土壤氮的消耗主要集中在5～9月，而9月至翌年4月为土壤氮积累期，无论是土壤全氮还是水解氮，均表现出同一规律（于俊平 等，2000）。本试验中放牧强度对土壤全氮的影响显著，而对速效氮的影响不显著，这与一些学者的结论不一致（高丽 等，2019；单玉梅 等，2019）。李香真等（1998）对内蒙古草原的研究结果表明，氮素是限制植物和微生物生长的重要因素；高寒草甸土壤的氨化作用和反硝化作用很强，引起氮素损失，限制了土壤肥力的提高。土壤氮素和有机质始终处在不断积累与分解的动态过程中，它们的含量因土壤类型、土壤质地、地形、气候、草地类型、植被组成、施肥、放牧及其他措施等条件的不同而差异很大（孙宗玖 等，2013；舒健虹 等，2018）。

三、放牧强度对土壤磷素的影响

在人工草地放牧系统中，土壤磷素大多来自土壤母质、土壤有机质、生物残体、家畜粪便、施用的化学磷肥和家畜补饲所含的磷等。其中放牧草地土壤磷素的最大来源是土壤有机质、生物残体的分解与矿化及家畜粪中归还的磷。放牧家畜从牧草中摄入的磷有 90%～95% 通过粪便排出，并且粪中易被植物吸收的无机磷达 20%，枯枝落叶和残根中至少有 77% 的磷可用于下一年植物生长。由于磷不会挥发，淋洗损失很少，但当动植物残体腐烂和草地中粪便分解后，由于牧草茎叶含磷的 60%～83% 为水溶性的，且多半为无机磷，粪中也含有 20% 的无机磷，这部分磷易通过淋溶损失（任继周，1995）。

土壤全磷属土壤较为稳定的一类指标，它的含量主要取决于土壤母质的类型及质地，但它的含量也与土壤有机磷的净矿化作用、土壤磷素的微生物和非生物固定作用有关。在适宜的水热条件下（35℃，相对持水量为 70%），可发生土壤有机磷的净矿化作用，而且其净矿化作用随土壤类型而异，且表层大于下层。微生物是土壤磷的消耗者和供应者，也是磷素转化的主要因素。在自然条件下，磷的固定和磷的释放在土体内同时存在，但在不同的土壤条件下，两种变化过程的相对速率不同，结果出现微生物磷素的净固定或净释放过程，其速率也有相应的变化。土壤磷素的非生物固定作用与微生物固定和净矿化作用同时存在，其固定的数量、强度和速率与土壤性质、成分和环境条件有关。本试验中，放牧强度和土层深度对全磷及速效磷的影响均不显著，因为土壤全磷属于土壤较为稳定的一类指标，它的含量主要取决于土壤母质的类型及质地，但它的含量也与土壤有机磷的净矿化作用、土壤磷素的微生物和非生物固定作用有关；同时试验区气候寒冷，土体内有机磷的净矿化作用、土壤磷素的微生物和非生物固定作用都比较弱，导致土壤全磷和速效磷对放牧和土层深度的反应不敏感。另外，在放牧的短时间内，放牧对人工草地中度和重度放牧区土壤微生物活动有促进作用，随着放牧时间延长及环境条件恶化，土壤微生物随放牧强度增加而迅速降低，进而影响土壤的供磷能力和植物的营养状况（顾振宽，2012）。

四、放牧强度对土壤钾素的影响

人工草地土壤钾素主要来自含钾矿物、施用钾肥、家畜粪便、动植物残体等（舒健虹 等，2018；乌仁苏都，2012）。土壤钾循环主要在土壤、牧草、家畜中进行，家畜从牧草中摄入钾的 70%～90% 通过尿液返回草地，其余 10%～30%

通过粪便返回草地。土壤供钾能力的高低主要取决于土壤速效钾含量和缓效钾含量等级。速效钾代表了植物根系可直接吸收利用的钾源，而缓效钾是植物有效钾的贮备部分。用土壤速效钾和缓效钾结合，共同评价土壤钾素的有效状况，不仅能反映立即有效的土壤钾数量，而且能反映钾的补给能力。高寒草甸土壤钾素很丰富。本试验中放牧强度对全钾的影响极显著（$P<0.01$），对速效钾的影响显著（$P<0.05$），这主要是因为钾化合物一般都不挥发，但在水中有较高的溶解度，它的代换量比磷大，容易从土壤胶体上代换出来（顾振宽，2012）。然而，本试验中放牧强度对全钾的影响极显著（$P<0.01$），对速效钾的影响显著（$P<0.05$），说明钾素对放牧强度的变化比较敏感。这可能是地区差异造成的还是其他原因，尚需进一步探讨，因为高寒人工草地放牧系统有关钾素的变化还未见报道。

第四节　结论与建议

随着放牧强度的增加，高寒地区垂穗披碱草+同德小花碱茅混播人工草地不同土层含水量基本呈先降低后上升趋势，土壤容重、土壤紧实度呈减小趋势，且土壤容重的增加具有累积效应。相关分析表明，放牧强度与不同土层含水量呈极显著的负相关（$P<0.01$），与紧实度呈极显著的正相关（$P<0.01$）。

土壤的理化性质对放牧强度的反应表现出滞后效应，本试验只进行了两年，对于放牧试验来说可能时间太短，同时放牧对草地物理性质的影响依草地类型、放牧家畜（大小家畜之分）的变化而变化，因此放牧强度试验要有足够的试验时间，应包含尽可能多的草地和气候类型及较多的家畜类型，以便科学合理地确定放牧强度与人工草地物理性质之间的真实关系。另外，降水对草地土壤含水量有决定性作用，是影响草地生产力的主要限制因子之一，把不同草地类型上不同放牧家畜对土壤影响与降水变化结合起来研究放牧对草地理化性质的影响会更有意义。

同一放牧区土壤有机质、有机碳及氮、钾的含量随土壤深度的增加而基本呈下降趋势，这与放牧强度无关，是土壤各营养因子自然分布的结果。在0～10cm土层，随放牧强度的提高，土壤有机质和有机碳呈“低—高—低—高—低”的变化趋势，而在10～20cm和20～30cm土层，土壤有机质和有机碳的变化出现了“低—高—低”的变化。土壤有机质的碳氮比的变化很大：各土层均在极轻放牧下最大，随土层深度的增加，它们的比值分别为14.69、18.18和31.00；重度放牧下最小，其比值分别为4.93、7.50和7.59。随放牧强度的增加，相同土层全氮和全钾含量随放牧强度的变化出现了“高—低—高”的变化趋势；在 0～10cm 土层，全磷的含量呈“低—高—低”的变化，而在 10～20cm 和 20～30cm 土层的变化与全氮和全钾相似。方差分析表明：放牧强度对全氮的影响显著（$P<0.05$），对速效氮的影响不显著（$P>0.05$），而对全磷和速效磷的影响不显著（$P>0.05$）；另外，放牧强度对全钾的影响极显著（$P<0.01$），而对速效钾的影响显著（$P<0.05$）。这是因为土壤性质的变化比植物的变化滞后，研究放牧强度对氮素的影响应从短期和长期效应两方面来评价。在短期内，适度放牧可加速氮循环，草地生态系统中总氮量变化不大；但随着放牧强度的提高和放牧时间的持续，草地植被群落发生变化，全氮和速效氮的含量也发生变化。另外，放牧强度和土层深度对土壤全磷和速效磷的影响不显著，这可能与试验区气候寒冷有关，土体内有机磷的净矿化作用、土壤磷素的微生物和非生物固定作用都比较弱，导致土壤全磷和速效磷对放牧和土层深度的反应不敏感。另外，在放牧的短时间内，放牧对人工草地中度和重度放牧区土壤微生物活动有促进作用，随着放牧时间延长及环境条件恶化，土壤微生物随放牧强度增加而迅速降低，进而影响土壤的供磷能力和植物的营养状况。

由于土壤性质的变化较植物的变化滞后，这部分库容量大，且受到的影响是间接的，因此研究放牧强度对土壤营养因子的影响，在短时间内并不能研究清楚各营养因子与放牧强度之间的确切变化关系。本试验中放牧强度对全磷及速效磷的影响不显著，还可能是试验时间不够长，它们的含量对放牧强度的响应未能反映其真实变化规律，尚需进一步的研究和探讨。同时，在高寒人工草地生态系统中，放牧强度对各土壤因子含量的影响与植物的根系、土壤动物和微生物之间的效应关系，尚需系统、深入地进一步研究和探讨，以探明土壤各营养因子含量随放牧强度变化的机理及其规律。

第五章

高寒人工草地放牧强度对群落结构的影响

放牧强度对人工草地群落数量特征的影响，已见较多的研究报道（董世魁 等，2004；杨树晶 等，2015；王普昶 等，2016；李林栖，2018；徐智超 等；2018；秦金萍 等，2019）。但这些报道多集中于对温带和亚热带地区白车轴草、红车轴草（*Trifolium pratense*）和多年生黑麦草草地的研究，有关放牧强度对青藏高原高寒人工草地群落特征的研究较少（董世魁 等，2002，2004；李林栖，2018；秦金萍 等，2019）。任何放牧制度下，载畜量增大都将使丛生禾草向矮生禾草演替，进而导致草地退化。草地上植物的耐牧性不同：在低放牧压力下，所有植物的生存不受影响；但强的放牧压力将降低植物的生存率，而降低的程度存在种间差异，从而改变植物群落结构。放牧强度对植物群落组成和生物多样性也有很大影响，随放牧强度的增加，一些适口性高、中生性强、不耐牧的种类减少，而一些适口性差、耐牧的种类则增多（夏景新，1993）。

第一节　放牧强度对植物群落结构的影响

一、群落盖度的变化

放牧强度对群落盖度的影响见表 5.1。在 3 个放牧季内，放牧强度对植物群落盖度的影响较大，同一放牧区的年度变化不显著（$P>0.05$），但同一年度不同放牧区群落盖度的年度变化显著（$P<0.05$）。相关性分析表明，不同放牧处理植物群落盖度与放牧强度呈显著的负相关（$R_{2003}=-0.988$，$P<0.01$；$R_{2004}=-0.969$，$P<0.01$）。

2003 年为人工草地建植第 2 年（第 1 年夏季未放牧，冬季放牧），因此在对照、极轻和轻度放牧下，植物群落盖度主要受植物生长规律的影响，但在中度和重度放牧，特别是重度放牧下，牦牛过度采食新生枝叶，植物的有效光合面积过低，因而影响了植物对营养物质的积累和贮存，导致群落盖度降低。2005年，由于放牧的"滞后效应"和"累积效应"，中度和重度放牧草地的盖度进一步降低（表5.1）。这种差异虽然是3年的放牧经历和气候条件共同作用的结果，但在环境条件相似的情况下，不同放牧强度则为导致群落盖度差异的主要原因。

表5.1　放牧强度对群落盖度的影响

时间		不同放牧强度下的群落盖度/%				
		CK	A	B	C	D
2003年		96.30	94.00	76.00	70.00	57.00
2004年		96.20	91.80	83.80	77.40	61.60
2005年		97.30	95.00	81.00	72.00	55.00
年度变化	2003～2004年	−0.10	−2.20	7.80	7.40	4.60
	2003～2005年	1.0	1.0	5.0	2.0	−2.0
	2004～2005年	1.1	3.2	−2.8	−5.4	−6.6

二、不同功能群植物地上生物量组成的变化

随着放牧强度的加强，垂穗披碱草地上生物量和比例均呈下降趋势，杂类草和同德小花碱茅的地上生物量和比例基本呈上升趋势（图5.1）。放牧强度抑制了垂穗披碱草的生长和种子更新，导致垂穗披碱草地上生物量减少。另外，内禀冗余的植物（杂类草）虽不被牦牛所喜食，但可被其他动物利用，这对草地群落的生物多样性和均匀度有重要作用。由于内禀冗余的存在，垂穗披碱草群落随放牧强度的加重，补偿和超补偿作用加强，就会增加种群数量和生物量，补偿放牧强度过高下群落的功能降低；同时放牧强度的提高，就为同德小花碱茅和杂类草的生长发育创造了条件，使之能够竞争到更多的阳光、水分和土壤养分，因此杂类草和同德小花碱茅的地上生物量和比例有所增加。

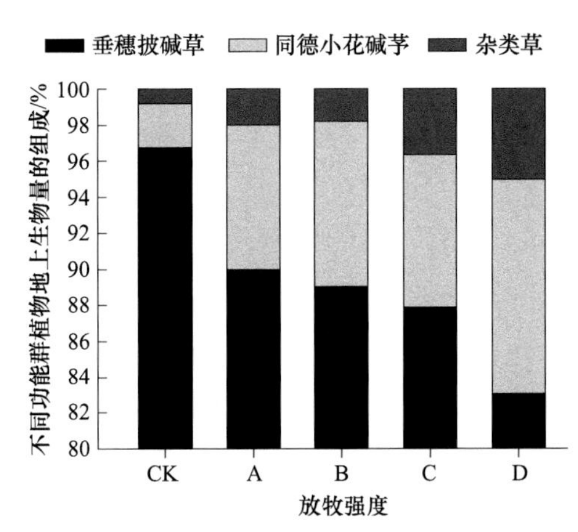

图5.1　放牧强度对不同功能群植物地上生物量组成的影响

三、群落优势植物株高的变化

随着放牧强度的增加，人工群落优势植物（垂穗披碱草和同德小花碱茅）的株高呈下降趋势（图 5.2）。在两年的试验期内，放牧强度对试验区内垂穗披碱草和同德小花碱茅的株高有显著的影响（$P<0.05$），但它们的年度变化不显著（$P>0.05$）。相关分析表明，不同放牧处理垂穗披碱草和同德小花碱茅的株高与放牧强度呈显著的负相关（垂穗披碱草：$R_{2003}=-0.9792$，$P<0.01$，$R_{2004}=-0.9891$，$P<0.01$；同德小花碱茅：$R_{2003}=-0.9432$，$P<0.01$，$R_{2004}=-0.9597$，$P<0.01$）。

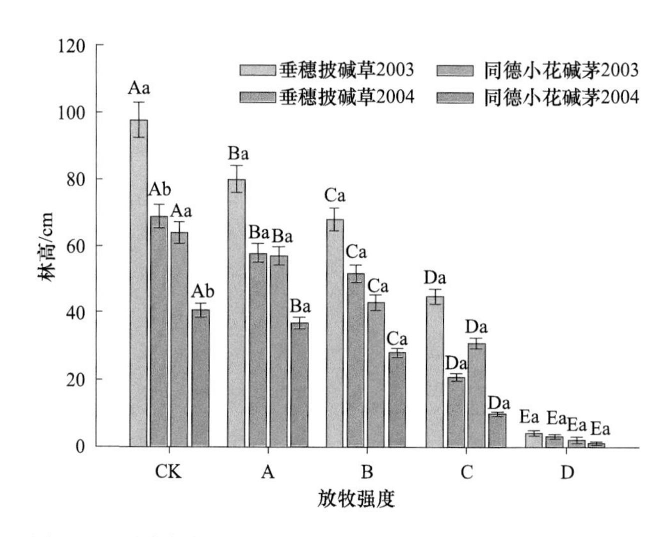

图 5.2 不同放牧强度下垂穗披碱草和同德小花碱茅株高的变化

注：相同大写字母表示相同年份相同物种放牧处理间无显著差异，相同小写字母表示相同放牧处理相同物种不同年份间无显著差异。

四、群落相似性系数的变化

从表 5.2 可以看出，在 3 个放牧季内，对照区与其他各放牧区植物群落的相似性系数随放牧强度的增加而减小。从年度变化来看，极轻放牧区与对照区植物群落的相似性系数随放牧年份的增加先降低后增加，而其他放牧区与对照区植物群落的相似性系数随放牧年份的增加而逐年降低。放牧强度相近的两放牧区之间植物群落的相似性系数差异较小。这表明随放牧强度增加，植物群落均朝着偏离对照区植物群落的方向变化，而且放牧时间越长，各放牧区与对照区植物群落的相似程度越小。

表 5.2　不同放牧强度下人工群落相似性系数的变化

处理	年份	对照区	极轻放牧区	轻度放牧区	中度放牧区	重度放牧区
	2003	1.0000	—	—	—	—
CK	2004	1.0000	—	—	—	—
	2005	1.0000	—	—	—	—
	2003	0.9241	1.0000	—	—	—
A	2004	0.9233	1.0000	—	—	—
	2005	0.9295	1.0000	—	—	—
	2003	0.9147	0.9001	1.0000	—	—
B	2004	0.8732	0.9120	1.0000	—	—
	2005	0.8219	0.9297	1.0000	—	—
	2003	0.8741	0.8436	0.8213	1.0000	—
C	2004	0.8232	0.8019	0.7997	1.0000	—
	2005	0.7931	0.7810	0.7820	1.0000	—
	2003	0.7998	0.7369	0.7634	0.8421	1.0000
D	2004	0.7206	0.7230	0.7322	0.8001	1.0000
	2005	0.6120	0.6210	0.6723	0.7214	1.0000

五、小结

不同放牧处理植物群落盖度与放牧强度呈显著的负相关，同一放牧区的年度变化不显著，但同一年度不同放牧区群落盖度的年度变化显著（$P<0.05$）。随着放牧强度的增加，垂穗披碱草地上生物量的比例呈下降趋势，杂类草和同德小花碱茅的地上生物量和比例基本呈上升趋势。人工群落优势植物（垂穗披碱草和同德小花碱茅）的株高呈下降趋势。在 3 个放牧季内，对照区与其他各放牧区植物群落的相似性系数基本随放牧强度的增加而减小。

第二节　放牧强度对植物群落物种多样性的影响

一、放牧强度对群落物种组成的影响

表 5.3 可以看出，经过连续 3 个放牧季的放牧，各放牧区草地植物群落组

成的变化较大。轻度放牧的物种数最多（34 种），较极轻放牧和中度放牧区分别增加 4 种和 6 种，比对照和重度放牧区分别多 10 种和 11 种。随放牧强度增加，垂穗披碱草的重要值降低，而同德小花碱茅则增大。极轻放牧、轻度放牧、中度放牧和重度放牧区内垂穗披碱草的重要值比对照分别下降 32.0%、32.2%、36.4% 和 39.7%，而同德小花碱茅分别增加 3.1%、15.4%、16.9% 和 26.2%。经过 3 个放牧季的放牧，各处理组（包括对照）的建群种依然为垂穗披碱草和同德小花碱茅，但它们的主要次优势种和伴生种有很大不同。对照组的主要次优势种（按重要值大小顺序）依次为早熟禾（*Poa* spp.）、多裂委陵菜、细叶亚菊和蓬子菜（*Galium verum*），主要伴生种为肉果草（*Lancea tibetica*）、黄帚橐吾、鹅绒委陵菜和紫羊茅等；极轻度放牧下主要次优势种依次为肉果草、蓬子菜、多裂委陵菜和早熟禾，主要伴生种为青海薹草（*Carex qinghaiensis*）紫羊茅、细叶亚菊、鹅绒委陵菜和黄帚橐吾；轻度放牧下主要次优势种依次为早熟禾、青海薹草和肉果草，主要伴生种为紫羊茅、矮生嵩草（*Carex alatauensis*）细叶亚菊、黄帚橐吾和甘肃马先蒿；中度放牧下次优势种依次为早熟禾、矮生嵩草和青海薹草，主要伴生种为肉果草、黄帚橐吾、细叶亚菊和甘肃马先蒿；重度放牧下次优势种依次为甘肃马先蒿、早熟禾和肉果草，主要伴生种为黄帚橐吾、细叶亚菊、蓬子菜和鹅绒委陵菜。从表 5.3 也可看出，各处理小区的次优势种均有早熟禾，伴生种均有黄帚橐吾，而且各放牧区的伴生种均有细叶亚菊。这是因为在整个放牧期（牧草生长期）内，对照、极轻和轻度放牧处理垂穗披碱草的竞争力总是大于同德小花碱茅，抑制了同德小花碱茅的生长（董全民　等，2005d），为早熟禾、黄帚橐吾和细叶亚菊等阔叶植物的生长提供了一定的环境资源。这表明垂穗披碱草、同德小花碱茅和早熟禾、黄帚橐吾、细叶亚菊等占有不同的生态位，利用不同的环境资源，说明它们在水、热等的利用上表现出一定的互利共生关系（董全民　等，2005d）。随着放牧强度的增加，在中度放牧下，由于牦牛对垂穗披碱草、同德小花碱茅和早熟禾的采食强度增加，为肉果草、细叶亚菊、黄帚橐吾和甘肃马先蒿等杂类草的生长发育创造了条件，使之能够竞争到更多的阳光、水分和土壤养分（王刚　等，1995；高露　等，2019），它们的重要值有所增加；随着放牧强度的继续增加，中度放牧处理的伴生种（肉果草和甘肃马先蒿）成为重度放牧处理的次优势种。这说明肉果草和甘肃马先蒿为垂穗披碱草 / 同德小花碱茅混播草地过牧危害下的过渡植物，如果持续过度放牧，垂穗披碱草和同德小花碱茅进一步被肉果草和甘肃马先蒿等杂类草所代替，草场出现严重退化（王刚　等，1995，秦洁　等，2016）。

表 5.3　不同放牧强度下垂穗披碱草 / 同德小花碱茅混播群落主要植物种群重要值的变化

植物名	CK	A	B	C	D
1．垂穗披碱草	0.522	0.355	0.354	0.332	0.315
2．同德小花碱茅	0.065	0.067	0.075	0.076	0.082
3．早熟禾	0.061	0.039	0.068	0.078	0.064
4．洽草	0.011	0.020	0.022	—	—
5．紫羊茅	0.022	0.035	0.039	0.020	—
6．青海薹草	0.022	0.041	0.050	0.051	0.029
7．矮生嵩草	0.010	0.020	0.034	0.074	0.027
8．高山嵩草	0.013	0.014	0.016	0.028	0.020
9．肉果草	0.028	0.046	0.048	0.050	0.053
10．紫花地丁 *Viola philippica*	0.014	0.015	0.016	0.024	0.012
11．细叶亚菊	0.029	0.030	0.031	0.029	0.034
12．蓬子菜	0.028	0.045	0.025	0.018	0.033
13．火绒草 *Leontopodium leontopodioides*	0.019	0.006	0.021	0.015	0.032
14．美丽毛茛 *Ranunculus pulchellus*	0.015	0.023	0.012	0.011	0.015
15．多枝黄芪 *Astragalus polycladus*	—	0.010	0.011	0.014	0.026
16．黄花棘豆 *Oxytropis ochrocephala*	—	0.013	0.014	0.017	0.022
17．黄帚橐吾	0.025	0.025	0.030	0.044	0.048
18．乳白香青 *Anaphalis lactea*	0.016	0.021	0.020	0.022	—
19．甘肃马先蒿	—	0.004	0.026	0.029	0.071
20．鹅绒委陵菜	0.023	0.028	0.010	0.026	0.033
21．多裂委陵菜	0.03	0.04	0.02	0.007	0.019
22．雪白委陵菜 *P. nivea*	0.02	0.004	0.003	0.010	0.018
23．大针茅 *Stipa grandis*	0.01	0.08	0.012	0.01	0.02
24．高山紫菀 *Aster alpinus*	0.010	0.001	0.001	0.008	0.003
25．毛茛 *Ranunculus japonicus* Thunb.	0.005	0.012	0.002	0.001	0.02
26．独活 *Heracleum hemsleyanum*	—	0.002	0.002	—	—
27．棱子芹 *Pleurospermum uralense* Hoffm.	—	0.002	0.002	—	—
28．星状雪兔子 *Saussurea stella*	—	—	0.001	0.002	0.004
29．喜山葶苈 *Draba oreades*	0.001	0.002	0.002	—	—
30．白苞筋骨草 *Ajuga lupulina*	—	—	—		
31．西伯利亚蓼 *Polygonum sibiricum*			0.001	0.001	—
32．高山唐松草 *Thalictrum alpinum*	—	0.001	0.001	0.001	—
33．无尾果 *Coluria longifolia*	—	—	0.001	—	—
34．西藏微孔草 *Microula tibetica*	—	—	0.001	—	—
35．短筒兔耳草 *Lagotis brevituba* Maxim	0.001	0.001	0.001	0.001	—
物种数	24	30	34	28	23

二、放牧强度对物种多样性的影响

群落的物种丰富度及多样性是群落的重要特征，放牧及其他干扰对群落结构影响的研究都离不开物种多样性问题。α 多样性是对一个群落内物种分布的数量和均匀程度的测量指标，是生物群落在组成、结构、功能和动态方面表现出的差异，反映各物种对环境的适应能力和对资源的利用能力（Song et al.，2017）。从表 5.4 可以看出，不同放牧强度下群落的丰富度、均匀度指数和多样性指数的变化不同。经过一个放牧季的放牧，2003 年轻度放牧区植物群落的物种丰富度和多样性指数最高；而均匀度指数在对照区最高，其次为中度放牧区。3 个指数的排序：物种丰富度为对照＜重度放牧＜中度放牧＜极轻放牧＜轻度放牧，均匀度指数为重度放牧＜轻度放牧＜极轻放牧＜中度放牧＜对照，多样性指数 H' 和 D 均为对照＜中度放牧＜重度放牧＜极轻放牧＜轻度放牧。经过 3 年的连续放牧，2005 年轻度放牧区植物群落的物种多样性指数、物种丰富度和均匀度最高。3 个指数的排序如下：物种丰富度为重度放牧＜对照＜中度放牧＜极轻放牧＜轻度放牧，均匀度指数为重度放牧＜对照＜极轻放牧＜中度放牧＜轻度放牧，多样性指数 H' 为对照＜极轻放牧＜重度放牧＜中度放牧＜轻度放牧，多样性指数 D 为对照＜重度放牧＜极轻放牧＜中度放牧＜轻度放牧。在 2004 年，多样性指数 H' 在轻度放牧区最小，而在重度放牧区最大，这与 2003 年和 2005 年的结果差异很大。这是因为多样性指数（D 和 H'）是物种水平上多样性和异质性程度的度量，能综合反映群落物种丰富度和均匀度的总和，因此必然与物种丰富度和均匀度的度量结果有一定程度的差异，本试验中的结果也是如此。均匀度反映各群落中物种分布的均匀程度。在不同放牧强度下，第 1 个放牧季，对照区的均匀度指数最大，其次为中度放牧，重度放牧区最小，而经过连续 3 个放牧季的放牧后，轻度放牧区最大，其次为中度放牧区，重度放牧区仍然最小。

表 5.4　不同放牧强度下物种丰富度、均匀度指数和多样性指数的变化

年份	指标	CK	A	B	C	D
2003	丰富度（物种数）	13	22	26	17	14
	均匀度指数 J'	0.8221	0.7766	0.7752	0.8128	0.7640
	多样性指数 H'	1.7086	2.2420	2.3761	2.0094	2.0639
	多样性指数 D	0.6970	0.8066	0.8138	0.7596	0.7967

续表

年份	指标	CK	A	B	C	D
2004	丰富度（物种数）	16	15	23	19	17
	均匀度指数 J'	0.8133	0.8029	0.8565	0.8636	0.7789
	多样性指数 H'	1.8697	1.9561	1.8687	1.9175	2.3623
	多样性指数 D	0.7148	0.7500	0.7181	0.7221	0.8503
2005	丰富度（物种数）	24	30	34	28	23
	均匀度指数 J'	0.6878	0.7292	0.8025	0.7623	0.5910
	多样性指数 H'	2.1859	2.4800	2.5776	2.5403	2.5047
	多样性指数 D	0.7735	0.8042	0.8686	0.8633	0.8013

回归分析表明，在 3 个放牧季内，放牧强度与物种丰富度、均匀度指数（除 2004 年）和多样性指数 H'、多样性指数 D（除 2003 年）均呈显著或极显著的二次回归，它们的回归方程见表 5.5。另外，通过计算可知，不同放牧强度下群落多样性指数（D 和 H'）与丰富度呈极显著的正相关（$P<0.01$），与均匀度指数呈显著的正相关（$P<0.05$）。

表 5.5　放牧强度与物种丰富度、均匀度指数和多样性指数之间的回归分析结果

年份	指标	回归方程 $y=ax^2+bx+c$（a，b，$c>0$）			R^2	显著性检验
		a	b	c		
2003	丰富度（物种数）	−0.3878	3.9685	13.6660	0.8288	$P<0.05$
	均匀度指数 J	0.0004	−0.0068	0.8109	0.7692	$P<0.05$
	多样性指数 H'	−0.0153	0.1793	1.7742	0.6919	$P<0.05$
	多样性指数 D	−0.0022	0.0287	0.7145	0.5834	$P>0.01$
2004	丰富度（物种数）	−0.1457	1.7600	14.7890	0.5418	$P<0.05$
	均匀度指数 J	−0.0020	0.0208	0.7967	0.5098	$P>0.01$
	多样性指数 H'	0.0023	−0.0149	0.7343	0.7064	$P<0.05$
	多样性指数 D	0.0023	−0.0149	0.7343	0.7064	$P<0.05$
2005	丰富度（物种数）	−0.3340	3.3675	23.992	0.9336	$P<0.01$
	均匀度指数 J	−0.0056	0.0528	0.6092	0.8817	$P<0.01$
	多样性指数 H'	−0.0083	0.1134	2.2042	0.9607	$P<0.01$
	多样性指数 D	−0.0026	0.0321	0.7627	0.8515	$P<0.01$

第三节　放牧强度对植物群落主要物种生态位的影响

生态位（niche）及其理论的研究成为近代生态学研究的重要领域，也是群落生态学研究中非常活跃的一个领域。1917 年，Grinnell 首次提出生态位的概念，并定义为“一个种或亚种在生境中的最后分布单位（ultimate distributional unit）”，吸引了国外众多学者的关注（Munoz et al.，2017）。国内对生态位理论的研究始于 20 世纪 80 年代，90 年代以来这一概念在生态学界受到前所未有的关注（郭平平　等，2019；林玥霏　等，2020）。在植物生态学研究中，生态位的研究实际上是对植物种群或群落与所处环境之间及种间关系进行的综合分析，或者说从生物的资源利用谱上反映物种的存在、竞争与适合度。生态位理论包括两个最主要的方面：生态位宽度（niche breadth 或者 niche width）和生态位重叠（niche overlap）。尽管对于生态位定量研究的具体公式还存在争议，但通过测算植物种群的生态位宽度和生态位重叠来反映环境梯度变化对生态位分化的作用仍不失为一种有效的手段。

一、植物种群在不同放牧强度下的分布

（一）植物种群的相对盖度在不同放牧强度下的分布

表 5.6 为不同放牧强度下高寒人工草地 22 种植物种群的相对盖度。不同放牧强度下各植物种群被牦牛采食的程度和耐牧性及植物种群自身的生物 - 生态学特性和种间竞争等因素差异（吴晓慧　等，2019）导致植物种群在群落中的地位和作用发生了变化。从表 5.6 可以看出，随着放牧强度的增加，作为建群种的垂穗披碱草，其相对盖度随放牧强度的增加而减小，而同德小花碱茅则呈增加的趋势；洽草种群在中度放牧下就消失，紫羊茅则在重度放牧下消失；早熟禾和青海薹草种群的相对盖度在轻度放牧下最大，而矮生嵩草和高山嵩草在中度放牧下最大。对阔叶草而言，乳白香青种群的相对盖度随放牧强度的增加而减小，到重度放牧时消失。除了美丽毛茛，其余阔叶草随放牧强度的增加而增大。

表 5.6　不同放牧强度下高寒人工草地 22 种植物种群的相对盖度

植物名	CK	A	B	C	D
1．垂穗披碱草	0.7610	0.6410	0.6393	0.5271	0.4529
2．同德小花碱茅	0.0227	0.0228	0.0293	0.0427	0.0544

续表

植物名	CK	A	B	C	D
3. 早熟禾	0.0195	0.0342	0.0502	0.0194	0.0326
4. 洽草	0.0015	0.0012	0.0013	—	—
5. 紫羊茅	0.0098	0.0111	0.0183	0.0155	—
6. 青海薹草	0.0195	0.0256	0.0365	0.0271	0.0272
7. 矮生嵩草	0.0098	0.0085	0.0274	0.0310	0.0218
8. 高山嵩草	0.0011	0.0085	0.0274	0.0388	0.0015
9. 肉果草	0.0244	0.0256	0.0320	0.0543	0.0563
10. 紫花地丁	0.0012	0.0013	0.0013	0.0015	0.0018
11. 细叶亚菊	0.0488	0.0427	0.0228	0.0155	0.0326
12. 蓬子菜	0.0015	0.0031	0.0046	0.0050	0.0069
13. 火绒草	0.0121	0.0171	0.0183	0.0271	0.0272
14. 美丽毛茛	0.0023	0.0015	0.0012	0.0011	0.0012
15. 多枝黄芪	—	0.0098	0.0019	0.0233	0.0109
16. 黄花棘豆	—	0.0085	0.0091	0.0078	0.0109
17. 黄帚橐吾	0.0098	0.0124	0.0159	0.0427	0.0457
18. 乳白香青	0.0085	0.0021	0.0016	0.0011	—
19. 甘肃马先蒿	—	0.0015	0.0036	0.0078	0.0085
20. 鹅绒委陵菜	0.0015	0.0056	0.0036	0.0069	0.0078
21. 多裂委陵菜	0.0010	0.0012	0.0015	0.0017	0.0098
22. 雪白委陵菜	0.0012	0.0026	0.0098	0.0045	0.0091

（二）植物种群的相对高度在不同放牧强度下的分布

家畜放牧能降低草地植物的高度，特别是优势植物的高度，但草地一般由多种植物构成，由于放牧家畜对植物的喜好程度或偏食性差异，植物高度的降低程度并不一致，从而导致草地植物高度的异质性变化（贾丽欣 等，2018）。表 5.7 为不同放牧强度下高寒人工草地 22 种植物种群的相对高度。可以看出，作为建群种的垂穗披碱草，其相对高度在轻度放牧下达到最大，而同德小花碱茅种群的相对高度随放牧强度的增加而降低。随着放牧强度的增加，高原早熟禾种群的相对高度在极轻放牧下达到最大，青海薹草在中度放牧下最大，而高山嵩草种群在轻度放牧下最大；洽草和紫羊茅种群随放牧强度的增加而降低，洽草种群在中度放牧下消失。对阔叶草而言，乳白香青在极轻放牧下达到最大，然后减小直至重度放牧下消失；紫花地丁和细叶亚菊分别在中度和轻度下达到最大；其他阔叶草种群随放牧强度的变化没有明显的规律性，但它们均在重度放牧下达到最大。这是因为各植物种群被牦牛采食的程度和耐牧性及植物种群自身的生物－生态学特性、种间竞争及再生能力等因素的差异（牛克昌，2008；杨树晶 等，2016），导致各植物种群的高度差异很大。

表 5.7 不同放牧强度下高寒人工草地 22 种植物种群的相对高度

植物名	CK	A	B	C	D
1. 垂穗披碱草	0.1917	0.2179	0.2284	0.1796	0.1200
2. 同德小花碱茅	0.1442	0.1405	0.1403	0.1017	0.1000
3. 早熟禾	0.1298	0.1315	0.1175	0.0802	0.0750
4. 洽草	0.1362	0.1090	0.1001	—	—
5. 紫羊茅	0.2204	0.1398	0.1253	0.1219	—
6. 青海薹草	0.0240	0.0302	0.0232	0.0458	0.0400
7. 矮生嵩草	0.0168	0.0181	0.0232	0.0187	0.0290
8. 高山嵩草	0.0111	0.0121	0.0155	0.0072	0.0061
9. 肉果草	0.0096	0.0081	0.0052	0.0048	0.0250
10. 紫花地丁	0.0025	0.0019	0.0039	0.0054	0.0030
11. 细叶亚菊	0.0037	0.0121	0.0155	0.0072	0.0064
12. 蓬子菜	0.0010	0.0019	0.0035	0.0072	0.0098
13. 火绒草	0.0085	0.0081	0.0052	0.0075	0.0875
14. 美丽毛茛	0.0012	0.0035	0.0039	0.0085	0.0091
15. 多枝黄芪	—	0.024	0.021	0.0215	0.0250
16. 黄花棘豆	—	0.0127	0.0203	0.0052	0.0250
17. 黄帚橐吾	0.0053	0.0102	0.0287	0.0698	0.0997
18. 乳白香青	0.0012	0.0032	0.0015	0.0012	—
19. 甘肃马先蒿	—	0.0102	0.0241	0.0251	0.0641
20. 鹅绒委陵菜	0.0212	0.0282	0.0264	0.0294	0.0375
21. 多裂委陵菜	0.0012	0.0045	0.0067	0.0072	0.0250
22. 雪白委陵菜	0.0216	0.0259	0.0321	0.0358	0.0500

（三）植物种群的相对频度在不同放牧强度下的分布

从表 5.8 可以看出，早熟禾、垂穗披碱草和同德小花碱茅的相对频度在重度放牧下达到最大；紫羊茅种群的相对频度随放牧强度的增加而增大，洽草至中度放牧下消失；青海薹草和矮生嵩草随放牧强度的增加，其相对频度为先增大后减小，它们分别在极轻和轻度放牧下达到最大。对阔叶草而言，蓬子菜、黄帚橐吾、甘肃马先蒿、鹅绒委陵菜和雪白委陵菜的相对频度随放牧强度的增加而增大，细叶亚菊与之相反，其他阔叶草的变化为先增大后减小，然后在重度放牧达到最大。

表 5.8 不同放牧强度下高寒人工草地 22 种植物种群的相对频度

植物名	CK	A	B	C	D
1. 垂穗披碱草	0.1054	0.1351	0.1299	0.0926	0.1613
2. 同德小花碱茅	0.1504	0.1351	0.1299	0.0926	0.1513
3. 早熟禾	0.1128	0.1014	0.1199	0.0926	0.1413
4. 洽草	0.0112	0.0098	0.061	—	—
5. 紫羊茅	0.0150	0.0201	0.0260	0.0324	0.0341
6. 青海薹草	0.1203	0.1351	0.1099	0.0694	0.0645
7. 矮生嵩草	0.0075	0.0135	0.0519	0.0463	0.0323
8. 高山嵩草	0.0036	0.0112	0.0065	0.0231	0.0210
9. 肉果草	0.0752	0.0811	0.0455	0.0185	0.0968
10. 紫花地丁	0.0210	0.0215	0.0369	0.0111	0.0659
11. 细叶亚菊	0.1128	0.1081	0.0579	0.0463	0.0403
12. 蓬子菜	0.0012	0.0065	0.0087	0.0139	0.0167
13. 火绒草	0.0123	0.0135	0.0305	0.0741	0.0323
14. 美丽毛茛	—	0.0023	0.0056	0.0021	0.0019
15. 多枝黄芪	—	0.0035	0.0056	0.0041	0.0067
16. 黄花棘豆	0.0075	0.0541	0.0065	0.0185	0.0161
17. 黄帚橐吾	0.0226	0.0270	0.0579	0.0814	0.0845
18. 乳白香青	0.0056	0.0069	0.0032	0.0019	—
19. 甘肃马先蒿	—	0.0135	0.0146	0.0185	0.0199
20. 鹅绒委陵菜	0.0021	0.0027	0.0035	0.0079	0.0081
21. 多裂委陵菜	0.0075	0.0089	0.0091	0.0324	0.0161
22. 雪白委陵菜	0.0011	0.0012	0.0034	0.0081	0.0084

（四）植物种群相对生物量在不同放牧强度下的分布

表 5.9 为不同放牧强度下高寒人工草地 22 种植物种群的相对生物量。随着放牧强度的增加，垂穗披碱草种群的相对生物量下降，而同德小花碱茅则上升，高原早熟禾在轻度放牧下达到最大；洽草的变化趋势与垂穗披碱草一致，但该种群在中度放牧下消失；紫羊茅、青海薹草、矮生嵩草和高山嵩草种群均在中度放牧下最大。对杂类草来说，肉果草、紫花地丁、黄花棘豆和黄帚橐吾均在重度放

牧下最大，雪白委陵菜和多枝黄芪在中度放牧下最大；蓬子菜、火绒草、甘肃马先蒿、鹅绒委陵菜和多裂委陵菜的相对生物量随放牧强度的增加而增大，乳白香青的变化与之相反。

表 5.9　不同放牧强度下高寒人工草地 22 种植物种群的相对生物量

植物名	CK	A	B	C	D
1. 垂穗披碱草	0.7620	0.7356	0.7230	0.6623	0.5643
2. 同德小花碱茅	0.0547	0.0547	0.0608	0.0696	0.0790
3. 早熟禾	0.0292	0.0382	0.0504	0.0464	0.0451
4. 洽草	0.0198	0.0175	0.0121	—	—
5. 紫羊茅	0.0146	0.0153	0.0103	0.0199	0.0112
6. 青海薹草	0.0219	0.0131	0.0127	0.0230	0.0113
7. 矮生嵩草	0.0111	0.0131	0.0127	0.0199	0.0135
8. 高山嵩草	0.0013	0.0056	0.0064	0.0132	0.0113
9. 肉果草	0.0044	0.0109	0.0108	0.0199	0.0451
10. 紫花地丁	0.0021	0.0056	0.0090	0.0095	0.0101
11. 细叶亚菊	0.0209	0.0153	0.0159	0.0199	0.0113
12. 蓬子菜	0.0013	0.0019	0.0024	0.0026	0.0027
13. 火绒草	0.0019	0.0046	0.0059	0.0132	0.0339
14. 美丽毛茛	—	0.0010	0.0016	0.0011	0.0010
15. 多枝黄芪	—	0.0058	0.0039	0.0178	0.0066
16. 黄花棘豆	0.0011	0.0066	0.0019	0.0045	0.0181
17. 黄帚橐吾	0.0021	0.0150	0.0098	0.0169	0.0238
18. 乳白香青	0.0022	0.0021	0.0017	0.0011	—
19. 甘肃马先蒿	—	0.0035	0.0040	0.0041	0.0451
20. 鹅绒委陵菜	0.0012	0.0030	0.0045	0.0080	0.0113
21. 多裂委陵菜	0.0010	0.0020	0.0024	0.0034	0.0065
22. 雪白委陵菜	0.0058	0.0066	0.0019	0.0085	0.0045

二、不同放牧强度下物种的生态位及生态位重叠

（一）不同放牧强度下植物种群优势度的变化

不同放牧强度下，22 种主要植物的优势度存在一定差异（表 5.10）。经过 3 个放牧季的放牧，各处理组（包括对照）的建群种依然为垂穗披碱草和同德小花碱茅，但它们的主要次优势种和伴生种有很大不同。对照组的主要次优势种（按优势度大小顺序）依次为早熟禾、多裂委陵菜、细叶亚菊和蓬子菜，主要伴生种

为肉果草、黄帚橐吾、鹅绒委陵菜和紫羊茅；极轻度放牧下主要次优势种依次为肉果草、蓬子菜和青海薹草，主要伴生种为多裂委陵菜、早熟禾、紫羊茅、细叶亚菊、鹅绒委陵菜和黄帚橐吾；轻度放牧下主要次优势种依次为早熟禾、青海薹草和肉果草，主要伴生种为矮生嵩草、细叶亚菊、黄帚橐吾和甘肃马先蒿；中度放牧下次优势种依次为早熟禾、矮生嵩草和青海薹草，主要伴生种为肉果草、细叶亚菊、黄帚橐吾和甘肃马先蒿；重度放牧下次优势种依次为甘肃马先蒿、早熟禾和肉果草，主要伴生种为黄帚橐吾、细叶亚菊、蓬子菜和鹅绒委陵菜。从表5.10也可看出，各处理小区的次优势种均有早熟禾，伴生种均有黄帚橐吾，而且各放牧区的伴生种均有细叶亚菊。这是因为在整个放牧期（牧草生长期）内，对照、极轻和轻度放牧处理垂穗披碱草的竞争力总是大于同德小花碱茅，抑制了同德小花碱茅的生长（董全民　等，2005d），这也为早熟禾和黄帚橐吾及细叶亚菊等阔叶植物的生长提供了一定的环境资源，表明垂穗披碱草、同德小花碱茅和早熟禾、黄帚橐吾、细叶亚菊等占有不同的生态位，可利用不同的环境资源，说明它们在水、热等的利用上表现出一定的互利共生关系（董全民　等，2005d）。随着放牧强度的增加，在中度放牧下，由于牦牛对垂穗披碱草、同德小花碱茅和早熟禾的采食强度增加，为肉果草、细叶亚菊、黄帚橐吾和甘肃马先蒿等杂类草的生长发育创造了条件，使之能够竞争到更多的阳光、水分和土壤养分（王刚　等，1995），它们的优势度有所增加；随着放牧强度的继续增加，中度放牧处理的伴生种（肉果草和甘肃马先蒿）成为重度放牧处理的次优势种。这说明肉果草和甘肃马先蒿为垂穗披碱草 / 同德小花碱茅混播草地过牧危害下的过渡植物，如果持续过度放牧，垂穗披碱草和同德小花碱茅进一步被肉果草和甘肃马先蒿等杂类草所代替，草场出现严重退化（王刚　等，1995）。

表 5.10　不同放牧强度下垂穗披碱草 / 同德小花碱茅混播群落主要 22 种植物种群优势度的变化

植物名	CK	A	B	C	D
1. 垂穗披碱草	0.422	0.355	0.354	0.332	0.315
2. 同德小花碱茅	0.065	0.067	0.075	0.086	0.082
3. 早熟禾	0.061	0.039	0.068	0.078	0.064
4. 洽草	0.011	0.020	0.022	—	—
5. 紫羊茅	0.022	0.035	0.039	0.020	—
6. 青海薹草	0.022	0.041	0.050	0.051	0.029
7. 矮生嵩草	0.010	0.020	0.034	0.074	0.027
8. 高山嵩草	0.013	0.014	0.016	0.028	0.020
9. 肉果草	0.028	0.046	0.048	0.050	0.053

续表

植物名	CK	A	B	C	D
10. 紫花地丁	0.014	0.015	0.016	0.024	0.012
11. 细叶亚菊	0.029	0.030	0.031	0.049	0.034
12. 蓬子菜	0.028	0.045	0.025	0.018	0.033
13. 火绒草	0.019	0.006	0.021	0.015	0.032
14. 美丽毛茛	0.015	0.023	0.012	0.011	0.015
15. 多枝黄芪	—	0.010	0.011	0.014	0.026
16. 黄花棘豆	—	0.013	0.014	0.017	0.022
17. 黄帚橐吾	0.025	0.025	0.030	0.044	0.048
18. 乳白香青	0.016	0.021	0.020	0.022	—
19. 甘肃马先蒿	—	0.004	0.026	0.029	0.071
20. 鹅绒委陵菜	0.023	0.028	0.010	0.026	0.033
21. 多裂委陵菜	0.03	0.04	0.05	0.007	0.019
22. 雪白委陵菜	0.02	0.004	0.005	0.010	0.018

（二）主要植物种群的生态位宽度

在植物生态学研究中，生态位的研究实际上是对植物种群或群落与所处环境之间及种间关系进行的综合分析，或者说从生物的资源利用谱上反映物种的存在、竞争与适合度。植物种群生态位宽度是植物利用资源多样性的一个指标，它可以反映某一种群对环境的适应性及利用环境资源的广泛性。不同放牧强度下垂穗披碱草/同德小花碱茅混播群落中22种植物的生态位宽度见表5.11。在垂穗披碱草/同德小花碱茅混播群落中，尽管由于垂穗披碱草大的混播比例和较好的适口性而被牦牛优先采食（董全民 等，2005c），但在整个放牧期（牧草生长期）内，不同放牧强度（包括对照）下垂穗披碱草的生态位宽度总是大于同德小花碱茅，说明垂穗披碱草的竞争力强于同德小花碱茅。垂穗披碱草因其高度和发达而较深的根系成为竞争的优胜者，抑制了同德小花碱茅的生长。垂穗披碱草的生态位宽度最大（0.956），同德小花碱茅次之（0.821），垂穗披碱草种群表现出最大利用资源的能力。早熟禾由于是侵入种且种群数量有限，加之它的适口性比垂穗披碱草和同德小花碱茅好而被牦牛优先采食，因此其生态位宽度比垂穗披碱草和同德小花碱茅小（0.811）。洽草对放牧及由放牧引起的环境变化反应最为敏感，中度放牧下完全消失，其生态位宽度最小（0.315）；紫羊茅和乳白香青对放牧干扰也很敏感，重度放牧下完全消失，其生态位宽度也很窄（0.319、0.324）；火绒草和美丽毛茛与洽草、紫羊茅和乳白香青相似，生态位宽度分别为0.417和0.415，它们对放牧条件下变化了的环境资源的利用状况较差。增加种多枝黄芪、黄花棘豆和甘肃马先蒿经过 3 个放牧季的放牧，优势度均随放牧强度的增加而增大（表 5.10），甘肃马先蒿成为重度放牧处理的主要次优势种、鹅绒委陵菜成为伴生种，生态位宽度较大，表明它们具有一定的耐牧和耐践踏性。但总体上，垂穗披碱草作为竞争的优胜者，抑制了同德小花碱茅的生长，且紫羊茅和洽草的生态位宽度在不同放牧强度下均较小，说明放牧抑制了禾草的发育，为植株矮小的莎草科牧草和部分阔叶草的生长创造了条件，但不同植物适应放牧的对策有所不同。

表 5.11　不同放牧强度下垂穗披碱草 / 同德小花碱茅混播群落中 22 种植物的生态位宽度

植物名	生态位宽度	植物名	生态位宽度
1. 垂穗披碱草	0.956	12. 蓬子菜	0.781
2. 同德小花碱茅	0.821	13. 火绒草	0.417
3. 早熟禾	0.811	14. 美丽毛茛	0.415
4. 洽草	0.315	15. 多枝黄芪	0.656
5. 紫羊茅	0.319	16. 黄花棘豆	0.625
6. 青海薹草	0.701	17. 黄帚橐吾	0.697
7. 矮生嵩草	0.711	18. 乳白香青	0.324
8. 高山嵩草	0.713	19. 甘肃马先蒿	0.748
9. 肉果草	0.765	20. 鹅绒委陵菜	0.745
10. 紫花地丁	0.700	21. 多裂委陵菜	0.769
11. 细叶亚菊	0.701	22. 雪白委陵菜	0.741

（三）主要植物种群的生态位重叠

每一种植物都分布在一定的空间地段上，但这些地段并不是间断的，而是相互交错重叠的。种群间生态位重叠程度既能反映这种交错重叠，又能体现种群间对共同资源的利用状况。两个种群的生态位重叠值越大，利用资源种类与利用资源方式的相似程度越高（李直强，2019）。表 5.12 是不同放牧强度下垂穗披碱草 / 同德小花碱茅混播群落主要 22 种植物种群的生态位重叠状况。垂穗披碱草、同德小花碱茅和侵入种（早熟禾）均属高大植物，对空间、水肥条件的要求较为接近，其生态位宽度都很宽（0.956、0.821、0.811），所以除了洽草、紫羊茅和乳白香青，它们与其他植物种之间及彼此之间的生态位重叠均较大，而同属的鹅绒委陵菜、多裂委陵菜和雪白委陵菜之间及生活型相近的高山嵩草、矮生嵩草和青海薹草之间的生态位重叠也较大，这说明具有相同形态特征或生活型的物种之间的生态位重叠较大。另外，由于洽草、紫羊茅和乳白香青的生

表 5.12　不同放牧强度下垂穗披碱草 / 同德小花碱茅混播群落主要 22 种植物种群的生态位重叠

	1	2	3	4	5	6	7	8	9	10	11	12	13	14	15	16	17	18	19	20	21	22
1	1	0.860	0.819	0.697	0.693	0.689	0.701	0.711	0.736	0.711	0.772	0.736	0.619	0.629	0.618	0.669	0.736	0.694	0.771	0.798	0.789	0.801
2		1	0.913	0.687	0.637	0.691	0.618	0.601	0.599	0.561	0.690	0.712	0.697	0.629	0.798	0.647	0.733	0.641	0.729	0.701	0.723	0.694
3			1	0.691	0.650	0.691	0.621	0.596	0.512	0.529	0.631	0.699	0.521	0.402	0.730	0.703	0.699	0.508	0.714	0.638	0.621	0.598
4				1	0.671	0.689	0.608	0.571	0.536	0.632	0.699	0.693	0.521	0.612	0.519	0.688	0.687	0.310	0.679	0.598	0.601	0.611
5					1	0.668	0.678	0.622	0.518	0.509	0.661	0.691	0.558	0.539	0.503	0.534	0.636	0.406	0.515	0.621	0.501	0.499
6						1	0.781	0.789	0.539	0.498	0.514	0.704	0.400	0.359	0.607	0.692	0.700	0.310	0.617	0.698	0.709	0.765
7							1	0.875	0.800	0.756	0.700	0.856	0.441	0.398	0.645	0.659	0.641	0.291	0.701	0.710	0.700	0.632
8								1	0.822	0.749	0.701	0.794	0.401	0.324	0.628	0.627	0.620	0.391	0.551	0.697	0.633	0.618
9									1	0.881	0.820	0.803	0.525	0.600	0.628	0.620	0.336	0.408	0.697	0.736	0.768	0.730
10										1	0.720	0.819	0.509	0.412	0.695	0.658	0.530	0.399	0.668	0.800	0.765	0.711
11											1	0.799	0.625	0.569	0.623	0.669	0.701	0.321	0.655	0.700	0.719	0.657
12												1	0.674	0.665	0.692	0.691	0.805	0.625	0.801	0.812	0.795	0.784
13													1	0.697	0.660	0.679	0.556	0.624	0.521	0.561	0.794	0.725
14														1	0.601	0.693	0.554	0.409	0.515	0.601	0.689	0.654
15															1	0.698	0.596	0.441	0.352	0.600	0.612	0.662
16																1	0.661	0.423	0.505	0.687	0.639	0.628
17																	1	0.728	0.691	0.559	0.537	0.600
18																		1	0.608	0.551	0.600	0.665
19																			1	0.514	0.601	0.617
20																				1	0.821	0.819
21																					1	0.861
22																						1

注：表中第一列和第一行的数字与表 5.6 中对应的植物名相同。

态位很窄，它们与其他种之间的生态位重叠度不大，其中最大的是它们与垂穗披碱草的重叠（0.697、0.693、0.694），这主要是垂穗披碱草植株较高，对空间的要求较为一致，因而对资源的利用能力强，与其他种的分布地段重叠大。由生态位重叠可以看出，生态位宽度较大的物种与其他种群间也有较大的生态位重叠，分布于放牧演替系列两个极端的种群间生态位重叠较小，说明物种的分布是既间断又连续的。

三、小结

（1）不同放牧强度下各植物种群被牦牛采食的程度和耐牧性及植物种群自身的生物－生态学特性、种间竞争和再生能力等因素差异导致植物种群在群落中的地位和作用发生了变化，22 种植物种群的相对盖度、相对生物量、相对高度和相对频度发生明显的变化。随着放牧强度的增加，作为建群种的垂穗披碱草，其相对盖度和相对生物量随放牧强度的增加而减小，相对高度在轻度放牧下达到最大，而相对频度先减小后增大，然后在重度放牧下达到最大；同样作为建群种的同德小花碱茅种群，其相对盖度和相对生物量随放牧强度的增加而增大，相对高度随放牧强度的增加而降低。

（2）经过 3 个放牧季的放牧，垂穗披碱草 / 同德小花碱茅混播群落各放牧处理的建群种没有变化，而次优势种和伴生种发生了明显变化。各处理小区的次优势种均有早熟禾，伴生种均有黄帚橐吾，而且各放牧区的伴生种均有细叶亚菊；重度放牧下次优势种除了早熟禾，还有甘肃马先蒿和肉果草，说明甘肃马先蒿和肉果草为垂穗披碱草 / 同德小花碱茅混播草地过牧危害下的过渡植物；如果持续过度放牧，垂穗披碱草和同德小花碱茅进一步被肉果草和甘肃马先蒿等杂类草所代替，草场出现严重退化。

（3）建群种垂穗披碱草因其高度和发达而较深的根系成为竞争的优胜者，抑制了同德小花碱茅的生长，因而它的生态位宽度最大（0.956），同德小花碱茅次之（0.821），垂穗披碱草种群表现出最大利用资源的能力。早熟禾由于是侵入种且种群数量有限，加之它的适口性较垂穗披碱草和同德小花碱茅好而被牦牛优先采食，因此其生态位宽度较垂穗披碱草和同德小花碱茅小（0.811）。

（4）垂穗披碱草、同德小花碱茅和侵入种（早熟禾）均属高大植物，对空间、水肥条件的要求较为接近，其生态位宽度都很宽（0.956、0.821、0.811），所以除了洽草、紫羊茅和乳白香青，它们与其他植物种之间及彼此之间的生态位重叠均较大，而同属的鹅绒委陵菜、多裂委陵菜和雪白委陵菜之间及生活型相近的高山嵩草、矮生嵩草和青海薹草之间的生态位重叠也较大。

第四节 讨　论

草地上家畜的放牧强度与植被的相关性研究是目前放牧生态学研究的一个活跃领域。群落盖度和地上现存量及其植物类群的百分比组成是反映草地生态环境的重要指标，其大小可判断草地状况和生产潜力（董全民 等，2003a）。Ellison（1960）综述了全球各类草原 250 篇有关放牧对草地群落影响的研究论文，发现由于放牧动物的选择性采食，草地中优质牧草的比例和生物量大大降低，最终杂类草将成为优势植物。Jeffrey 等（2003）的研究表明：随着放牧强度的提高（牧草利用率分别为 0、50%、70% 和 90%），草地优势植物的地上现存量及其百分比下降，但不同处理之间的差异不显著；轻度放牧（15hm^2 放牧一只山羊）的植被盖度远远高于重度放牧（1.5hm^2 放牧一只山羊）。本试验的研究表明，随着放牧强度的增加，建群种垂穗披碱草地上现存量的百分比组成减小，而建群种同德小花碱茅和其他植物种的百分比组成增加。

草地群落的特征能通过群落结构和功能两个方面体现。表征群落结构的特征参数很多（如生物量、高度、叶面积指数、分蘖密度与茎叶比），但在草地的实际利用与管理过程中，最简单而常用的参数是植被群落或植物的高度与密度，特别是高度可以作为草地群落的表面特征参数（Hodgson，1981）。家畜放牧能降低草地植物的高度，特别是优势植物的高度（王德利 等，2003），但草地一般是由多种植物构成，而且由于放牧家畜对植物的喜好程度或偏食性的差异，植物高度的降低程度并不一致，从而导致草地植物高度的异质性变化（王德利 等，2003）。

群落的物种丰富度及多样性是群落的重要特征，放牧及其他干扰对群落结构影响都离不开物种多样性问题（张建贵 等，2019）。多样性指数是物种水平上多样性和异质性程度的度量，能综合反映群落物种丰富度和均匀度的总和，因此必然与物种丰富度和均匀度的度量结果有一定程度的差异。本试验的结果表明，不同放牧强度下群落多样性指数（D 和 H'）与丰富度呈极显著的正相关（$P<0.01$），与均匀度指数呈显著的正相关（$P<0.05$）。放牧造成草地植物群落多样性发生变化，但不同放牧强度对植物多样性的影响程度不同。研究表明，适度放牧对草地群落物种多样性的影响符合中度干扰理论（Connell，1978；Tilman et al.，1997），即中度放牧能维持高的物种多样性。然而，有些学者的研究结果表明，植物物种多样性随放牧强度的增加而升高（Karen et al.，2004）。在本试验经过 3 年的连续放牧后，于 2005 年物种多样性指数、丰富度

指数、均匀度指数均在轻度放牧达到最大。这是因为适度的放牧通过牦牛对垂穗披碱草和同德小花碱茅的采食，使一些下繁草品种的数量增加，同时一些牦牛不喜食的杂草类和不可食的毒杂草类数量也增加，提高了资源的利用效率，增加了群落结构的复杂性。在极轻放牧时，牦牛选择采食的空间比较大，因而对植物群落的干扰较小，群落的物种丰富度指数、均匀度指数和多样性指数均也不高。对照草地由于没有牦牛的采食干扰，群落由少数优势种植物所统治，多样性和均匀度偏低。

生态位与植物种群是一一对应的，某一特定的植物种群要求某一特定的生态位，反过来某一特定的生态位只能容纳某一特定的植物种群（Thompson et al.，1999）。植物群落作为植物种群对环境梯度反映的集合体，其自身的生态特性也随环境梯度的变化呈现出一定的变化规律，这些生态特性包括群落的种类变化及群落中建群种的地位或优势种的地位等。因此，生态位理论在植物种群研究中有重要而广泛的应用，通过对植物种群之间生态位重叠、生态位相似性比例及生态位宽度的计算，可以更深入地认识植物种群内或种间的竞争，这为深入理解植物种群在群落中的地位和作用提供了帮助。本章的研究结果表明：不同放牧强度下垂穗披碱草 / 同德小花碱茅混播群落中建群种的生态位宽度比伴生种宽，同时放牧对不同植物种群的影响不同，主要植物的生态位分化比较大，这可能是群落中的建群种在创建植物群落内部独特的生境条件及决定群落种类组成方面起主要作用，因而在群落内部适应小生境的能力及对小生境内资源的利用能力都表现出较强的优势（陈波　等，1995a，b）。然而，随放牧强度的进一步提高，牦牛采食过于频繁，减少了凋落物向土壤中的输入，土壤营养过度消耗，改变了植物的竞争能力，抑制了建群种垂穗披碱草和同德小花碱茅的生长，降低了它们的竞争优势，使一些较耐牧的禾本科植物（早熟禾）及毒杂草大量入侵（王刚　等，1995；董全民　等，2005c），在生境梯度上表现出较宽的生态位。

许多生态学家试图用生态位理论解释群落形成与演替的机制，并提出了许多观点，但目前尚无统一的观点。群落中的每个种，由其遗传、生理上的内在特点决定其与各生态因子间的特殊联系，即每个种具有各自独特的生态位，同时每个种在生态因子梯度上形成特有的分布形式（柳妍妍，2018）。对垂穗披碱草 / 同德小花碱茅混播群落的放牧演替而言，其过程是物种适应由放牧引起环境因子梯度变化，形成适应各物种生态学特性的分布格局的结果，或由于不同植物种群对放牧的反应有所不同，主要植物的生态位分化比较大，其结果导致放牧演替系列上群落类型发生改变。随放牧演替的进行，土壤趋向干旱化、盐碱化（宋金枝　等，2013），建群种的种群数量下降，而适应这种变化的匍匐茎杂类草（鹅绒委陵菜、多裂委陵菜和雪白委陵菜）和增加种（多枝黄芪、黄花棘豆和甘肃马先蒿）及耐旱种（黄帚橐吾）大量侵入，其优势度均随放牧强度的增加而增大，表明它们具有一定的耐牧和耐践踏性。经过 3 个放牧季的放牧，甘肃马先蒿成为重度放牧处理的主要次优势种，鹅绒委陵菜成为伴生种。这些种的生态位宽度较大，表明它们具有较强的利用和适应环境的能力。这可能是由于它们的遗传特性决定其只有在土壤趋向干旱化（姜勇 等，2019）、盐碱化条件下才有很强的竞争力和适应力。另外，从生态位理论来讲，资源分享是认识群落结构形成机制的主要问题（Schoener，1974），如果要进一步揭示种间对可利用资源的分享数量，就要涉及生态位理论中的生态位重叠问题。在 5 个放牧强度（包括对照）中，侵入种早熟禾和一些阔叶草表现出较大的生态位宽度及和建群种间有较大的生态位重叠，表明这些侵入种在对资源利用和对放牧强度变化的敏感性上有较大的能力；而同属的鹅绒委陵菜、多裂委陵菜和多裂委陵菜之间及生活型相近的高山嵩草、矮生嵩草和青海薹草之间的生态位重叠也较大，这说明具有相同形态特征或生活型的物种之间的生态位重叠较大。另外，由于洽草、紫羊茅和乳白香青的生态位很窄，它们与其他种之间的生态位重叠度不大，这可能与植物和放牧家畜长期协同进化有关，同时也说明放牧演替是既间断又连续的过程（王岭，2010）。

第五节　结论与建议

在 3 个放牧季内，放牧强度对放牧区植物群落盖度的影响极显著（$P<0.01$），同一放牧区的年度变化不显著（$P>0.05$），但同一年度不同放牧区群落盖度的年度变化显著（$P<0.05$）。这种差异虽然是 3 年的放牧经历和气候条件共同作用的结果，但在环境条件相似的情况下，不同放牧强度为导致群落盖度差异的主要原因。随放牧强度的加强，垂穗披碱草地上现存量的比例呈下降趋势，杂类草和同德小花碱茅的地上现存量的比例呈上升趋势，这是因为放牧强度的提高使牦牛对垂穗披碱草的采食强度和频度增强，为同德小花碱茅（下繁草）和杂类草的生长发育创造了条件，使之能够竞争到更多的阳光、水分和土壤养分。因此杂类草和同德小花碱茅的地上现存量和比例有所增加，但垂穗披碱草和同德小花碱茅的株高呈降低趋势。另外，除了极轻放牧，其他 3 个放牧区与对照区植物群落的相似程度下降，植物群落均朝着偏离对照区植物群落的方向变化，而且放牧时间越长，各放牧区与对照区植物群落的相似程度越小。相关分析表明，各放牧区与对照区植物群落的相似性系数与放牧强度呈显著的正相关。

经过连续 3 个放牧季的放牧，各放牧区草地植物群落组成的变化较大，轻度放牧的物种数最多（34），比极轻放牧和中度放牧区分别增加 4 种和 6 种，比对照和重度放牧区分别多 10 种和 11 种；随放牧强度的增加，垂穗披碱草的重要值降低，而同德小花碱茅则增大。经过 3 个放牧季的放牧，各处理组（包括对照）的建群种依然为垂穗披碱草和同德小花碱茅，但它们的主要次优势种和伴生种有很大不同。在 3 个放牧季内，放牧强度与物种丰富度、多样性指数 H'、多样性指数 D(除 2003 年）和均匀度指数（除 2004 年）均呈显著或极显著的二次回归。

高寒人工草地放牧生态系统在不同放牧强度下，在不同生活功能群的盖度、地上现存量的百分比组成及均匀度、多样性和群落的物种丰富度、物种组成及多样性分布格局等方面，表现出不同的外貌特征和多样性变化。因此放牧对高寒地区人工草地植物群落稳定性及其物种多样性的影响，须在作用机理方面进行更加全面、更加深入细致的研究，特别是高寒人工草地牦牛放牧生态系统的研究工作尚未全面展开，更须将各种干扰有机结合起来，对高寒人工草地放牧生态系统的稳定性进行系统、深入的研究。

通过 3 个放牧季的连续放牧，不同放牧强度下垂穗披碱草 / 同德小花碱茅混播群落 22 种植物种群生态位和生态位重叠发生明显分化。第一，各处理的建群种没有变化，而次优势种和伴生种发生了明显变化；第二，建群种垂穗披碱草因其高度和发达而较深的根系成为竞争的优胜者，抑制了同德小花碱茅的生长，因而它的生态位宽度仍然最大（为 0.956），同德小花碱茅次之（0.821），垂穗披碱草种群表现出最大利用资源的能力；第三，早熟禾由于是侵入种且种群数量有限，加之它的适口性较垂穗披碱草和同德小花碱茅好而被牦牛优先采食，因此其生态位宽度较垂穗披碱草和同德小花碱茅小（0.811）；第四，紫羊茅和洽草的生态位宽度在不同放牧强度上均较小，说明放牧抑制了禾草的发育，为植株矮小的莎草科牧草和部分阔叶草的生长创造了条件，但不同植物适应放牧的对策有所不同；第五，建群种垂穗披碱草、同德小花碱茅和侵入种早熟禾与其他植物种之间（除了洽草、紫羊茅和乳白香青）及彼此之间的生态位重叠均较大，而同属的鹅绒委陵菜、多裂委陵菜和雪白委陵菜之间及生活型相近的高山嵩草、矮生嵩草和青海薹草之间的生态位重叠也较大，这说明具有相同形态特征或生活型的物种之间的生态位重叠较大，且生态位宽度较大的物种与其他种群间也有较大的生态位重叠，分布于放牧演替系列两个极端的种群间生态位重叠较小，物种的分布是既间断又连续的。

尽管对于生态位定量研究的具体公式还存有争议，但通过测算植物种群的生态位宽度及生态位重叠来反映环境梯度变化对于生态位分化的作用仍不失为一种有效的手段。但不同放牧强度下不同草地类型主要植物种群生态位的研究仍然比较缺乏，而以牦牛放牧强度梯度研究青藏高原人工群落植物种群的生态位变化未见报道。因此，以放牧强度为综合环境梯度指标研究青藏高原禾草混播群落主要植物种群的生态位宽度及生态位重叠，从生态位理论的角度探讨不同放牧强度下人工群落主要植物种群对环境资源的利用方式、生态位分化规律，借以揭示放牧演替机制，是高寒地区人工草地科学管理和合理利用亟待解决的问题。

第六章

高寒人工草地放牧强度对生产力的影响

放牧是草地畜牧业生产中由第一性生产转化为第二性生产的主要手段，因而草地稳定性和草地畜牧业生产的效率主要取决于放牧利用的管理（王淑强 等，1996；董世魁 等，2018），其中植物地上生物量和地下生物量变化是草地生态系统研究的重要内容。降水和温度对天然草地第一性生产力（地上生物量和地下生物量）产生影响（王艳芬 等，1999a，b；陈子萱，2008；赵康，2014；王黎黎，2016；栗文瀚，2018）；对人工草地而言，除了降水和温度，土壤肥力、牧草品种等也是草地第一性生产力的主要限制因素。然而草地利用方式则是影响天然和人工草地第一性生产力的最大因素，且利用方式及利用强度与牧草第一性生产力息息相关（任继周，1995，1998；Bedia et al.，2013）。在国内，许多学者对不同绵羊放牧强度下人工草地地上生物量和地下生物量进行了大量的研究（王刚 等，1995；王淑强 等，1996；董世魁 等，2004；苏淑兰 等，2014；孙义，2015），有关人工草地－奶牛放牧系统地上、地下生物量的变化也有报道（樊金富，2009），但有关人工草地－牦牛放牧系统第一性生产力的研究鲜有报道（董全民 等，2005e）。鉴于以上原因本试验主要研究牦牛放牧强度与人工草地地上生物量和地下生物量动态之间的关系，从理论上探讨家畜放牧对三江源区人工草地生态系统稳定性和可持续能力的作用，为该地区人工草地合理利用提供基础数据。

第一节　放牧强度对地上现存量的影响

一、总地上现存量的季节变化

不同放牧强度下植物总地上现存量有明显变化（图 6.1），从 6 月 20 日开始，总地上现存量逐渐增加，但各处理最大值出现的时间先后不同。不同放牧强度下总地上现存量与放牧强度之间的关系用二次方程拟合（表 6.1），在各放牧强度下均呈单峰曲线，但随放牧强度的增加，曲线的峰值下降，总最大现存量减小，且达到最大值的时间提前。由二次方程求得的总地上现存量最大值出现的时间见表 6.1。

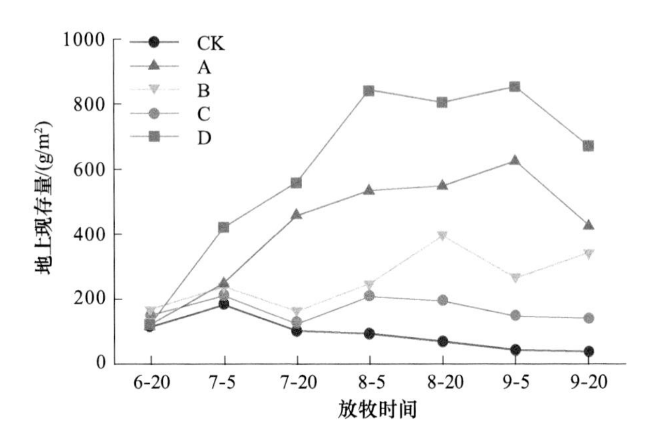

图 6.1　总地上现存量随放牧强度的季节变化

表 6.1　总地上现存量季节动态曲线方程及其特征值

放牧强度	回归方程 $y=ax^2+bx+c$（$a\neq 0$）			相关系数	显著水平	最大值出现的放牧天数 /d
	a	b	c			
CK	−23.129	2481.12	210.12	0.900	<0.01	80
A	−29.712	292.58	173.2	0.941	<0.01	70
B	−3.7426	32.797	128.05	0.538	<0.02	66
C	−2.8807	21.965	130.4	0.405	<0.10	57
D	−1.4757	7.3775	149.28	0.725	<0.01	38

在植物生长季节，随着放牧强度的增加，总地上现存量呈现递减的趋势（图 6.1）。在极轻和轻度放牧下，总地上现存量的季节变化主要受植物生长规律及降雨的影响；在中度和重度放牧，特别是重度放牧下，牦牛过度采食新生枝叶，使有效光合面积减小，从而影响植物对营养物质的积累和贮存。随着放牧时间的延长，植物生长发育所需的营养物质长期处于亏损状态，个体现存量下降，甚至死亡。另外，2003 年 8 月几乎未降雨，严重影响了植物的生长，导致极轻放牧植物 8 月生长缓慢，轻度放牧地上现存量 8 月中旬达到最大。到 8 月下旬、9 月上旬降雨较多，植物出现较大的补偿生长和超补偿性生长，但由于牦牛的过度采食和补偿生长及超补偿性生长的有限性，总地上现存量仍然降低。

二、不同功能群植物地上现存量及其组成

随着放牧强度的增加，垂穗披碱草地上现存量及其百分比组成降低，同德小花碱茅和杂类草的地上现存量呈曲线变化，百分比组成基本呈上升趋势（图 6.2 和图 6.3）。放牧强度的增加抑制了垂穗披碱草的生长和种子更新，导致垂穗披碱草地上现存量减少，而构成内禀冗余的植物（杂类草）虽不被牦牛所喜食，但这些植物可被其他动物利用，同时也可以补偿植被总盖度和现存量降低的损失（董全民 等，2005e）。一方面，由于内禀冗余的存在，随着放牧强度的增加，垂穗披碱草种群群落补偿和超补偿作用加强，就会增加种群数量和现存量，但放牧强度过高会降低群落的补偿功能；另一方面，随放牧强度的增加，垂穗披

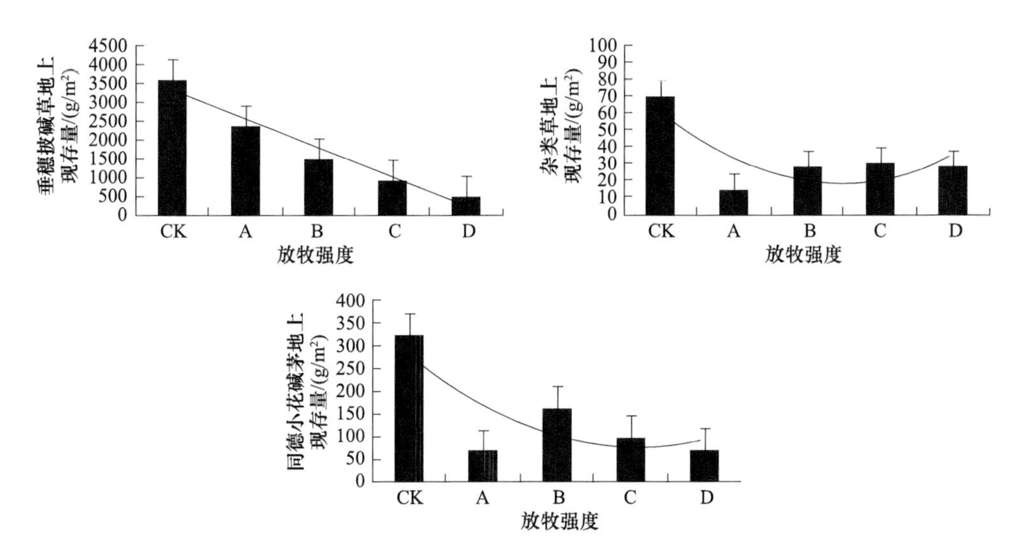

图 6.2　不同功能群植物地上现存量随放牧强度的变化

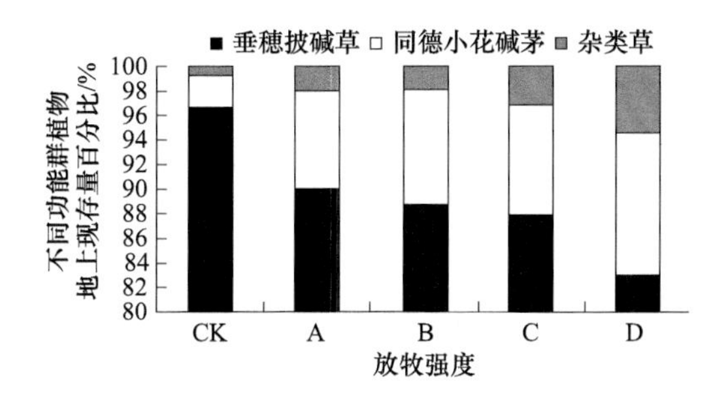

图 6.3　不同功能群植物地上现存量的百分比

碱草被牦牛大量采食，为同德小花碱茅和杂类草（下繁草）的生长发育创造了条件，使它们能够竞争到更多的阳光、水分和土壤养分，因而杂类草和同德小花碱茅的地上现存量和百分比有所增加。放牧家畜的采食使群落趋向更加稳定的方向演替。

三、小结

（1）随着放牧强度的增加，地上现存量的峰值降低，峰值出现的日期也提前，对照是 80d（从试验开始计），然后依次为 70d、66d、57d 和 38d。

（2）随着放牧强度的增加，垂穗披碱草的地上现存量和百分比均呈下降趋势，杂类草和同德小花碱茅的地上现存量呈二次曲线变化趋势，而百分比组成基本呈上升趋势。

第二节　放牧强度对地上生物量的影响

一、地上生物量的动态变化

放牧改变了草地的土壤环境，更重要的是减少了植物光合作用面积，导致营养物质的生产和积累下降，从而影响地上生物量的形成（张晓玲 等，2019；梁茂伟，2019）。由表 6.2 和表 6.3 可以看出，在试验期内，2003 和 2004 年不同处理组的地上生物量基本在开始阶段逐渐增加，之后逐渐下降，出现了“低—高—低”的变化趋势；而且随着放牧强度的增加，同一时期地上生物量基本减小。2003 年，对照处理和极轻放牧处理的地上生物量在 9 月 5 日达到最大，分别为 851.50g/m^2 和 634.94g/m^2；轻度放牧处理 8 月 20 日最大，为 392.41g/m^2；中度和重度放牧处理 7 月 5 日达到最大，分别为 208.28g/m^2 和 180.68g/m^2。2004 年，对照处理、极轻放牧处理、轻度放牧处理和中度放牧处理均在 8 月 5 日达到最大，分别为 395.40g/m^2、354.83g/m^2、223.10g/m^2 和 199.12g/m^2；重度放牧处理 7 月 20 日最大，为 112.30g/m^2。从地上生物量的变化动态来看，2004 年各放牧处理均有 1 个峰值，而 2003 年轻度放牧处理出现了 3 个峰值，对照处理和中度放牧处理有 2 个峰值，其他处理各有 1 个峰值，且峰值生物量随放牧强度的增加而减小。这与姚爱兴等（1998b）在湖南南山牧场对不同放牧强度下黑麦草 / 白车轴草混播草地第一性生产力的研究结果、胡民强等（1990）在四川红池坝对不同放牧强度下以红车轴草为主的混播草地的研究结果及董世魁等（2004）在甘肃天祝藏族自治县金强河地区对不同放牧强度下多年生混播禾草草地初级生产力的研究结果一致。

表 6.2　不同放牧强度下 2003 年牧草生长季节地上生物量季节动态变化　（单位：g/m²）

处理	日期						
	6-20	7-5	7-20	8-5	8-20	9-5	9-20
CK	120.50±10.23	420.50±29.90	559.78±45.91a	830.99±109.23a	802.22±110.23a	851.50±123.98a	583.01±79.24a
A	120.52±15.90	249.50±10.78	206.62±21.43b	531.98±111.21a	566.32±198.23a	634.94±199.99a	581.68±110.67a
B	166.12±23.75	235.36±23.45	160.80±19.02b	246.42±73.12b	392.41±39.89a	264.00±32.09b	337.98±89.92a
C	147.34±26.89	208.28±28.56	120.98±11.03b	204.42±46.89b	190.82±27.98b	142.24±23.01b	125.34±23.90b
D	110.50±19.78	180.68±23.56	100.74±9.87b	91.76±17.45b	69.94±17.10c	37.00±4.98c	27.62±3.09c

注：在同一列中，小写字母相同表示差异不显著。

表 6.3　不同放牧强度下 2004 年牧草生长季节地上生物量季节动态变化　（单位：g/m²）

处理	日期						
	6-20	7-5	7-20	8-5	8-20	9-5	9-20
CK	116.22±27.23	272.10±103.45	329.23±26.23	395.40±39.64a	301.73±101.11a	278.73±67.32a	250.20±39.78a
A	110.51±21.56	249.73±23.10	295.62±12.67	354.83±34.56a	245.90±45.12a	261.23±78.01a	234.86±51.01a
B	129.59±30.12	200.10±20.76	220.63±27.23	223.10±23.78a	188.20±32.12a	184.77±41.90a	188.63±19.99a
C	120.45±17.23	136.61±21.09	164.18±14.29	199.12±19.38a	187.23±27.31a	86.97±17.91b	96.03±15.12b
D	107.34±12.89	79.74±13.67	112.30±9.99	76.75±17.52b	49.48±9.99b	43.11±6.54c	34.18±2.99c

注：在同一列中，小写字母相同表示差异不显著。

从年度变化来看，各放牧处理在 2003 年同一时期的地上生物量基本高于 2004 年，这与该地区 3 龄垂穗披碱草人工草地地上生物量最大的惯论相悖（史惠兰　等，2005a，b）。一方面，这可能与该地区 2004 年牧草生长季节连续阴雨有关（2004 年牧草生长季节的降水量较 2003 年高 100%，地温低 2～3℃），这也证实了地上生物量更易受降水和气温的影响，同时，人工草地 – 牦牛放牧系统是高输出的系统，如果输入（降水、温度等自然因素及施肥、灭鼠、灭除杂草等管理措施）不足，必然引起该系统的输出（地上生物量）减少；另一方面，放牧对草地植物影响的“滞后效应”（周立等，1995a，b，c），可能也与 2004 年比 2003 年地上生物量低有关。

二、平均地上生物量年度变化

随着放牧强度的增加，2003年和2004年牧草生长季节平均地上生物量下降（表6.4）。多重比较表明，2003年对照、极轻放牧和轻度放牧处理的平均地上生物量差异不显著，中度放牧和重度放牧处理之间的差异不显著（$P>0.05$）；2004年对照、极轻放牧、轻度放牧和中度放牧处理之间的差异不显著（$P>0.05$），但它们与重度放牧处理的差异显著（$P<0.05$）。对年度变化而言，2004年较2003年平均地上生物量低，除了放牧草地管理、施肥、气候因素外，还与放牧降低了垂穗披碱草在草地植被群落中的比例有关（董全民 等，2005e）。在两个放牧季内，随着放牧强度的增加，各处理间地上平均生物量的差异缩小：2003年和2004年对照处理平均地上生物量分别是607.96g/m^{2}和250.20g/m^2，而重度放牧处理分别是88.30g/m^{2}和71.84g/m^2。这种差异虽然是两年的放牧经历和气候条件共同作用的结果，但就每个放牧季而言，在环境条件相同的情况下，放牧强度不同则为导致这种差异的主要原因（王艳芬 等，1999a；姚喜喜 等，2018）。

表6.4 不同放牧强度下牧草生长季节平均地上生物量年度变化 （单位：g/m^2）

年份	处理				
	CK	A	B	C	D
2003	607.96±231.09a	413.06±198.07a	257.58±68.92a	162.77±61.01b	88.30±21.27b
2004	250.20±29.99a	250.38±60.12a	190.72±32.12a	141.51±31.01a	71.84±19.09b
年度变化	−357.76±123.90b	−162.68±61.09b	−66.86±19.07a	−21.26±6.00a	−16.46±2.34a

注：在同一行中，小写字母相同表示差异不显著。

三、小结

（1）在两个放牧季内，不同处理地上生物量基本开始阶段逐渐增加，之后逐渐下降；且随着放牧强度的增加，同一时期地上生物量基本减小；各放牧处理区2003年同一时期的地上生物量基本高于2004年。

（2）在两个放牧季内，随着放牧强度的增加，各处理间平均地上生物量的差异缩小。

（3）牧草生长季节平均地上生物量与放牧强度之间呈线性回归关系。

第三节　放牧强度对地下生物量的影响

一、地下生物量的动态变化

从表6.5和表6.6可以看出，在试验期内，不同放牧强度下同一时期各土层地下生物量、相同放牧强度下不同时期各土层地下生物量均无明显的变化规律。这与王艳芬等（1999b）在内蒙古典型草原上的结果不一致，他们认为：0～10cm、10～20cm、20～30cm的地下生物量随放牧强度的增大而减小。在本试验中，2003年，各放牧处理0～10cm地下生物量的最大值分别为：对照是1358.38g/m^2，出现在9月20日；极轻放牧和重度放牧处理分别是1079.89g/m^{2}和1416.15g/m^2，均出现在8月20日；轻度放牧和中度放牧处理分别是1453.19g/m^{2}和1608.73g/m^2，均出现在8月5日。2003年，各放牧处理10～20cm地下生物量的最大值分别为：对照、轻度放牧和中度放牧处理分别是714.00g/m^2、285.90g/m^{2}和309.60g/m^2，均出现在8月20日；极轻放牧是462.18g/m^2，出现在8月5日；重度放牧是294.79g/m^2，出现在9月5日。2003年，各放牧处理20～30cm地下生物量的最大值分别为：对照是136.28g/m^2，出现在9月5日；极轻放牧、轻度放牧和中度放牧处理分别是177.76g/m^2、182.20g/m^{2}和79.99g/m^2，均出现在8月5日；重度放牧是84.44g/m^2，出现在8月5日。2004年，各放牧处理0～10cm地下生物量的最大值分别为：对照、极轻放牧、轻度放牧、中度放牧和重度放牧处理分别是2700.30g/m^2、2879.00g/m^2、2893.00g/m^2、3493.00g/m^{2}和3205.00g/m^2，均出现在9月5日。2004年，各放牧处理10～20cm地下生物量的最大值分别为：对照是1020.00g/m^2，出现在8月5日；极轻放牧、轻度放牧和重度放牧处理分别是937.00g/m^2、758.00g/m^{2}和978.00g/m^2，均出现在9月5日；中度放牧是895.00g/m^2，在7月20日。2004年，各放牧处理20～30cm地下生物量的最大值分别为：对照、极轻放牧、轻度放牧和重度放牧处理分别是297.00g/m^2、279.00g/m^2、228.00g/m^{2}和177.00g/m^2，均出现在9月5日；中度放牧处理是231.00g/m^2，出现在7月5日。另外，王艳芬等（1999b）发现，内蒙古典型草原0～30cm土层最高地下生物量（包括活根和死根）超过2000g/m^2。

表6.5　2003年不同放牧强度下牧草生长季节地下生物量的季节变化　（单位：g/m^2）

处理	土层深度 /cm	日期						
		6-20	7-5	7-20	8-5	8-20	9-5	9-20
CK	0～10	288.86 ±69.90	443.51 ±100.09	492.84 ±121.43	542.17 ±142.01	1112.48 ±269.97	1127.29 ±320.69	1358.38 ±301.16

续表

处理	土层深度 /cm	日期						
		6-20	7-5	7-20	8-5	8-20	9-5	9-20
CK	10～20	132.43 ±31.01	176.87 ±21.47	270.64 ±37.71	306.64 ±57.71	714.00 ±87.99	487.36 ±91.09	262.20 ±67.78
	20～30	43.55 ±9.99	49.77 ±8.05	64.44 ±9.05	79.99 ±7.87	60.73 ±9.04	136.28 ±17.98	42.96 ±5.65
A	0～10	321.30 ±91.45	409.29 ±101.65	665.71 ±121.56	786.59 ±103.02	1079.89 ±299.06	823.62 ±123.67	611.79 ±127.89
	10～20	147.99 ±67.98	178.20 ±33.43	222.64 ±67.93	462.18 ±89.87	291.82 ±37.98	423.66 ±89.78	112.58 ±21.67
	20～30	53.33 ±10.01	92.88 ±8.98	110.66 ±21.05	177.76 ±67.04	60.73 ±24.43	82.95 ±15.04	26.66 ±3.09
B	0～10	355.08 ±99.99	795.03 ±178.53	932.80 ±199.03	1453.19 ±337.50	1180.62 ±201.01	897.69 ±159.95	1405.04 ±299.99
	10～20	133.76 ±10.02	147.99 ±22.87	192.87 ±58.96	248.86 ±49.94	285.90 ±39.94	168.87 ±21.90	278.49 ±23.79
	20～30	54.66 ±8.78	78.21 ±7.72	100.43 ±21.46	182.20 ±34.76	51.85 ±9.56	38.51 ±2.98	155.54 ±23.89
C	0～10	345.74 ±101.03	750.59 ±201.00	885.24 ±148.04	1608.73 ±334.78	922.87 ±189.02	770.29 ±121.12	429.59 ±99.53
	10～20	88.44 ±6.09	107.54 ±20.21	118.65 ±23.06	213.31 ±45.45	309.60 ±56.99	281.45 ±78.07	204.42 ±29.96
	20～30	44.88 ±6.91	55.11 ±17.06	55.99 ±8.91	79.99 ±9.95	77.03 ±10.04	51.85 ±4.64	41.48 ±34.78
D	0～10	399.07 ±78.06	803.92 ±207.05	843.92 ±167.54	1222.10 ±205.57	1416.15 ±376.01	543.65 ±89.09	891.76 ±105.71
	10～20	56.88 ±6.89	112.88 ±27.90	109.32 ±23.58	186.65 ±28.34	159.98 ±21.03	294.79 ±45.65	167.39 ±45.04
	20～30	34.66 ±4.91	44.88 ±7.48	49.77 ±5.57	84.44 ±7.90	79.99 ±6.66	60.73 ±23.01	45.92 ±4.04

表 6.6　2004 年不同放牧强度下牧草生长季节地下生物量的季节变化　（单位：g/m^2）

处理	土层深度 /cm	日期						
		6-20	7-5	7-20	8-5	8-20	9-5	9-20
CK	0～10	1289.40 ±256.98	1656.00 ±399.09	1314.00 ±265.78	1558.00 ±230.67	2112.00 ±274.17	2700.30 ±265.76	739.00 ±100.06
	10～20	452.70 ±129.89	594.00 ±120.03	319.00 ±34.89	1020.00 ±201.03	559.00 ±79.43	629.40 ±20.76	216.00 ±19.99
	20～30	89.70 ±13.76	129.00 ±21.05	64.00 ±11.09	210.00 ±20.04	220.00 ±43.03	297.00 ±78.57	97.70 ±8.89

续表

处理	土层深度 /cm	日期						
		6-20	7-5	7-20	8-5	8-20	9-5	9-20
A	0～10	1214.40 ±220.23	1605.00 ±265.76	1653.00 ±199.99	2025.00 ±197.67	1079.00 ±192.54	2879.00 ±320.95	1006.40 ±199.67
	10～20	417.30 ±89.99	576.00 ±100.65	231.00 ±20.64	458.00 ±67.52	382.00 ±59.99	937.00 ±190.78	259.00 ±36.90
	20～30	86.70 ±19.78	114.00 ±10.64	126.00 ±11.17	111.00 ±17.73	180.00 ±23.67	279.00 ±56.97	110.70 ±18.69
B	0～10	1292.70 ±239.97	1548.00 ±187.94	1371.00 ±197.34	2314.00 ±389.01	1832.00 ±201.01	2893.00 ±327.58	1429.70 ±109.72
	10～20	369.60 ±23.99	450.00 ±78.94	200.00 ±19.53	445.00 ±87.93	638.00 ±69.42	758.00 ±178.05	180.60 ±24.87
	20～30	96.30 ±11.98	135.00 ±23.05	99.00 ±10.67	163.00 ±29.96	201.00 ±46.78	228.00 ±65.84	96.30 ±10.76
C	0～10	1172.70 ±230.01	1341.00 ±179.64	1374.00 ±120.69	2080.00 ±286.98	1562.00 ±159.97	3493.00 ±389.01	1332.70 ±106.94
	10～20	632.70 ±99.03	873.00 ±80.56	895.00 ±110.01	395.00 ±68.61	441.00 ±89.09	849.00 ±100.05	313.70 ±67.00
	20～30	147.30 ±22.01	231.00 ±33.67	69.00 ±6.09	96.00 ±7.98	183.00 ±34.05	178.00 ±32.06	58.30 ±13.61
D	0～10	1137.00 ±239.05	1485.00 ±230.23	1567.00 ±189.54	2490.00 ±298.04	1057.00 ±230.75	3205.00 ±179.99	964.00 ±116.45
	10～20	357.00 ±110.02	546.00 ±75.45	394.00 ±29.99	553.00 ±78.02	219.00 ±34.98	978.00 ±54.89	339.00 ±76.07
	20～30	102.00 ±19.78	156.00 ±21.78	77.00 ±9.53	175.00 ±34.52	134.00 ±17.99	177.00 ±40.98	81.00 ±12.06

二、不同土层地下生物量的组成

从表6.7和表6.8可以看出，在试验期内，2003年和2004年不同放牧强度下同一时期各土层地下生物量组成、相同放牧强度下不同时期各土层地下生物量组成均没有明显的趋向性变化。不同放牧处理2003年0～10cm的地下生物量占0～30cm的55.14%～85.51%，10～20cm占9.66%～37.83%，20～30cm占2.58%～13.65%；2004年0～10cm的地下生物量占0～30cm的54.85%～83.96%，10～20cm占10.58%～38.28%，20～30cm占2.95%～10.97%。同时，王艳芬等（1999b）的研究发现，在内蒙古羊草和大针茅草原0～10cm地下生物量占0～30cm的比例为50%～60%，而以冷蒿为主的退化草地0～10cm地下生物量占0～30cm的64%～75%。

表 6.7 2003 年不同放牧强度下牧草生长季节不同土层地下生物量组成的变化 （单位：%）

处理	土层深度 /cm	日期						
		6-20	7-5	7-20	8-5	8-20	9-5	9-20
CK	0～10	62.14	66.18	59.53	58.37	58.95	64.38	81.66
	10～20	28.49	26.39	32.69	33.01	37.83	27.83	15.76
	20～30	9.37	7.43	7.78	8.61	3.22	7.78	2.58
A	0～10	61.48	60.16	66.64	55.14	75.39	61.92	81.46
	10～20	28.32	26.19	22.29	32.40	20.37	31.85	14.99
	20～30	10.20	13.65	11.08	12.46	4.24	6.24	3.55
B	0～10	65.33	77.85	76.08	77.12	77.76	81.23	67.81
	10～20	24.61	14.49	15.73	13.21	18.83	15.28	20.66
	20～30	10.06	7.66	8.19	9.67	3.41	3.49	11.54
C	0～10	72.17	82.19	83.52	84.58	70.48	69.80	63.60
	10～20	18.46	11.78	11.19	11.21	23.64	25.50	30.26
	20～30	9.37	6.03	5.28	4.21	5.88	4.70	6.14
D	0～10	81.34	83.60	84.14	81.85	85.51	60.46	80.70
	10～20	11.59	11.74	10.90	12.50	9.66	32.78	15.15
	20～30	7.07	4.67	4.96	5.65	4.83	6.75	4.16

表 6.8 2004 年不同放牧强度下牧草生长季节不同土层地下生物量组成的变化 （单位：%）

处理	土层深度 /cm	日期						
		6-20	7-5	7-20	8-5	8-20	9-5	9-20
CK	0～10	70.39	69.61	77.43	55.88	73.05	74.46	70.25
	10～20	24.71	24.97	18.80	36.59	19.34	17.35	20.53
	20～30	4.90	5.42	3.77	7.53	7.61	8.19	9.22
A	0～10	70.67	69.93	82.24	78.06	65.75	70.31	73.16
	10～20	24.28	25.10	11.49	17.66	23.28	22.88	18.84
	20～30	5.05	4.97	6.27	4.28	10.97	6.81	8.00
B	0～10	73.51	72.57	82.10	79.19	68.59	74.58	83.96
	10～20	21.02	21.10	11.98	15.23	23.89	19.54	10.58
	20～30	5.48	6.33	5.93	5.58	7.53	5.88	5.46
C	0～10	60.06	54.85	58.77	80.90	71.45	77.28	78.21
	10～20	32.40	35.71	38.28	15.36	20.17	18.78	18.38
	20～30	7.54	9.45	2.95	3.73	8.37	3.94	3.41
D	0～10	71.24	67.90	76.89	77.38	74.96	73.51	69.65
	10～20	22.37	24.97	19.33	17.18	15.53	22.43	24.49
	20～30	6.39	7.13	3.78	5.44	9.50	4.06	5.85

三、不同土层平均地下生物量组成及其年度变化

从表 6.9 可以看出，随着放牧强度的增加，2003 年牧草生长季节 0～10cm 平均地下生物量的百分比组成增加，而 10～20cm 平均地下生物量的百分比组成基本减小，20～30cm 在极轻放牧处理最高，重度放牧处理最低；2004 年 0～10cm 在轻度放牧处理最高，中度放牧处理最低，而 10～20cm 在中度放牧处理最高，轻度放牧处理最低，20～30cm 基本随放牧强度的增加而减小。就年度变化而言，轻度放牧处理 0～10cm 和 10～20cm 的平均地下生物量变化最小，2004 年较 2003 年分别增加 0.34% 和 7.83%；中度放牧处理 20～30cm 的平均地下生物量组成变化 2004 年较 2003 年降低了 0.55%。重度放牧处理和中度放牧处理 10～20cm 的平均地下生物量组成变化较大，2004 年较 2003 年分别增加了 46.22% 和 39.65%；20～30cm 极轻放牧处理变化最大，2004 年较 2003 年降低了 24.44%。

表 6.9　牧草生长季节不同土层平均地下生物量组成及其年度变化　（单位：%）

年份	土壤深度 /cm	处理				
		CK	A	B	C	D
2003	0～10	65.49	65.78	75.50	76.76	80.44
	10～20	28.68	25.75	16.85	17.78	14.30
	20～30	5.83	8.47	7.65	5.46	5.26
2004	0～10	69.89	72.87	75.76	69.74	73.52
	10～20	23.30	20.73	18.17	24.83	20.91
	20～30	6.80	6.40	6.07	5.43	5.57
年度变化	0～10	4.4	7.09	0.26	−7.02	−6.92
	10～20	−5.38	−5.02	1.32	7.05	6.61
	20～30	0.97	−2.07	−1.58	−0.03	0.31

四、小结

（1）在两个放牧季内，不同放牧强度下同一时期各土层地下生物量及其百分比组成、相同放牧强度下不同时期各土层地下生物量及其百分比组成均没有明显的趋向性变化。

（2）随着放牧强度的增加，2003 年牧草生长季节 0～10cm 平均地下生物量

的百分比组成增加，而 10～20cm 平均地下生物量的百分比组成基本减小；2004 年 0～10cm 在轻度放牧处理最高、中度放牧处理最低，而 10～20cm 在中度放牧处理最高、轻度放牧处理最低，20～30cm 基本随放牧强度的增加而减小。

（3）就年度变化而言，轻度放牧处理 0～10cm 和 10～20cm 的平均地下生物量处理的变化最小，2004 年较 2003 年分别增加 0.34% 和 7.83%。

第四节　放牧强度与地上、地下生物量之间的关系

一、不同时期地上生物量与放牧强度之间的关系

从表 6.10 可以看出，除了 2003 年 7 月 5 日、8 月 5 日及 2004 年 6 月 20 日地上生物量与放牧强度呈极显著的二次回归关系外，其他各时间地上生物量与放牧强度均呈极显著的线性回归关系。2003 年从放牧试验开始至 7 月 5 日，由于牦牛的采食，导致地上生物量下降；然而当放牧强度逐渐增加至 4.33 头 / hm^2 时，牦牛的采食会刺激牧草快速生长，以补偿牦牛采食的损失，因而地上生物量逐渐增加。7 月 5 日～7 月 20 日，尽管牧草的生长和补偿性生长能在一定程度上补偿生物量降低的损失（张艳芬 等，2019），但该种补偿已不能满足牦牛的采食需求，它只能是一种功能上的组分冗余，因而表现为随放牧强度的增加，地上生物量降低。7 月 20 日～8 月 5 日，在对照、极轻和轻度放牧下，垂穗披碱草、同德小花碱茅和当地的早熟禾植物进入孕穗期，植物的同化系统（叶）和非同化系统（茎、叶鞘等）的生长均趋于缓慢，地上生物量减小；中度和重度放牧下，牦牛不但采食同化系统，也不得不采食非同化系统，这导致植物无法进行孕穗及种子生产，但由于植物的补偿和超补偿性生长，植物体同化系统的更新加快，地上生物量增加。8 月 5 日～9 月 20 日，气温逐渐下降和光照逐渐减弱，植物生长趋于缓慢，因而随放牧强度的增加，地上生物量逐渐下降。2004 年试验开始后，由于 2003 年不同放牧强度的影响，对照、极轻和轻度放牧处理植物表现出明显的补偿和超补偿性生长特性，但当放牧强度增加至 5.61 头 /hm^2 时，补偿和超补偿作用减弱，同时由于牦牛对牧草的采食强度增加，地上生物量逐渐下降。从 7 月 5 日开始，随着放牧强度的增加，地上生物量呈下降趋势。这说明经过第 1 年的放牧后，放牧的“滞后效应”已经对植物的生长产生明显影响，放牧时间越长，这种效果将越明显（周立 等，1995a）。

表 6.10　地上生物量与放牧强度之间的简单回归关系

年份	日期	回归方程 $y=ax^2+bx+c$（$a\geqslant0$）			R^2	P 值	拐点对应的放牧强度 /（头 /hm²）
		a	b	c			
2003	7-5	19.561	−169.45	552.05	0.9167	<0.01	4.33
	7-20	0	−100.37	530.9	0.7061	<0.01	
	8-5	44.019	−444.71	1231.1	0.9862	<0.01	5.05
	8-20	0	−184.01	956.36	0.9896	<0.01	
	9-5	0	−212.17	1022.4	0.9483	<0.01	
	9-20	0	−156.71	801.26	0.9419	<0.01	
2004	6-20	−3.0729	17.655	97.658	0.8516	<0.01	5.61
	7-5	0	−49.784	337.01	0.9761	<0.01	
	7-20	0	−56.53	393.98	0.9902	<0.01	
	8-5	0	−79.301	487.74	0.9608	<0.01	
	8-20	0	−56.317	363.46	0.8995	<0.01	
	9-5	0	−64.55	364.61	0.9612	<0.01	
	9-20	0	−57.087	332.04	0.9452	<0.01	

注：x 表示放牧强度，y 为地上生物量。

二、平均地上生物量与放牧强度之间的关系

在 2003 年和 2004 年两个放牧季内，牧草生长季节的平均地上生物量与牦牛放牧强度均呈极显著的线性回归关系（表 6.11）。

表 6.11　平均地上生物量与放牧强度之间的简单回归关系

年份	回归方程 $y=a-bx$（$a>0$）		R	P 值
	a	b		
2003	563.93	48.847	−0.9813	<0.01
2004	273.98	17.616	−0.9665	<0.01

注：x 表示放牧强度，y 为地上生物量。

三、不同土层地下生物量与放牧强度的关系

从表 6.12 可以看出，2003 年除 9 月 5 日和 9 月 20 日 0～10cm 土层地下生物量与牦牛放牧强度之间呈线性回归关系外，2003 年其他时间和 2004 年不同时间 0～10cm 土层地下生物量与牦牛放牧强度之间均呈二次回归关系。2003 年从

放牧试验开始至7月5日、7月5日～7月20日、7月20日～8月5日，当放牧强度分别为5.91头/hm²、3.87头/hm²和3.86头/hm²时，0～10cm土层地下生物量分别达到最大，这说明随着放牧时间的延续，0～10cm土层地下生物量对放牧强度更加敏感。8月5日～8月20日，对照和极轻放牧下植物的光合产物主要用于植物种子的形成，因而输送到地下的营养物质相对减少；当放牧强度增至2.55头/hm²时，即在轻度、中度和重度放牧下，牦牛对牧草的采食强度增加，导致植物种子不能正常形成和成熟，植物的光合产物主要用于地上生物量和地下生物量的生产，特别是地下生物量的生产，因而地下生物量反而增加。8月20日～9月20日，随着放牧强度增加及地上同化系统的减少，以及气温逐渐下降和光照逐渐减弱，植物生长趋于缓慢，地下生物量也逐渐下降。2004年的变化类似于2003年，所不同的是，2004年除了8月20日，7月5日0～10cm土层地下生物量也出现了最小值，而且6月20日在不同处理中均出现了补偿性生长和超补偿性生长。这可能与2004年6月20日～7月5日和7月20日～8月20日出现连续阴雨有关。

表6.12 0～10cm土层地下生物量与放牧强度之间的简单回归关系

年份	日期	回归方程 $y=ax^2+bx+c$（$a \geqslant 0$）			R^2	P值	拐点对应的放牧强度/（头/hm²）
		a	b	c			
2003	7-5	−18.22	215.53	194.29	0.7579	<0.05	5.91
	7-20	−53.074	410.61	116.08	0.9369	<0.01	3.87
	8-5	−126.65	978.13	418.62	0.8701	<0.01	3.86
	8-20	49.519	−252.08	1353.9	0.6222	>0.05	2.55
	9-5	0	−122.06	1198.7	0.8345	<0.01	
	9-20	0	−111.54	1273.9	0.7639	<0.01	
2004	6-20	−0.855	16.65	1265.3	0.6768	<0.05	9.74
	7-5	17.143	−163.46	1828.8	0.6861	<0.05	4.77
	7-20	−5.0	25.7	1384.2	0.6040	>0.05	2.57
	8-5	−45.5	464.9	1199.2	0.7985	<0.05	5.10
	8-20	23.571	−176.84	2033	0.6086	>0.05	3.75
	9-5	−24.814	311.23	2373.3	0.6887	<0.05	6.27
	9-20	−128.04	845.84	132.04	0.9452	<0.01	3.30

注：x表示放牧强度，y为地上生物量。

从表6.13可以看出，2003年8月5日和8月20日10～20cm土层地下生物量与牦牛放牧强度之间呈二次回归关系，2003年其他时间10～20cm土层地下生物量与牦牛放牧强度之间均呈线性回归关系，而2004年不同时间10～20cm土层地下生物量与牦牛放牧强度之间均呈二次回归关系。2003 年试验的初期和后期，10～20cm 土层地下生物量随放牧强度的增加而减小，而试验中期，即 8 月 5 日和 8 月 20 日，当放牧强度分别为 1.17 头 /hm^2 和 1.82 头 /hm^2 时，该层地下生物量依次达到最大，也就是除了对照处理，其余的放牧处理 10～20cm 土层地下生物量也随放牧强度的增加而减小。2004 年 8 月 5 日和 9 月 20 日（试验中期和末期），当放牧强度分别超过 3.50 头 /hm^2 和 1.80 头 /hm^2 时，即 8 月 5 日除了对照和极轻放牧处理、9 月 20 日除了对照，其他处理 10～20cm 土层地下生物量随放牧强度的增加而增大，这表明试验中期和末期 10～20cm 土层地下生物量均有一个累积过程。

表 6.13　10～20cm 土层地下生物量与放牧强度之间的简单回归关系

年份	日期	回归方程 $y=ax^2+bx+c$（$a\geqslant0$）			R^2	P 值	拐点对应的放牧强度（头 /hm^2）
		a	b	c			
2003	7-5	0	−19.864	204.29	0.8651	<0.01	
	7-20	0	−42.663	310.81	0.9622	<0.01	
	8-5	−13.331	31.099	336.87	0.7501	<0.05	1.17
	8-20	−8.9521	32.648	112.43	0.9619	<0.01	1.82
	9-5	0	−52.735	489.43	0.6446	<0.05	
	9-20	0	−21.065	175.1	0.7669	<0.01	
2004	6-20	−12.129	75.171	357.76	0.4280	>0.05	3.10
	7-5	−4.9286	49.671	513.0	0.4370	>0.05	5.04
	7-20	−7.1429	124.26	113.6	0.6029	>0.05	8.70
	8-5	100.21	−700.99	1574.8	0.9178	<0.01	3.50
	8-20	−38.786	170.61	362.6	0.8664	<0.01	2.20
	9-5	−6.2286	98.291	603.92	0.6578	<0.05	7.90
	9-20	12.579	−45.401	259.95	0.6487	>0.05	1.80

注：x 表示放牧强度，y 为地上生物量。

由表 6.14 可知，2003 年从放牧试验开始至 8 月 5 日，即试验的前半期，除了对照和极轻放牧处理，其他处理 20～30cm 土层地下生物量随放牧强度的增加而减小（最大生物量对应的放牧强度均小于轻度放牧），和 0～10cm 和 10～20cm 土层地下生物量一样，20～30cm 土层地下生物量也有累积过程。2004 年 6 月 20 日～7 月 20 日，20～30cm 土层地下生物量随放牧强度的增加而增大；7 月 20 日～8 月 5 日，除了对照和极轻放牧处理，地下生物量也随放牧强度的增加而增大。

表 6.14　20～30cm 土层地下生物量与放牧强度之间的简单回归关系

年份	日期	回归方程 $y=ax^2+bx+c$（$a\geqslant0$）			R^2	P 值	拐点对应的放牧强度 /（头 /hm²）
		a	b	c			
2003	7-5	−8.2221	44.578	20.88	0.6967	<0.05	2.71
	7-20	−9.935	51.209	31.916	0.6913	<0.05	2.58
	8-5	−20.949	116.81	0.892	0.9862	<0.01	2.79
	8-20	0	5.482	49.62	0.6244	>0.05	
	9-5	0	−18.22	128.72	0.5606	>0.05	
	9-20	−14.39	88.414	44.44	0.5605	>0.05	3.07
2004	6-20	0	2.4	438.66	0.3221	>0.05	
	7-5	0	20.1	547.5	0.4030	>0.05	
	7-20	0	81.4	163.6	0.4070	>0.05	
	8-5	16.929	−110.07	295	0.5364	>0.05	3.25
	8-20	−38.786	170.61	362.6	0.5664	>0.05	2.20
	9-5	2.5	−49.1	351.6	0.9455	<0.01	9.82
	9-20	−0.3	6.78	112.44	0.6487	>0.05	11.30

注：x 表示放牧强度，y 为地上生物量。

牧草生长季（6～9 月）不同土层平均地下生物量与放牧强度之间的回归关系见表 6.15。2003 年 10～20cm、2004 年 20～30cm 土层平均地下生物量与放牧强度呈线性回归关系，两个放牧季其他土层平均地下生物量与放牧强度均呈二次回归关系。2003 年，0～10cm、20～30cm、0～30cm 平均地下生物量起初均随放牧强度的增加而增大，而当放牧强度分别增至 8.31 头 /hm^2、4.16 头 /hm^2 和 5.57 头 /hm^2 时，它们的平均地下生物量分别达到最大，然后分别开始减小。2004 年 0～10cm、10～20cm、0～30cm 平均地下生物量起初也随放牧的增加而增大，但当放牧强度分别增至 6.62 头 /hm^2、4.30 头 /hm^2 和 5.83 头 /hm^2 时，它们的平均地下生物量分别达到最大，然后分别开始减小。这也说明 2004 年 0～10cm 平均地下生物量比 2003 年对放牧强度更加敏感。

表 6.15　牧草生长季（6～9 月）不同土层平均地下生物量与放牧强度之间的回归关系

年份	土层深度 /cm	回归方程 $y=ax^2+bx+c$（$a\geqslant0$）			R^2	P 值	拐点对应的放牧强度 /（头 /hm²）
		a	b	c			
2003	0～10	−2.2326	37.098	723.68	0.4642	>0.05	8.31
	10～20	0	−16.439	317.04	0.9440	<0.01	
	20～30	−0.8735	7.2732	71.079	0.6714	<0.05	4.16
	0～30	−6.4588	71.958	1001.6	0.5332	>0.05	5.57

续表

年份	土层深度 /cm	回归方程 $y=ax^2+bx+c$（$a \geq 0$）			R^2	P 值	拐点对应的放牧强度 /（头 /hm²）
		a	b	c			
2004	0～10	−3.8896	51.464	1597.7	0.6901	＜0.05	6.62
	10～20	1.0133	−8.7046	514.34	0.406	＞0.05	4.30
	20～30	0	−2.4622	155.81	0.9305	＜0.01	
	0～30	−10.064	117.26	3298.9	0.7455	＜0.05	5.83

注：x 表示放牧强度，y 为地上生物量。

四、放牧强度与平均地上生物量、总地下生物量之间的关系

牧草生长季平均地上生物量与放牧强度之间呈线性回归关系（图 6.4）。地上生物量（6～9 月的平均生物量）随放牧强度的增大而呈线性下降趋势，2003 和 2004 年平均地上生物量与放牧强度之间的关系均达到了极显著水平（$P<0.01$）。这与王艳芬等（1999a）在天然草地，董世魁等（2004）、王淑强等（1996）在人工草地上的试验结果一致。

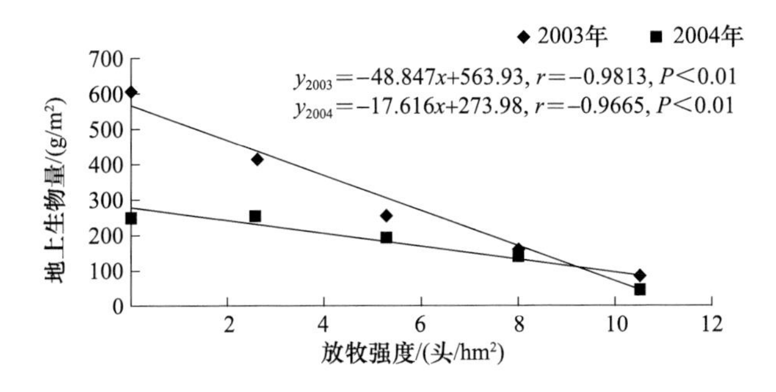

图 6.4　放牧强度与平均地上生物量的关系

0～30cm 的地下生物量（包括活根和死根）与放牧强度之间呈二次回归关系（图 6.5）。2003 年地下生物量与放牧强度间的二次回归关系未达到显著水平，而 2004 年达到显著水平（$P<0.05$）。

五、平均地上生物量与平均地下生物量之间的关系

放牧强度明显地影响植物地上生物量、地下生物量及光合产物在植物不同部位的分配。从图 6.6 和图 6.7 可以看出，2003 年和 2004 年牧草生长季平均地上与地下生物量呈二次回归关系。2003 年平均地上与地下生物量间的二次回归关系未达到显著水平（$0.05<P<0.10$），而 2004 年达到显著水平（$P<0.05$）。

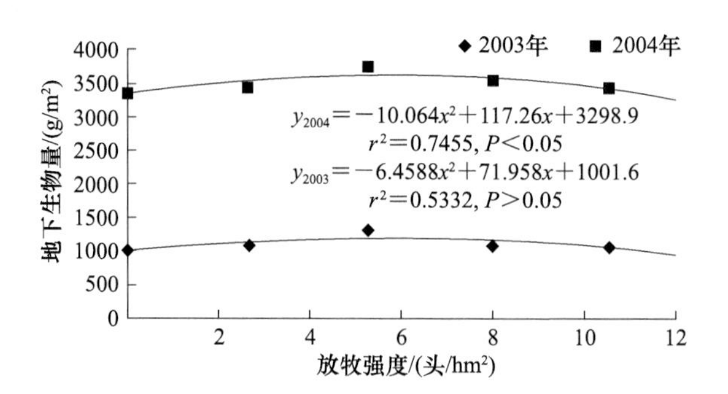

图 6.5 放牧强度与地下生物量（0～30cm）的关系

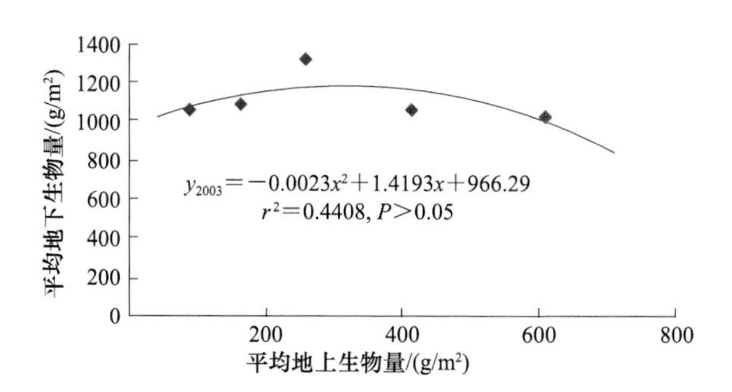

图 6.6 2003 年平均地下生物量（0～30cm）与平均地上生物量的关系

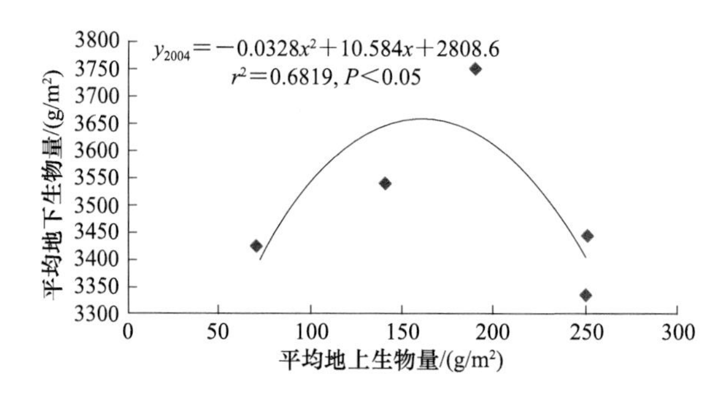

图 6.7 2004 年平均地下生物量（0～30cm）与平均地上生物量的关系

植物在不同环境条件和干扰胁迫下，通过调节光合产物在地上、地下生物量的分配，体现不同适应性策略（靳瑰丽，2009）。从表 6.16 可以看出，随着放牧强度的增加，地下生物量与地上生物量的比值增大，也就是光合产物分配给地上部分的生物量降低，但对照和极轻放牧处理之间、轻度和中度放牧处理之间降低的幅度较小，重度放牧处理较其他放牧处理降低的幅度大得多。这说明当放牧强度过大时，地上生物量过低而导致光合产物下降，进而引起地上生物量的下降。

表 6.16　不同放牧强度下地上与地下生物量之间的关系

放牧强度	地下生物量 / 地上生物量	
	2003 年	2004 年
CK	1.68	13.31
A	2.59	13.73
B	5.10	19.66
C	6.68	25.03
D	12.06	47.70

六、小结

（1）在 2003 年和 2004 年两个放牧季内，2003 年 7 月 5 日、8 月 5 日及 2004 年 6 月 20 日地上生物量与放牧强度呈极显著的二次回归关系，其他各时间地上生物量与放牧强度均呈极显著的线性回归关系；牧草生长季节的平均地上生物量与牦牛放牧强度均呈极显著的线性回归关系。

（2）在 2003 年和 2004 年两个放牧季内，2003 年 9 月 5 日和 9 月 20 日 0～10cm 土层地下生物量与牦牛放牧强度之间呈线性回归关系，2003 年其他时间和 2004 年不同时间 0～10cm 土层地下生物量与牦牛放牧强度之间均呈二次回归关系；2003 年 8 月 5 日和 8 月 20 日 10～20cm 土层地下生物量与牦牛放牧强度之间呈二次回归关系，2003 年其他不同时间 10～20cm 土层地下生物量与牦牛放牧强度之间均呈线性回归关系，而 2004 年不同时间 10～20cm 土层地下生物量与牦牛放牧强度之间均呈二次回归关系。

（3）牧草生长季 2003 年 10～20cm、2004 年 20～30cm 土层平均地下生物量与放牧强度呈线性回归关系，两个放牧季其他土层平均地下生物量与放牧强度均呈二次回归关系。

（4）随着放牧强度的增加，地下生物量与地上生物量的比值增大，也就是光合产物分配给地上部分的生物量降低，但对照和极轻放牧处理之间、轻度和中度放牧处理之间降低的幅度较小，重度放牧处理较其他放牧处理降低的幅度大得多。

第五节　讨　　论

地上生物量是反映草地生态环境的指标，其大小可判断草地状况和生产潜力。本试验中，随着放牧强度的增加，地上生物量减小，这与随着放牧强度的增加草地生产力下降的结论一致（Belsky，1996；Christtiansen et al.，1998；董世魁 等，2004；杨晶晶 等，2019；梁茂伟，2019）；随放牧强度的增加，地上现存量的峰值降低，峰值出现的日期也提前，即对照 80d（从试验开始计），然后依次为 70d、66d、57d 和 38d，这与李永宏等（1999）在内蒙古草原上的结论相似。

对混播草地而言，各种植物生态位决定了它们对地上和地下光、热、水、土壤养分利用率（竞争率）及耐牧性的差异，最终导致其生产力的差异。本试验中，随着放牧强度的增加，垂穗披碱草地上生物量的百分比组成呈降低趋势，而同德小花碱茅和杂类草的百分比组成基本呈上升趋势。在极轻放牧下，垂穗披碱草的竞争率出现了一边倒的现象，但随着放牧强度的增加，特别是中度放牧，垂穗披碱草、同德小花碱茅和杂类草由相互拮抗转变为一定的协同关系。这说明三江源区混播人工草地的适宜放牧强度是中度放牧。

从生态学的观点看，人工草地的建立是对该地段原有的处于自然平衡状态的顶极植被的干扰，人工草地从建成之时就一直存在着向顶极自然植被恢复的演替动力（王刚 等，1995；单贵莲，2009；康萨如拉，2016）。因此在放牧第 1 年，即人工草地建植第 2 年，放牧草场向顶极自然植被的自我恢复效应占优势，放牧强度的作用还不明显；第 2 年，放牧强度的“滞后效应”与草场向顶极自然植被的自我恢复效应同时存在，但放牧强度的“滞后效应”已占优势，牦牛放牧强度对垂穗披碱草 / 同德小花碱茅混播草地地上生物量、地下生物量的积累显示出强烈的放牧效应。放牧对地下生物量积累的影响是通过影响地上同化系统（叶）来实现的，即随放牧强度的增加及地上同化系统的减少，地下生物量也逐渐下降。本试验地上与平均地下生物量间呈二次回归关系，这说明轻度放牧和中度放牧能刺激牧草的生长，具有补偿生长或超补偿生长的特点。地上生物量（地上现存量＋牦牛采食量）随放牧强度的增大而减小，这与胡民强等（1990）、姚爱兴等（1998b）在人工草地上的结论一致。

放牧能提高或降低生物量对放牧强度和放牧历史的依赖程度，而且放牧导致的地上生物量大幅度降低可能与地下生物量的降低有关，但地下生物量一般不会因放牧而大幅度降低（Milchunas et al.，1993）。放牧强度影响植物地上生物量、地下生物量及光合产物在植物不同部位的分配，放牧家畜对单位面积草场上牧草的采食量随放牧强度增加而增大，因而总体上光合产物分配给地上部分的总量也随放牧强度增加而增大，以补偿地上生物量因被牦牛采食而降低光合效率的负面效应（王艳芬 等，1999b；孙英，2012）。但是，当放牧强度太大时，尽管一定程度上能够增大光合产物对地上生物量的分配，终究会导致其地上生物量和地下生物量的下降（王艳芬 等，1999b）。这与董全民等（2004c）、王艳芬等（1999a）在天然草地上的结论有所不同。不放牧（对照）条件下地下生物量最低，以中等放牧的最高，甚至在降雨量较大时，有时随放牧强度的增大而有所增加，这与牧草生长季平均地下生物量及不同时期地下生物量在中度、轻度放牧下最大的结论也基本一致。

另外，王艳芬等（1999b）、孙秀英（2004）、李怡等（2011）、蒯晓妍等（2018）在天然草地上的研究结果是：地下生物量随着放牧强度的增大而呈下降趋势，且地下生物量主要集中在 0～10cm 土层。0～10cm 地下生物量占 0～15cm 总地下生物量的 90%，王艳芬等（1999a）发现，0～10cm 地下生物量占 0～30cm 总地下生物量的 64%～75%，王启基等（1995）的研究结果是 85.53%，而本试验 2003 年的结果是 55.14%～85.51%，2004 年是 54.85%～83.96%。值得注意的是，由于很难区分地下死根系和活根系，所以本试验中地下生物量均包括活根和死根，故本试验中所反映的地上生物量、地下生物量并不是真正的光合产物在地上生物量、地下生物量之间的分配，但很大程度体现了光合产物在地上、地下分配差异的大体趋势。这说明地上生物量、地下生物量除受气候（水、热）和放牧等条件的影响外，还受许多其他因子的影响，尚待进一步研究和探讨。

第六节　结论与建议

三江源区混播禾草草地放牧试验结果表明：随着放牧强度增加，地上现存量的峰值降低，峰值出现的日期也提前，对照是 80d（从试验开始计），然后依次为 70d、66d、57d 和 38d；垂穗披碱草的地上现存量和百分比均呈下降趋势，而同德小花碱茅和杂类草的地上现存量呈曲线变化，它们的百分比组成基本呈上升趋势。

在两个放牧季内，不同处理组的地上生物量开始阶段逐渐增加，之后逐渐下降，且随放牧强度的增加，同一时期地上生物量减小；各放牧处理区 2003 年同一时期的地上生物量基本高于 2004 年。

在 2003 年和 2004 年牧草生长期，2003 年 9 月 5 日和 9 月 20 日 0～10cm 土层地下生物量与牦牛放牧强度之间呈线性回归关系，2003 年其他时间和 2004 年不同时间 0～10cm 土层地下生物量与牦牛放牧强度之间均呈二次回归关系；2003 年 8 月 5 日和 8 月 20 日及 2004 年不同时间 10～20cm 土层地下生物量与牦牛放牧强度之间呈二次回归关系，2003 年其他时间 10～20cm 土层地下生物量与牦牛放牧强度之间均呈线性回归关系；牧草生长季节 2003 年 10～20cm、2004 年 20～30cm 土层平均地下生物量与放牧强度呈线性回归关系，两个放牧季其他土层平均地下生物量与放牧强度均呈二次回归关系。随着放牧强度的增加，2003

年牧草生长季 0～10cm 平均地下生物量占 0～30cm 的百分比增加，而 10～20cm 所占的百分比基本呈减小的趋势，20～30cm 在极轻放牧处理最高、重度放牧处理最低；2004 年 0～10cm 在轻度放牧处理最高、中度放牧处理最低，而 10～20cm 在中度放牧处理最高、轻度放牧处理最低，20～30cm 基本随放牧强度的增加而减小。地下生物量与地上生物量的比值随着放牧强度的增加而增大，这说明光合产物分配给地上部分的生物量降低，但对照和极轻放牧处理之间、轻度和中度放牧处理之间降低的幅度较小，重度放牧处理较其他放牧处理降低的幅度大得多。

草－畜系统是受人为或气候等因素的影响而不断变化的，影响的强度会改变整个系统的状态和变化趋势，因此在研究牦牛放牧强度对垂穗披碱草 / 同德小花碱茅混播草地地上生物量、地下生物量的影响时，应以草场本身的条件和动态特征加以评价，应尽可能选择较多的气候类型和试验点，同时也要有足够的试验时间。另外，有关牦牛放牧强度对垂穗披碱草 / 同德小花碱茅混播草地地上生物量、地下生物量的影响还未见报道，加之放牧时间又短，因此有些结论还需进一步的研究。

第七章 放牧强度对牦牛生产力的影响

在高寒牧区，由于受寒冷气候的影响，植物生长期短（仅 90～120d）、枯黄期长，草地季节性供给不平衡，草畜矛盾突出。同时由于缺乏对高寒草地资源的科学管理，加之不合理的放牧强度、放牧制度及鼠虫危害等，青海南部地区 30% 以上的天然放牧场已发生严重退化，其中，9% 已退化为黑土滩（马玉寿 等，1999）。其突出表现为草场初级生产力下降，优良牧草减少，毒杂草比例增加，使牧草品质逐年变劣，伴随而来的是牦牛个体变小、体重下降、畜产品减少、出栏率低、商品率低、能量转化效率下降等一系列问题，严重影响牦牛业生产的发展和经济效益的提高（董全民 等，2003e）。为此，近 5 年来，国家和青海省投入大量的人力、物力，在三江源区“黑土型”退化草地上共建植人工草地约 45 万 hm^2，缓解了该地区天然草地压力及草畜矛盾问题，也在一定程度上遏制了局部生态环境进一步恶化的趋势。但该地区人工草地合理利用和管理技术的研究相对较少，技术储备不足，尤其是人工草地放牧系统优化集成技术及集约化畜牧业研究更为缺乏，因此，在环境条件严酷的高寒地区，对种类组成简单、种间生态位相似的禾本科混播草地的放牧管理要求更为严格（董世魁 等，2002）。理想的放牧家畜、合理的载畜量、适宜的放牧强度、正确的放牧时期和适当的放牧或刈割频率是维系该地区多年生禾草人工草地高生产力和稳定的草地第二生产力的根本保障（董世魁 等，2002；董全民 等，2006）。人工草地放牧生态系统中各因子间存在着相当复杂的关系，如果过分强调眼前利益、增大放牧强度、提高单位草地面积的畜产品数量，将严重阻碍草地牧草的再生和生产力的恢复（汪诗平 等，2003）。因此，如何保持人工草地放牧系统的畜－草动态平衡、维持人工草地生产力水平的最佳放牧强度范围，并以资源的持续最大利用为目标，以提高家畜的出栏率、商品率和生产力为突破口，通过研究牦牛放牧强度对人工草地的影响，确立植被变化的度量指标、人工草地不退化放牧强度和最大经济效益放牧强度，将势在必行。

第一节　放牧强度对牦牛活体增重及日增重的影响

一、总增重的变化

从图 7.1 可以看出，在 3 个放牧季内，放牧区牦牛的总增重基本呈现随放牧强度的增加而减小的趋势，且相同放牧区牦牛总增重之间的差异不显著（$P>0.05$），而同一放牧季各放牧区牦牛总增重之间的差异显著（$P<0.05$），这与周立等（1995b）在绵羊放牧试验上的结果基本一致。

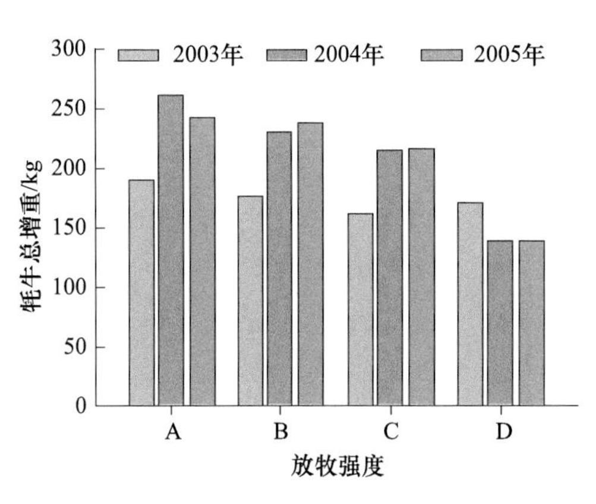

图 7.1　放牧强度对各放牧区牦牛总增重的影响

二、日增重的变化

从图 7.2 可以看出，在 3 个放牧季内，除了 2004 年重度和中度放牧处理，其他各放牧处理的牦牛绝对日增重的总体趋势基本相同，2004 年重度和中度放牧处理牦牛的绝对日增重在整个放牧季内均呈下降趋势，放牧后期甚至出现负增长。在 2003 年（即放牧第 1 年），牦牛日增重的第一个峰值出现在 7 月 5 日～7 月 20 日，这可能与当年 6 月下旬该地区降水较

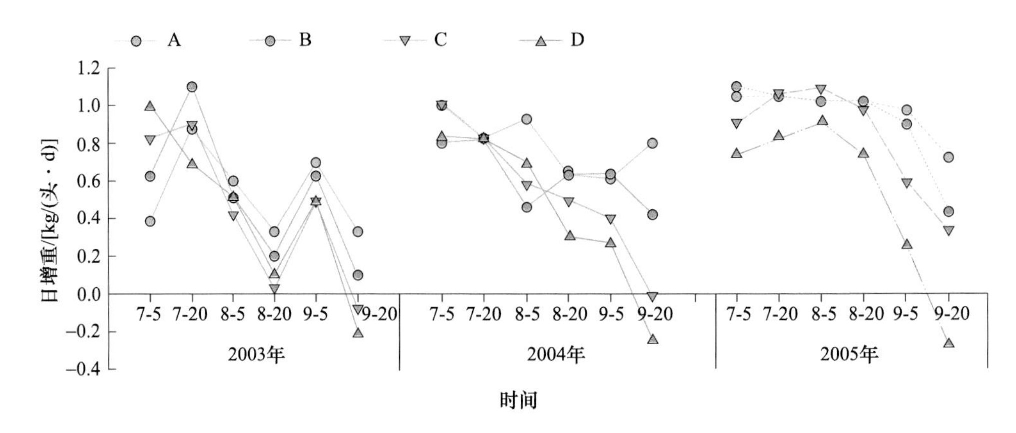

图 7.2　不同放牧强度下各放牧区牦牛日增重的变化

正常年份少、7月上旬降水较多有关；2004年和2005年，放牧开始阶段（6月20日～7月20日）牦牛的日增重较放牧中后期高，这可能是牦牛“补偿性生长”和“放牧家畜牧草过剩性饥饿”共同作用的结果（Holmes et al.，2010）。在4个处理当中，除了个别时段（7月20日～8月5日），重度放牧处理牦牛的日增重均低于其他放牧处理组，这与牧草的生长周期和牦牛潜在的生长有关。放牧强度越小，草地的状况越好，牦牛的生长潜力越能更好地发挥，而重度放牧处理由于牦牛的过度采食，牧草的生长和再生受到损坏，牦牛不能得到足够的采食，故日增重最低，到放牧后期甚至出现了负增长。

三、总增重和日增重与放牧强度之间的关系

放牧强度与放牧区牦牛年度总增重之间呈显著的线性回归关系（表7.1）。不同放牧强度下牦牛日增重随放牧时间的变化呈极显著的高次多项式回归关系（表7.2）。

表 7.1　放牧强度与不同放牧区牦牛总增重之间的关系

年份	回归方程（$y=-ax+b$）		R	P值
	a	b		
2003	13.52	205.9	−0.9833	<0.01
2004	38.1	304.95	−0.9114	<0.05
2005	36.2	297.8	−0.8944	<0.05

注：x为放牧强度，y为牦牛总增重。

表 7.2　不同放牧强度下牦牛日增重随放牧时间变化的关系

年份	放牧强度	回归方程 $y=ax^5+bx^4+cx^3+dx^2+ex+f$						R^2	P值
		a	b	c	d	e	f		
2003	A	−0.0169	0.252	−1.298	2.645	−1.613	0.403	1.0000	<0.01
	B	−0.0117	0.143	−0.456	−0.282	2.685	1.445	1.0000	<0.01
	C	−0.0224	0.0340	−1.841	4.263	−4.222	2.318	1.0000	<0.01
	D	−0.0366	0.610	−3.788	10.851	−14.345	7.698	1.0000	<0.01
2004	A	−0.0179	0.324	−2.183	6.709	−9.283	5.250	1.0000	<0.01
	B	0.0183	−0.345	2.428	−7.809	11.066	−4.692	1.0000	<0.01
	C	0.0000	0.0000	0.0000	0.0000	−0.187	1.046	0.9348	<0.01
	D	0.0000	0.0000	0.0000	0.0000	−0.232	1.084	0.918	<0.01
2005	A	0.0037	−0.069	4.757	−1.486	2.049	−0.255	1.0000	<0.01
	B	0.006	−0.105	0.675	−1.964	2.503	−0.330	1.0000	<0.01
	C	0.0049	−0.0801	0.489	−1.427	2.005	−0.338	1.0000	<0.01
	D	−0.0141	0.249	−1.646	4.947	−6.611	3.637	1.0000	<0.01

注：x为放牧天数，实际放牧时间等于$x\times15$；y为牦牛日增重。

四、牦牛个体增重与放牧强度之间的关系

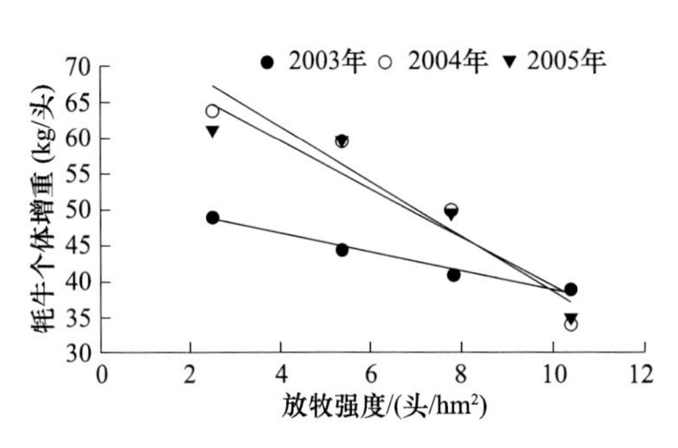

图 7.3　牦牛个体增重随放牧强度的变化

在 3 个放牧季内，不同放牧强度下牦牛的个体增重见表 7.3，各放牧季牦牛的个体增重随放牧强度的增加均减小（图 7.3）。方差分析表明，各年度极轻放牧、轻度放牧和中度放牧区牦牛个体增重之间的差异不显著，而它们与重度放牧区之间的差异显著（表 7.3）。

表 7.3　不同放牧强度下牦牛的个体增重　（单位：kg/ 头）

放牧强度	放牧季		
	2003 年	2004 年	2005 年
A	48.7a	63.4a	61.2a
B	44.2a	61.6a	58.0a
C	40.5a	52.9a	46.5a
D	38.7b	32.9b	30.0b

注：同一行或列，字母相同表示差异不显著（$P>0.05$）。

回归分析表明，各放牧季牦牛的个体增重与放牧强度均呈显著的线性回归关系（表 7.4）。这与 Jones 等（1974）发现家畜的个体增重与放牧强度之间存在一种线性关系的结论一致，也与周立等（1995c）的结论一致。回归方程中的 y 轴截距 a 和斜率 b，一般认为分别表示放牧场的营养水平和草场的空间稳定性及恢复能力。a 值越大表示草场营养水平越高；b 值越小，表示草场的空间稳定性越好，恢复能力越强。

表 7.4　放牧强度与牦牛个体增重之间的关系

年份	回归方程 $y=a-bx$（$b>0$）		R	P 值
	a	b		
2003	51.490	1.2822	−0.9853	<0.01
2004	74.238	3.1618	−0.9227	<0.05
2005	71.227	2.7019	−0.9185	<0.05

五、小结

在 3 个放牧季内，放牧区牦牛的总增重基本随放牧强度的增加而减小；2004 年重度和中度放牧处理牦牛的绝对日增重在整个放牧季内均呈下降趋势，放牧后期甚至出现负增长；回归分析表明，不同放牧强度下牦牛日增重随放牧时间的变化呈极显著的高次多项式回归关系，且牦牛个体增重与放牧强度之间呈显著的线性回归关系。

第二节　人工草地最佳放牧强度

一、放牧强度对单位面积草地牦牛增重的影响

不同放牧强度下单位面积牦牛增重见表 7.5。各放牧季牦牛增重随放牧强度的变化见图 7.4。方差分析表明，各年度重度放牧区、轻度放牧区和中度放牧区每公顷草地牦牛增重差异显著（$P<0.05$），而它们和极轻度放牧区每公顷草地牦牛增重之间的差异极显著（$P<0.01$）。

表 7.5　不同放牧强度下单位面积牦牛增重

（单位：kg/hm^2）

放牧强度	放牧季		
	2003 年	2004 年	2005 年
A	126.7D	164.8D	159.6D
B	234C	326.5C	311.9C
C	323.8B	423.0A	434.4A
D	406A	345.5B	357.0B

注：相同大写字母表示差异不显著。

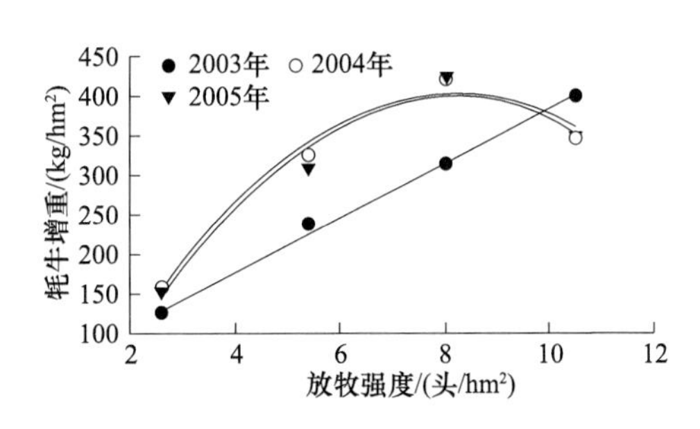

图 7.4　各放牧季牦牛增重随放牧强度的变化

二、放牧强度与单位面积草地牦牛实际增重之间的关系

回归分析表明，2003 年每公顷草地牦牛增重与放牧强度均呈显著的线性回归关系，而 2004 年和 2005 年每公顷草地牦牛增重与放牧强度均呈显著的二次回归关系（图 7.4 和表 7.6）。多数学者认为放牧强度与单位面积草地的家畜增重呈二次回归关系（Hart，1978；周立 等，1995c；汪诗平 等，1999）。本试验 2003 年的结果与以上学者的研究结果不一致。

表 7.6 单位面积草地牦牛增重和放牧强度的关系

年份	回归方程 $y=ax-bx^2$（$b>0$）或 $y=a-bx$（$b>0$）				R^2		P 值	
	a		b					
	理论	实际	理论	实际	理论	实际	理论	实际
2003	51.490	40.601	1.2822	3.5164	0.9709	0.9968	<0.01	<0.01
2004	74.238	90.067	3.1618	5.2599	0.8504	0.9093	<0.05	<0.05
2005	71.227	86.224	2.7019	4.7546	0.8436	0.8945	<0.05	<0.05

放牧强度对草场植被及土壤的影响具有“滞后效应”，这种“滞后效应”在短期放牧内可能会掩盖放牧强度对草地土壤养分含量，甚至草地第一性生产力的真实状况（周立 等，1995a）。因此，在放牧第 1 年，单位面积草地牦牛增重随放牧强度的增加而呈上升趋势；在放牧第 2 年和第 3 年，极轻和轻度放牧区由于牧草残存量（枯枝落叶）较多，影响返青初期牧草的生长；而中度放牧区由于牧草的再生性好，营养价值高，加之放牧初期牦牛的补偿性生长，牦牛增重明显；对重度放牧而言，放牧初期和中期，牧草生长和再生能力强，牧草的生长和再生量能够满足牦牛的采食需求，但到放牧后期牧草的生长和再生能力下降，牧草资源已不能满足牦牛的采食需求，牦牛出现了负增长；中度放牧区单位面积草地的牦牛增重最大，因此单位面积草地牦牛增重与放牧强度的二次拟合曲线的显著性大于一次曲线。

三、放牧强度与单位面积草地牦牛增重之间的理论关系

在 3 个放牧季内，各放牧季牦牛的个体增重与放牧强度均呈显著的线性回归关系。

当放牧强度为 x，即每公顷人工草地有 x 头牦牛时，每公顷人工草地的牦牛总增重 y_T（kg/hm^2）为

$$y_T=ax-bx^2 \tag{7.1}$$

若以牦牛的活重来度量每公顷人工草地的牦牛生产力，则式（7.2）表示每公顷草地牦牛生产力与放牧强度之间的定量关系。因为 $b>0$，y_T 达到最大值的放牧强度为

$$x^*=a/2b \tag{7.2}$$

x^* 恰好是草场最大负载能力 x_C 的一半。相应的 y_T 最大值为

$$y_{Tmax}=a^2/4b=(a/b)\cdot a/4=x_C\cdot a/4 \tag{7.3}$$

通过上述公式可知，每公顷草地的最大牦牛生产力仅由草场的最大负载能力

和营养水平决定。显然，这二者一旦已知，草场的空间稳定性和恢复力也就比较清楚了。可见营养水平和最大负载能力是评价草场的重要指标。

在试验的第 1 年，放牧强度对牦牛个体增重显示出一定的差异，虽然不是很明显，但线性关系依然极显著。在放牧第 2 年，重度放牧下，牧草返青后，由于牧草的品质好，营养价值高，牦牛增重明显，但到后期，由于牧草的生长和补偿性生长不能满足牦牛的草食需求，个体增重减慢，甚至出现负增长；在极轻和轻度放牧下，由于枯草比较多，反而影响牧草的返青，牦牛增重不是很明显，但到后期，由于牧草资源丰富，优良牧草（莎草和禾草）的数量远大于牦牛的采食需求，牦牛个体增重减慢，但体重依然增加。中度放牧下，牦牛的采食行为刺激莎草和禾草快速生长，优良牧草的品质比较好，营养价值较高，导致牦牛在整个放牧期内的个体增重高于轻度和重度放牧，牦牛个体增重与放牧强度趋向二次拟合曲线。由于放牧强度“滞后效应”，在放牧第 3 年，放牧强度的差异才是影响牦牛增重的决定因素。因此我们选择第 3 年的试验数据作为探讨放牧强度对牦牛生产力效应的依据。

利用式（7.2）和式（7.3），由表 7.6 所列各回归方程容易得到人工草场的最大牦牛生产力放牧强度。通过回归方程计算得到：牧草生长季放牧的最佳放牧强度为 7.23 头 /hm^2，枯草季放牧（10 月～第 2 年牧草返青前～4 月中下旬）按牧草营养减损和放牧时间折算为 2.68 头 /hm^2。

四、小结

各年度重度放牧区、轻度放牧区和中度放牧区每公顷草地牦牛增重差异显著（$P<0.05$），而它们和极轻放牧区每公顷草地牦牛增重之间的差异极显著（$P<0.01$）；2003 年单位面积草地牦牛增重随放牧强度的增加而增加，2004 年和 2005 年单位面积草地牦牛增重随放牧强度的增加呈显著的二次回归关系；通过回归方程计算得到：牧草生长季牦牛最佳放牧强度为 7.23 头 /hm^2，枯草季放牧（10 月～第 2 年牧草返青前～4 月中下旬）按牧草营养减损和放牧时间折算为 2.68 头 /hm^2。

第三节　人工草地最大放牧强度

放牧家畜引起草场植被变化，而判断植被的变化趋势是好还是坏，取决于采用什么样的标准来度量（周立　等，1995a）。放牧试验的最终目的，在于寻求草地最适放牧管理制度，其主要内容之一是确定最适放牧强度范围，以达到最佳草地生产力（第一性和第二性生产力）和草地持续利用（不退化）的目的。具体采用什么指标，目前尚有较大争论，然而不管采用什么标准，必须依草场的使用目的和要求而定。人们经营草场的目的并不是获得不放牧的气候顶极植被，而是获得一个有生产力和恢复力的草场，即使在这种度量标准下，最终还须建立植被变化和家畜生产力之间的某种联系，以解释草场各种植被状态的好和坏。近年来大多数人都接受以家畜生产力标准来衡量植被的变化，甚至草场总体状况的优劣（Wilson et al.，1982）。

一、生物量组成及牦牛个体增重的年度变化

前面已经讨论过，在每个放牧季各放牧试验区的地上生物量均低于未放牧的对照区，且随着放牧强度的增加而呈递减趋势。3 个放牧季牦牛优良牧草和个体增重比例的变化见表 7.7。在 3 个放牧季内，优良牧草的比例基本随放牧强度的增加而减小，且 2005 年极轻和轻度放牧区优良牧草的比例均高于 2004 年和 2003 年，而中度和重度放牧下 2003 年最高。就年度平均变化而言，它们随放牧强度的增加而降低。

表 7.7　3 个放牧季牦牛优良牧草和个体增重比例的变化

项目	年份	A	B	C	D
优良牧草比例 /%	2003	87.20	90.91	88.54	72.80
	2004	96.24	92.97	79.60	64.36
	2005	97.63	95.16	87.87	69.12
牦牛个体增重 /（kg/ 头）	2003	48.7	44.2	40.5	38.7
	2004	63.4	61.6	52.9	32.9
	2005	63.4	58.0	46.5	30.0
优良牧草比例的平均年度变化 /%		5.22	2.13	−0.34	−1.84
牦牛个体增重的平均年度变化 /（kg/ 头）		7.35	6.90	3.00	−4.35

二、植物群落的变化

丰富度和植被组成变化是植物群落变化的两个方面。包括两者在内的植物群落变化常常用相似性系数 $S_m=2\sum\min(U_i^{(m)}, V_i)/\sum(U_i^{(m)}+V_i)$ 来度量。它的大小说明群落组成的差异水平，是评价生态系统结构、功能及生态异质性的重要参数。将各放牧试验区植物群落与对照区植物群落进行横向比较，计算每年各放牧区群落的相似性系数，以确定其相对于对照区的变化程度。

从表 7.8 可以看出，在 3 个放牧季内，群落的相似性系数随放牧强度的增加而减小，而从年度平均变化来看，极轻度放牧区变化较小，轻度、中度和重度放牧区变化较大（特别是重度放牧区），相似性系数的变化基本随放牧强度的增加而减小。这表明随放牧强度的增加，3 个放牧季内各放牧区与对照区植物群落的相似程度下降，植物群落均朝着偏离对照区植物群落的方向变化，而且放牧时间越长，各放牧区与对照区植物群落的相似程度越小。相关分析表明，各放牧区植物群落的相似性系数与放牧强度呈显著负相关（$R=-0.9205$）。

表 7.8　各放牧试验区植物群落的相似性系数

项目	年份	A	B	C	D
相似性系数	2003	0.9241	0.9147	0.8741	0.7998
	2004	0.9233	0.8732	0.8232	0.7206
	2005	0.9295	0.8219	0.7931	0.6120
年度平均变化		0.0027	−0.0464	−0.0405	−0.0939

三、草地质量指数的变化

为了比较不同放牧强度对草场质量的影响，除了用不同功能群植物地上生物量的比例及优良牧草比例直接度量草场植被的变化，也可通过计算草地质量指数来描述植被变化（杜国祯　等，1995）。从表 7.9 可以看出，各处理组的草地质量指数之间的差异极显著（$P<0.01$），而年度之间的差异不显著（$P>0.05$）。随放牧强度的增加（除对照处理），各年度不同放牧处理的草地质量指数基本有所减小，且草地质量指数的年度变化与放牧强度呈显著的线性回归关系（$R^2=0.9162$，$P<0.01$）（表 7.10）。

表 7.9　优良牧草组成及草地质量指数方差分析

植物类群	分析项目	平方和	自由度	*F* 值	*P* 值
草地质量指数	处理间	6.391 6	4	70.207 0	0.000 003
	年度间	0.609 9	2	3.349 5	0.087 7

表 7.10　优良牧草组成及草地质量指数的变化

年份	CK	A	B	C	D
2003	5.38	5.71	4.45	4.21	2.95
2004	5.25	5.56	4.67	4.06	2.01
2005	5.09	5.73	4.26	3.76	1.54
年度平均变化	−0.145	0.010	−0.095	−0.225	−0.705

四、优良牧草比例和牦牛个体增重的关系

经回归分析，优良牧草比例的年度变化（y_f）、牦牛个体增重的年度变化（y_w）与放牧强度（x_i）之间的回归方程为

$$y_f=-0.8957x_i-7.2046\ (R=-0.9903)$$

$$y_w=-1.4705x_i+12.937\ (R=0.9261)$$

当放牧强度约为 9.97 头 /hm^2 时，基本能维持优良牧草比例和牦牛个体增重年度不变。如果放牧强度高于该强度，优良牧草比例和牦牛个体增重下降，反之上升。偏离越远，上升或下降幅度越大。

牦牛个体增重和优良牧草比例的平均年度变化均随放牧强度的增加而减小，这说明优良牧草比例和牦牛个体增重同步随放牧强度逐年变化，凡是能够改善第 2 年和第 3 年牧草质量的放牧强度也能提高第 2 年和第 3 年牦牛的个体增重，反之亦然。很显然，牦牛个体增重和优良牧草比例的平均年度变化之间存在着相关关系。因此，为了便于分析，将它们随放牧强度变化的趋势线一并绘于图 7.5。优良牧草和牦牛个体增重的平均年度变化随放牧强度变化的两直线交点对应的放牧强度约为 9.97 头 /hm^2。

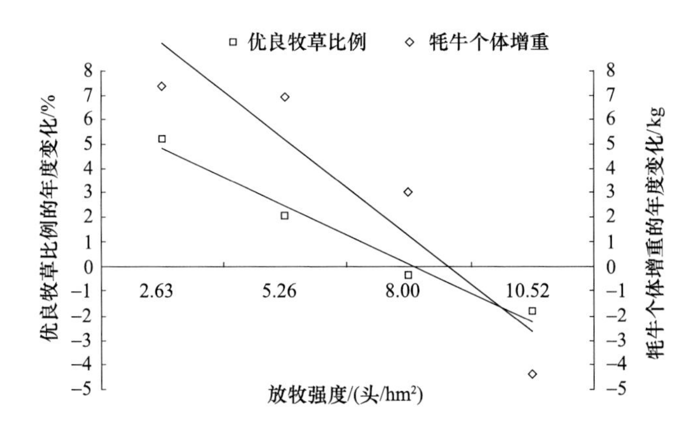

图 7.5　牦牛个体增重和优良牧草比例的年度变化与放牧强度间的关系

五、人工草地不退化的最大放牧强度

植被变化和家畜生产力变化是草场的两种不同属性。但植被变化是草场变化的最直接表现，也是导致土壤营养状况、家畜生产力变化的基本因素。因此，

在家畜生产力指标之下，如果要直接度量草场植被的变化，首先应度量不同植物类群的变化，即植被放牧价值的变化，也就是从描述植被变化的指标转移到以家畜生产力评价植被变化的指标，从而既可以描述植被变化，也能描述家畜生产力的状况。另外，为了比较不同放牧强度对草场质量的影响，也可计算草地质量指数。为了便于比较，我们将人工草地植被状态变化的度量指标列于表 7.11 中。

表 7.11　人工草地植被状态变化的度量指标

放牧强度	植被变化指标			牦牛生产力变化指标
	相似性系数年度变化	优良牧草比例年度变化 /%	草地质量指数年度变化	牦牛个体增重年度变化 /kg
A	0.0027	5.22	0.010	7.35
B	−0.0464	2.13	−0.095	6.90
C	−0.0405	−0.34	−0.225	3.00
D	−0.0939	−1.84	−0.705	−4.35

4 个指标与放牧强度之间均存在负相关关系，且极轻度放牧区的 4 个指标均为正值，表明极轻放牧处理植被的放牧价值和牦牛生产力逐年改善，其植物群落与对照组植物群落的差异逐年减小，草地质量（放牧价值）在提高。在轻度放牧处理，优良牧草比例和牦牛个体增重的年度变化均为正值，但植物群落的相似性系数和草地质量指数的年度变化为负值。这说明轻度放牧能改善高寒人工草地植被的放牧价值和牦牛生产力，但群落整体与对照组的差异略有增大。在中度放牧条件下，尽管植被的 3 项指标均为负值，但牦牛个体增重的年度变化为正值，该结果与周立等（1995b）在藏系绵羊上的结论不完全一致。这可能是系统误差和测量误差造成牦牛个体增重的年度变化与草地的放牧价值和草地质量相反，也可能是牦牛放牧与其他家畜在消化、代谢等方面不同所致，须进一步深入研究。

由前文可知，各放牧区地上生物量和优良牧草的变化趋势一致，因此，植被状态的变化就是草地生产力和牧草质量的变化，各放牧区牧草质量（优良牧草比例）的年度变化决定了牦牛个体增重的年度变化。于是，优良牧草比例增大，表明草场质量指数增大，草场植被改善或向好的方向变化，反之说明植被变劣、退化或向坏的方向发展。另外，植被状态的变化（优良牧草比例变化或草地质量指数）就是放牧价值的变化，因此以对照组为标准的相似性系数的年度变化或草地质量指数可作为度量植被整体年度变化的一个定量指标。计算相似性系数时，各个种或类群及丰富度的地位是相同的，因而它的变化是任何物种或类群及丰富度的相对变化；但相似性系数的变化与优良牧草比例的变化指标不同，它与家畜个体生产力没有明显的联系，因而不能反映草场放牧价值的变化。对草地质量指数而言，在不同植物类群盖度的测定和适口性的判别过程中人为因素的干扰太大，因而它也不是一个很客观的指标。依据枯草季放牧草场牧草营养减损情况，冬季草场不退化的最大放牧强度约为 4.01 头 /hm^2。

六、小结

优良牧草比例和牦牛个体增重的年度变化与放牧强度呈显著的线性回归，从而各放牧区牧草质量（优良牧草比例）的年度变化决定了牦牛个体增重的年度变化。放牧强度约为 9.97 头 /hm^2 可以认为是高寒人工草地（牧草生长季放牧）不退化的最大放牧强度。

第四节　人工草地最大经济效益下的放牧强度

一、最大经济效益下的放牧强度及效益值模型

设每公顷利润为 P，每公顷出售牦牛收入为 I，每公顷成本为 C，则有

$$P=I-C \tag{7.4}$$

根据试验所在地实际情况，按照出售牦牛活体进行核算。若出售价格为 S 元 /kg，初始体重为 W_b，放牧期增重为 W_g，放牧强度为 x，则有

$$I=Sx(W_b+W_g) \tag{7.5}$$

根据 Jones 等（1974）中，家畜个体增重 y 与放牧强度 x 之间存在一种线性关系，则个体增重 $y=a-bx$ 的结论可转化为

$$I=Sx(W_b+a-bx) \tag{7.6}$$

C 为每公顷放牧牦牛的成本支出，通常包括购买每头牦牛支出、每头牛补饲支出 C_f、每头牛牲畜防疫支出 C_e、每公顷草场租赁支出 C_g、每头牛牧工劳务支出 C_l、每公顷网围栏支出 C_n 等。设牦牛购入价格为 K 元 /kg，放牧时长为 n 年。则 C 为

$$C=xKW_b+nx(C_f+C_e+C_l)+n(C_g+C_n) \tag{7.7}$$

要注意的是，购入价格 K 应当为初始购买时间 t 下的实际购入价格 K_t 在出

售日期的价格，即 K_t 在出售日期的终值。设利率为 i，时间为 t，根据复利计算，则有

$$K=K_t(1+i)t \tag{7.8}$$

根据式（7.5），则每公顷利润 P 为

$$P=SxW_b+Sxa-Sbx^2-KxW_b-nx(C_f+C_e+C_l)-n(C_g+C_n) \tag{7.9}$$

若要获得最大利润，即 P 值最大，则有最大经济效益下的放牧强度 x_m 为

$$x_m=\frac{W_b+a}{2b}-\frac{W_bK+n(C_f+C_e+C_l)}{2bs} \tag{7.10}$$

将 x_m 代入式（7.9），即可得出每公顷最大经济效益。

二、牦牛个体增重与放牧强度的回归方程

根据试验设计，不同放牧强度对应的载畜量如表 7.12 所示。极轻度、轻度、中度、重度放牧处理的载畜量依次为 2.63、5.26、8.00、10.52 头 /hm^2。

表 7.12 全年放牧强度表

处理	载畜量 /（头 / hm^2）	处理	载畜量 /（头 / hm^2）
A	2.63	C	8.00
B	5.26	D	10.52

年度牦牛个体增重与放牧强度之间的回归方程如表 7.13 所示。2003 年放牧强度与牦牛个体增重之间呈极显著的线性关系，2004、2005 年放牧强度与牦牛个体增重之间呈显著线性关系。

表 7.13 年度牦牛个体增重与放牧强度之间的回归方程

年份	回归方程	R	P 值
2003	$y=51.49-1.2822x$	−0.9853	<0.01
2004	$y=74.238-3.1618x$	−0.9227	<0.05
2005	$y=71.227-2.7019x$	−0.9185	<0.05

三、短期放牧下最大经济效益的放牧强度及效益值核算

取试验期放牧第 1 年为研究对象。根据市场情况，牦牛出售价格 S 及购入价格 K 均在 25 元 /kg 上下浮动，初始体重为 $W_b=100$kg，$C_f+C_e+C_l\approx100$ 元，

$C_g+C_n\approx65$ 元，短期放牧的放牧时长为 $n=1$。根据式（7.11），最大经济效益下的放牧强度 x_m 为

$$x_m=\frac{100+a}{2b}-\frac{100K+100}{2bs} \tag{7.11}$$

此时的最大经济效益 P 则为

$$P=100Sx_m+Sx_ma-Sbx_m^2-100Kx_m-100x_m-65 \tag{7.12}$$

从式（7.11）及式（7.12）可以看出，在其他成本既定的情况下，最大经济效益下的放牧强度和效益值由草地营养水平 a、草地空间稳定性及恢复能力 b、出售价格 S 及购入价格 K 共同决定。

根据表 7.13 可得，$a=51.49$，$b=1.2822$，则式（7.11）化为

$$x_m=59.07-\frac{50K+50}{1.2822S} \tag{7.13}$$

同时，式（7.12）化为

$$P=100Sx_m+51.49Sx_m-1.288\,22Sx_m^2-100Kx_m-100x_m-65 \tag{7.14}$$

由于放牧时间为 1 年，价格波动不大，则出售价格 S 及购入价格 K 均取 24～26 元 /kg，以 0.2 元 /kg 设置间距，并设置较强价格波动下的值。放牧第 1 年最大经济效益下的放牧强度和最大经济效益值如表 7.14 和表 7.15 所示。

表 7.14　放牧第 1 年最大经济效益下的放牧强度　（单位：头 /hm²）

买价 /（元 /kg）	卖价 /（元 /kg）										
	24.0	24.2	24.4	24.6	24.8	25.0	25.2	25.4	25.6	25.8	26.0
24.0	18.45	18.79	19.12	19.44	19.76	20.07	20.38	20.69	20.99	21.28	21.57
24.2	18.12	18.46	18.80	19.12	19.45	19.76	20.07	20.38	20.68	20.98	21.27
24.4	17.80	18.14	18.48	18.81	19.13	19.45	19.77	20.07	20.38	20.68	20.97
24.6	17.47	17.82	18.16	18.49	18.82	19.14	19.46	19.77	20.07	20.38	20.67
24.8	17.15	17.50	17.84	18.17	18.50	18.83	19.15	19.46	19.77	20.07	20.37
25.0	16.82	17.17	17.52	17.86	18.19	18.51	18.84	19.15	19.47	19.77	20.07
25.2	16.50	16.85	17.20	17.54	17.87	18.20	18.53	18.85	19.16	19.47	19.77
25.4	16.17	16.53	16.88	17.22	17.56	17.89	18.22	18.54	18.86	19.17	19.47
25.6	15.85	16.21	16.56	16.90	17.24	17.58	17.91	18.23	18.55	18.87	19.17
25.8	15.53	15.88	16.24	16.59	16.93	17.27	17.60	17.93	18.25	18.56	18.87
26.0	15.20	15.56	15.92	16.27	16.62	16.95	17.29	17.62	17.94	18.26	18.57

表 7.15　放牧第 1 年最大经济效益值　（单位：元 /hm²）

买价 /（元 /kg）	卖价 /（元 /kg）										
	24.0	24.2	24.4	24.6	24.8	25.0	25.2	25.4	25.6	25.8	26.0
24.0	10 414.63	10 889.92	11 372.08	11 860.96	12 356.38	12 858.20	13 366.25	13 880.40	14 400.50	14 926.41	15 457.99
24.2	10 048.80	10 517.35	10 992.88	11 475.23	11 964.24	12 459.74	12 961.58	13 469.62	13 983.69	14 503.67	15 029.42
24.4	9 689.47	10 151.22	10 620.07	11 095.85	11 578.39	12 067.53	12 563.10	13 064.97	13 572.98	14 086.98	14 606.85
24.6	9 336.64	9 791.54	10 253.66	10 722.81	11 198.83	11 681.55	12 170.81	12 666.46	13 168.36	13 676.34	14 190.28
24.8	8 990.31	9 438.31	9 893.63	10 356.11	10 825.56	11 301.81	11 784.71	12 274.10	12 769.83	13 271.74	13 779.70
25.0	8 650.48	9 091.52	9 540.00	9 995.75	10 458.57	10 928.31	11 404.80	11 887.88	12 377.39	12 873.19	13 375.13
25.2	8 317.15	8 751.18	9 192.77	9 641.73	10 097.88	10 561.05	11 031.08	11 507.80	11 991.05	12 480.68	12 976.55
25.4	7 990.31	8 417.28	8 851.92	9 294.05	9 743.48	10 200.03	10 663.55	11 133.86	11 610.80	12 094.22	12 583.97
25.6	7 669.98	8 089.83	8 517.47	8 952.71	9 395.36	9 845.25	10 302.21	10 766.06	11 236.64	11 713.81	12 197.40
25.8	7 356.14	7 768.82	8 189.41	8 617.71	9 053.54	9 496.71	9 947.05	10 404.40	10 868.58	11 339.44	11 816.82
26.0	7 048.80	7 454.26	7 867.74	8 289.05	8 718.00	9 154.41	9 598.09	10 048.88	10 506.61	10 971.11	11 442.24

由表 7.14 可以看出，在买价 K 不变的情况下，随着卖价 S 的升高，x_m 逐渐增大，呈现出正相关；在卖价 S 不变的情况下，随着买价 K 的升高，x_m 逐渐降低，呈现出负相关。若 $K=S$，x_m 随着 K 与 S 的逐渐增大而缓慢增长。x_m 数值越大，表示放牧行为在经济学意义上越有效，当 $K>S$ 时，放牧强度 x_m 均小于 $K<S$ 时的 x_m，且 K 与 S 差额越大，x_m 变化越明显。可以认为牦牛每公斤的卖价与买价差额越大，放牧行为越能取得经济效益。

比较表 7.14 可以得出，在单一追求最大经济效益的情况下，最佳放牧强度远高于试验设计的重度放牧强度。

表 7.14 印证了放牧最大经济效益不仅与草地营养水平、草地稳定性及恢复力、放牧人工成本及各类成本相关，更受买卖价格的影响。但若单纯追求最大经济效益，则会造成人工草地过载，人工草地无法维持稳定。

由表 7.15 更能清晰地看出，当 S 为 26 元 /kg，K 为 24 元 /kg 时，每公顷取得的经济效益 P 最大，为 15 457.99 元。同时可以看到，在放牧强度 x_m 相同的情况下，S 与 K 差价越大，经济效益 P 越大。即使放牧强度 x_m 较小，若 S 数值较大，或者 S-K 数值较大，仍能取得更高的经济效益。同理也可得知，若 S 远小于 K，则 x_m 与 P 将会出现负值，即放牧已经不能产生经济效益，此时应尽可能降低放牧人工、草地租赁、网围栏等费用，或者采用其他方式进行畜产品生产。

四、不同放牧强度对比

由前文可以得知，在讨论放牧强度时，通常有两个相关概念，分别是人工草地不退化的最大放牧强度和经济效益最大的放牧强度。通过第三节可知，人工草地不退化的最大放牧强度约为 9.97 头 /hm^2，这远小于最大经济效益下的放牧强度。这说明单纯追求经济效益最大化的人工草地放牧行为，必然导致人工草地退化。

五、小结

（1）其他成本既定的情况下，最大经济效益下的放牧强度和效益值由草地营养水平 a、草地空间稳定性及恢复能力 b、出售价格 S 及购入价格 K 共同决定。

（2）即使相同的放牧强度，在 K 与 S 不相同时，也会有不同的经济效益。

（3）放牧第 1 年，取得最大经济效益的放牧强度远高于试验设计中的重度放牧强度。

（4）单纯追求最大经济效益，必然会导致人工草地退化。

第五节　讨　　论

放牧状态下动物生产是植物变化和土壤变化综合作用的结果，评价草地放牧适宜度时，必须以动物生产为标准（Wilson et al.，1991）。放牧强度对草地可食牧草的产量和品质有一定影响，放牧家畜的牧草（干物质）采食量也因此受到影响，最终表现为家畜生产力的变化。然而，人们经营草场的目的并非获得不放牧的气候顶极植被，而是得到一个有生产力和恢复力的草场。在这种度量标准下，最终还须建立植被变化和家畜生产力之间的某种联系，以解释草场各种植被状态的好和坏。草场植被在理论上存在两种各有侧重的度量标准：一种是植被演替尺度标准，另一种是家畜生产力标准（Wilson，1986）。

确定草地最佳（适）放牧强度的方法和指标，尚有较大争议，因草地利用管理的目的和要求不同，目前至少有 6 种方法和指标（汪诗平　等，1999）：①以每头家畜最大增重的放牧强度作为临界放牧强度（Connolly，1976；Hart et al.，1988；汪诗平　等，1999）；②以公顷草地家畜最大增重的放牧强度作为最适放牧强度（Jones et al.，1974；周立　等，1995c；汪诗平　等，1999）；③依据放牧强度与家畜增重、公顷增重之间的回归关系，以最大经济效益的放牧强度作为最适放牧强度（Hart et al.，1988；McNaughton，1986；周立 等，1995c；汪诗平 等，1999）；④以草地最大地上净初级生产力的放牧强度作为最适放牧强度（McNaughton，1986；Williamson et al.，1989；汪诗平 等，1999）；⑤依据每公顷草地的家畜个体增重与放牧强度间的关系和牧草地上生物量与放牧强度间的关系作为决定最适放牧强度的标准（汪诗平 等，2003）；⑥以草场可利用牧草量与每头家畜需要量之间的关系确定临界强度（薛白，2001）。

近年来大多数人都接受以家畜生产力标准来衡量植被的变化，甚至草场总体状况的好坏（Wilson et al.，1982）。尽管对极轻和极重放牧强度下直线或曲线的形状存在一些争议，但对其间很大的放牧强度范围内存在着线性关系则是人们普遍接受的（Wilson，1986；周立 等，1995c；汪诗平 等，1999）。汪诗平等（1999）分别以绵羊增重（生产力）、单位面积（hm^2）增重、地上生物量及地上净初级生产力为草地管理目标，得出绵羊个体最大增重的临界放牧强度为 2.04 羊 /hm^2，每公顷草地最大增重的平均放牧强度为 5.43 羊 /hm^2；尽管地上生物量随放牧强度的增大而减小，但地上净初级生产力最大的放牧强度为 2.67 羊 /hm^2。另外周立等（1995c）在高寒草甸草场上以藏系绵羊为放牧家畜，以公顷草地家畜增重为标准，确定了高寒草甸的最佳（适）放牧强度，同时还通过个体增重和优良牧草比例的年度变化将草地放牧价值和家畜生产力联系起来，确定了高寒草甸两季草场不退化的最大放牧强度。

草场植被的状态可以直接用牧草的数量和质量来表示，它们基本上决定任一放牧强度下的家畜生产力或个体生产力（Jones et al.，1974；周立 等，1995a；汪诗平 等，1999）。反之，任一放牧强度下的家畜个体生产力也能反映植被状态，两者相互对应，进而使家畜个体生产力的年度变化与草场植被状态的年度变化也相互对应，所以两者可以相互表示（周立 等，1995c）。但植物群落除了受放牧强度影响之外，还受气候变化的影响。对照组植物群落的年度变化体现了年度气候变化的影响。以对照组植物群落为基准的相似性系数的年度变化，消除了年度气候变化的影响，完全是放牧的结果，因而相似性系数的年度变化可以说明放牧强度对植物群落年度变化的影响（周立 等，1995c）。对草地质量指数而言，不同植物类群盖度的测定和适口性的判别人为因素的干扰太大，不是一个很客观的指标。因此，优良牧草（相对生物量）比例变化是评价草场植被放牧价值变化的合适的直接度量指标之一，而家畜个体生产力变化能全面反映植被放牧价值的变化，是简单易行的间接度量指标。

需要指出的是，在极轻放牧强度下，由于优良牧草（垂穗披碱草+同德小花碱茅）的数量远大于牦牛的采食需求，牦牛的选择性、采食量及个体增重基本上不变；对于接近最大负载能力的重度放牧强度，可能已超出了草场的弹性调节范围，草场出现退化现象，导致负载能力下降。如果一味地提高放牧强度，追求公顷最大放牧强度，势必造成草场的进一步退化，不能持续地获得公顷最大增重。在较原始的牧业条件下，其主要目的是获取多的畜产品，以便自给自足，很少考虑经济效益和对草场的影响。但人工草地放牧系统是一个高产出的系统，它必须要有高投入，否则从持续利用的角度，再好的草场也要退化。优良牧草和牦牛个体增重的平均年度变化随放牧强度变化的两直线交点对应的放牧强度（9.97 头 /hm^2），基本能维持优良牧草比例和牦牛个体增重年度不变，因此可以认为该放牧强度大约是高寒人工草地（牧草生长季放牧）不退化的最大放牧强度；另外，依据枯草季放牧草场牧草营养减损情况，冬季草场不退化的最大放牧强度约为 4.01 头 /hm^2。

第六节 结论与建议

在 3 个放牧季内，放牧区牦牛的总增重基本随放牧强度的增加而减小，除了 2004 年重度和中度放牧处理，其他各放牧处理组的牦牛绝对日增重的总体趋势基本相同。回归分析表明，不同放牧强度下牦牛日增重随时间的变化呈极显著的高次多项式回归关系。各放牧季牦牛的个体增重与放牧强度均呈显著的线性回归关系；2003 年单位面积草地牦牛增重随放牧强度的增加而增加，2004 年和 2005 年单位面积草地牦牛增重与放牧强度之间呈显著的二次回归关系；由于放牧的“滞后效应”，以放牧第 3 年牧草生长季公顷草地牦牛最大增重为标准，高寒人工草地最佳放牧强度为 7.23 头 /hm^2，枯草季放牧（10 月～第 2 年牧草返青前～4 月中下旬）按牧草营养减损和放牧时间折算为 2.68 头 /hm^2。

人工草地放牧生态系统中各因子间存在着相当复杂的关系，如果过分强调目前利益、增大放牧强度、提高单位草地面积的畜产品数量，将严重阻碍草地牧草的再生和生产力的恢复。在环境条件严酷的高寒地区，人工草地种类组成简单、种间生态位相似，因此该地区人工草地的放牧管理要求更为严格。然而，这些地区人工草地的放牧管理研究起步晚，人工草地放牧系统的研究工作尚未全面开展。因此，如何选择合适的指标，确立人工草地的最佳放牧强度范围，以达到人工草地持续利用的目的，尚需做全面、进一步的研究和探讨。

第三篇

高寒人工草地模拟放牧系统

第八章

垂穗披碱草 / 同德小花碱茅人工草地生长季模拟放牧研究

人工草地是畜牧业中集约化经营程度最高的一种类型，是畜牧业发展的重要基础（刘迎春，2005），在青藏高原，人工草地的建植和合理利用更是缓解天然草地放牧压力的重要途径，是促进区域生态环境保护和草地生态畜牧业发展、实现高寒草地生态系统“生态—生产—生活”协调共赢的有效措施（董全民 等，2017）。根据人工草地的利用目标和方式，通常可分为刈用型人工草地、放牧型人工草地和生态型人工草地，其中放牧型人工草地是以家畜放牧利用为目的，通常选择适口性好和耐牧性强的牧草品种、以人工措施建植的人工草地（李世雄 等，2012）。

人工草地属于人为干预下的“偏途顶级”，如何通过适宜的利用方式和强度，使干预程度恰当、保持人工草地的稳定、发挥其最大潜力，是人工草地管理中的主要难题（刘迎春，2005）。在放牧系统中，牧草与家畜的平衡是维持草地健康和稳定的关键。放牧过程中，家畜的牧食行为（如采食、践踏）会对牧草的正常生长过程产生影响：一方面由于放牧过程移除了牧草的部分光合组织，会抑制牧草生长；另一方面，家畜通过采食移除顶端组织和衰老组织来刺激牧草生长（张谧 等，2010），即放牧采食对牧草生长既存在抑制作用，也存在刺激作用。二者之间的平衡决定了牧草在放牧压力下的补偿性生长（再生性）。通常，植物类型、放牧强度和环境因素都会影响牧草的再生性，而在同一区域内，牧草类型相同时，放牧强度则是决定牧草再生性的主导因子。此外，在人工草地放牧时，需要综合考虑放牧对家畜的生产力和牧草的影响，进而在维持人工草地健康和稳定的情况下，达到最大的家畜生产力，因此确定适宜的放牧强度是人工草地放牧利用和管理的重要基础。

第一节　人工草地试验设计

一、研究区域概况

本试验的研究地点在青海省三江源区果洛州玛沁县大武镇的高寒草甸试验站，地处 N 34°27′28″～34°27′54″，E 100°12′09″～100°12′43″，海拔为 3700～4000m。属典型的高原大陆性气候，冷热季节交替，干湿季分明，雨热同期。全年日照时数约为 2576h，且昼夜温差大，1998～2018 年均温为 0.65℃（表 8.1），1998～2018 年年均降水量为 526.6mm（表 8.1），5～9 月的降水量约为年均降水量的 85%。土壤以高山草甸土为主，厚度为 30～60cm。原生植被以典型的高寒嵩草草甸为主。牧草生长季为 5～9 月，开始返青为 4 月下旬，10 月初开始枯萎。

表 8.1　研究区域多年年均气温和年降水量（1998～2018 年）

项目	平均值	最小值	最大值	变异系数 CV/%
年均气温 /℃	0.65	−0.60	1.56	83.3
年降水量 /mm	526.6	380.3	691.5	16.0

二、试验设计和试验方法

本研究通过模拟放牧确定三江源区人工草地适宜的放牧强度。模拟放牧的人工草地建植于 2002 年，草种为垂穗披碱草和同德小花碱茅，两个牧草的播种比例为 1∶1。垂穗披碱草是禾本科披碱草属（*Elymus*）植物，为多年生根茎疏丛型，是青藏高原高寒草地的主要建群种和优势种之一，具有很强的再生性和分蘖能力，而且茎叶茂盛，产草量高，耐牧性强；同德小花碱茅是禾本科碱茅属（*Puccinellia*）植物，为多年生丛生型中旱生草本植物，喜潮湿、微碱性土壤，抵御低温侵袭的能力极强，在高寒地区有较高的越冬率（马玉寿 等，2013）。

模拟放牧试验于人工草地建植的第 2 年（2003 年）和第 3 年（2004 年）进行。通过设置不同的留茬高度和刈割频率以模拟放牧强度。试验中设置 5 个留茬高度和 8 个刈割频率。5 个留茬高度分别为 0cm、2cm、4cm、6cm 和 8cm；8 个刈割频率分别为 11 次、10 次、9 次、8 次、7 次、6 次、5 次和 4 次，后文分别以 MT1、MT2、MT3、MT4、MT5、MT6、MT7 和 MT8 表示。

人工草地建植第 2 年（2003 年）和第 3 年（2004 年）研究样地所在地全年平均气温为 0.68℃和−0.06℃，年降水量分别为 520.3mm 和 544.3mm。

第二节　留茬高度和刈割频率对草地生物量和再生性的影响

一、留茬高度和刈割频率对人工草地地上生物量的影响

建植第 2 年，垂穗披碱草 / 同德小花碱茅人工草地群落地上生物量（鲜重）在整个生长季内为 842.4～3942.1g/m^2，随着留茬高度的增加，群落地上生物量基本上呈降低趋势，随着刈割频率的降低群落生物量基本上呈增加趋势（表 8.2）。

表 8.2　建植第 2 年留茬高度和刈割频率对垂穗披碱草 / 同德小花碱茅人工草地地上生物量（鲜重，g/m^2）的影响

指标	处理	留茬高度 /cm				
		0	2	4	6	8
群落	MT1	2165.6	1199.6	961.6	842.4	1026.4
	MT2	1819.0	1827.6	1252.4	1459.6	1855.6
	MT3	2079.7	1548.8	1603.2	1663.8	1289.6
	MT4	3617.2	1495.6	1721.8	1519.6	1425.2
	MT5	2138.0	1749.6	1785.2	1798.4	2152.0
	MT6	2114.6	2356.8	2175.2	2373.4	2887.6
	MT7	2233.8	2425.4	2170.0	2387.1	2872.4
	MT8	3435.0	3415.0	3942.1	3280.8	3173.6
垂穗披碱草	MT1	1662.4	946.8	780.8	740.0	934.8
	MT2	1132.0	1579.6	822.4	1332.8	1687.6
	MT3	1402.4	1318.0	1282.4	1298.0	1038.4
	MT4	1770.0	1289.6	1564.0	1229.2	1224.8
	MT5	1890.0	1667.6	1683.6	1698.8	1956.0
	MT6	2065.2	2258.8	2129.2	2328.8	2812.4
	MT7	2078.4	2276.0	2120.4	2332.0	2798.8
	MT8	2964.4	2233.2	3187.6	3116.8	2596.0
同德小花碱茅	MT1	134.4	65.6	130.8	75.6	28.0
	MT2	263.2	137.6	215.6	76.0	105.2
	MT3	382.8	52.0	74.4	95.6	156.0
	MT4	84.4	45.6	34.0	128.8	111.2
	MT5	158.8	32.4	21.6	22.8	23.2

续表

指标	处理	留茬高度 /cm				
		0	2	4	6	8
同德小花碱茅	MT6	11.0	61.2	30.4	30.1	56.8
	MT7	12.8	60.6	25.6	30.0	57.2
	MT8	89.2	584.4	393.6	52.0	553.0

垂穗披碱草的地上生物量（鲜重）在整个生长季内为740.0～3187.6g/m^2，占群落生物量的85%左右；同德小花碱茅的地上生物量（鲜重）在整个生长季内为11.0～584.4g/m^2，占群落生物量的5.8%左右。由此可见，在建植第2年，人工草地群落地上生物量主要由垂穗披碱草生物量组成，同德小花碱茅生物量在群落中的比例较低。

建植第3年，垂穗披碱草/同德小花碱茅人工草地群落地上生物量（鲜重）在整个生长季内为103.6～801.6g/m^2，与建植第2年相比，不同留茬高度和刈割频率处理之间没有明显的变化趋势。其中垂穗披碱草的地上生物量（鲜重）在整个生长季内为89.6～719.6g/m^2，占群落地上生物量的80%左右；同德小花碱茅的地上生物量（鲜重）在整个生长季内为3.0～37.8g/m^2，占群落地上生物量的5.7%左右。由此可见，与建植第2年相比，建植第3年人工草地的群落、垂穗披碱草和同德小花碱茅的地上生物量都呈下降的趋势，而且群落地上生物量依然主要由垂穗披碱草生物量组成，但其在群落生物量中的比例与建植第2年相比有所下降（降幅约为6%），而同德小花碱茅生物量在群落中的比例与建植第2年相当（表8.3）。

表8.3　建植第3年留茬高度和刈割频率对垂穗披碱草/同德小花碱茅人工草地地上生物量（鲜重，g/m^2）的影响

指标	处理	留茬高度 /cm				
		0	2	4	6	8
群落	MT1	435.3	254.0	215.4	182.4	283.8
	MT2	265.8	240.2	188.2	240.8	183.8
	MT3	451.7	336.8	225.8	244.8	255.8
	MT4	374.3	410.2	392.2	174.7	169.6
	MT5	171.0	233.2	379.0	276.8	394.4
	MT6	801.6	319.4	183.4	275.6	105.2
	MT7	470.9	226.1	130.2	224.8	103.6
	MT8	424.0	223.0	564.0	223.2	202.0
垂穗披碱草	MT1	260.8	199.2	167.2	156.8	233.6
	MT2	89.6	160.4	147.2	216.4	145.2
	MT3	278.0	293.2	169.2	193.2	212.0

续表

指标	处理	留茬高度 /cm				
		0	2	4	6	8
垂穗披碱草	MT4	229.6	343.6	345.2	150.8	137.6
	MT5	147.2	217.2	285.2	241.2	354.0
	MT6	719.6	264.0	163.2	245.6	96.0
	MT7	146.0	182.4	110.4	198.0	92.0
	MT8	261.6	198.0	513.2	201.6	185.2
同德小花碱茅	MT1	9.4	15.8	24.5	17.6	25.2
	MT2	8.8	37.8	29.4	7.4	8.8
	MT3	25.2	16.2	25.6	34.0	17.8
	MT4	27.5	24.8	22.4	11.4	19.3
	MT5	3.0	3.6	20.4	14.0	22.2
	MT6	17.4	6.4	5.6	6.0	4.6
	MT7	9.8	14.2	5.6	5.4	5.8
	MT8	12.8	5.4	13.0	5.6	9.8

建植第 2 年和第 3 年，留茬高度对整个生长季内人工草地群落地上生物量均无显著影响［图 8.1（a）和图 8.2（a）］，但各留茬高度处理下，建植第 2 年群落地上生物量显著高于建植第 3 年的群落地上生物量。建植第 2 年，刈割频率对生长季内人工草地群落地上生物量有显著的影响，即随着刈割频率的降低，群落地上生物量随之增加：刈割频率最高（MT1 处理）时，群落地上生物量约为刈割频率最低（MT8 处理）时群落地上生物量的 36%［图 8.1（b）］，而 MT2、MT3、

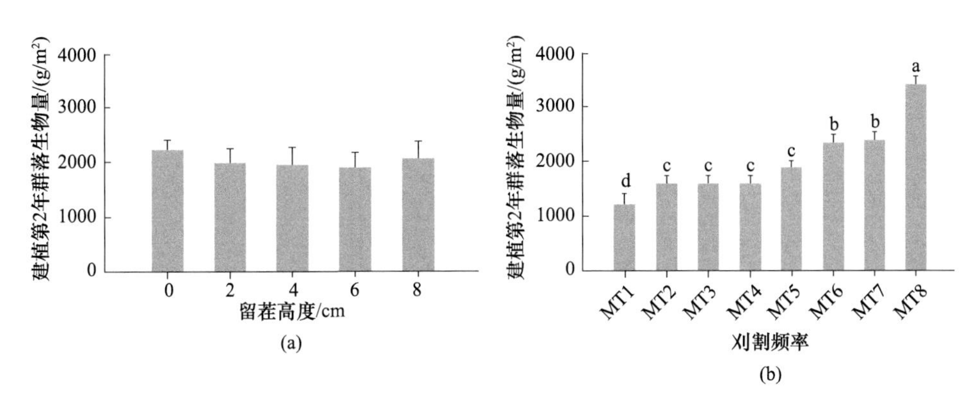

图 8.1 建植第 2 年留茬高度和刈割频率对垂穗披碱草 / 同德小花碱茅人工草地群落地上生物量的影响

MT4 和 MT5 4 个处理之间群落地上生物量无显著差异，MT6 和 MT7 两个处理之间群落地上生物量亦无显著差异；但在建植第 3 年，不同刈割频率之间群落地上生物量无显著差异［图 8.2（b）］。

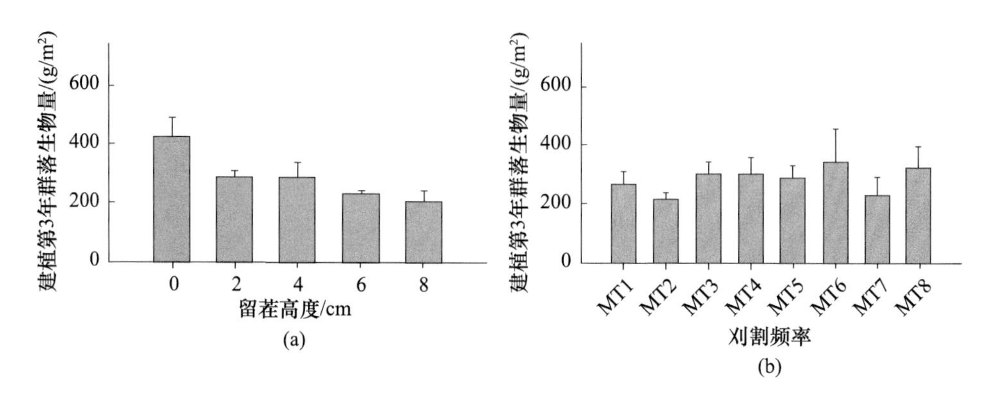

图 8.2　建植第 3 年留茬高度和刈割频率对垂穗披碱草 / 同德小花碱茅人工草地群落地上生物量的影响

二、留茬高度和刈割频率对人工草地再生性的影响

建植第 2 年，不考虑留茬高度和刈割频率的影响，垂穗披碱草的再生长率为 2.52g/(m^2·d)，同德小花碱茅的再生长率为 0.28g/(m^2·d)。对于垂穗披碱草而言，不同留茬高度对其再生长率没有显著影响，而刈割频率则对其影响显著，较高刈割频率下的再生长率也较高，MT1 和 MT2 处理下显著高于其他处理；对于同德小花碱茅而言，不同留茬高度和刈割频率对其再生长率均没有显著的影响（图 8.3）。

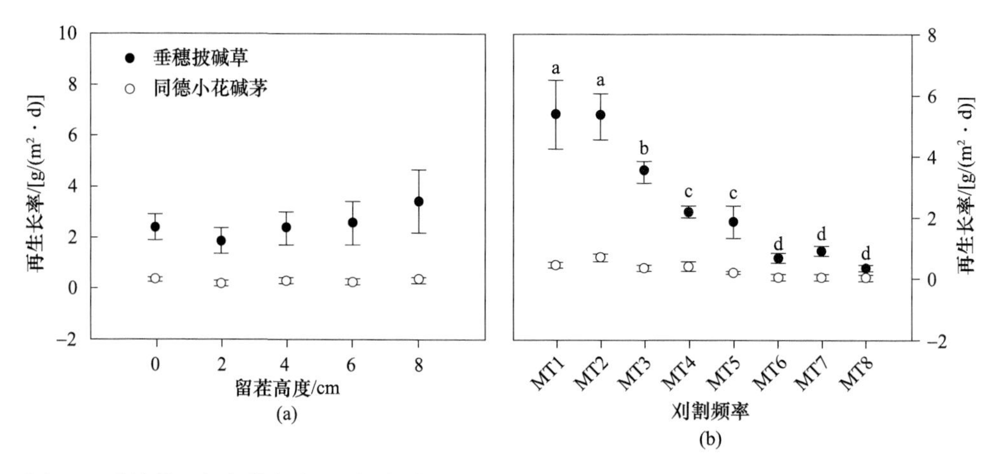

图 8.3　建植第 2 年留茬高度和刈割频率对垂穗披碱草 / 同德小花碱茅全年日净生长率的影响

不考虑留茬高度和刈割频率的影响，建植第 3 年，垂穗披碱草的再生长率为 4.76g/（m^2・d），同德小花碱茅的再生速率为 0.28g/（m^2・d）。对于垂穗披碱草而言，不同留茬高度对其再生长率没有显著影响，而刈割频率则对其影响显著，与建植第 2 年不同，较低刈割频率下的再生长率较高，MT8 处理下具有最高的再生长率；对于同德小花碱茅而言，不同留茬高度和刈割频率对其再生长率均没有显著的影响（图 8.4）。

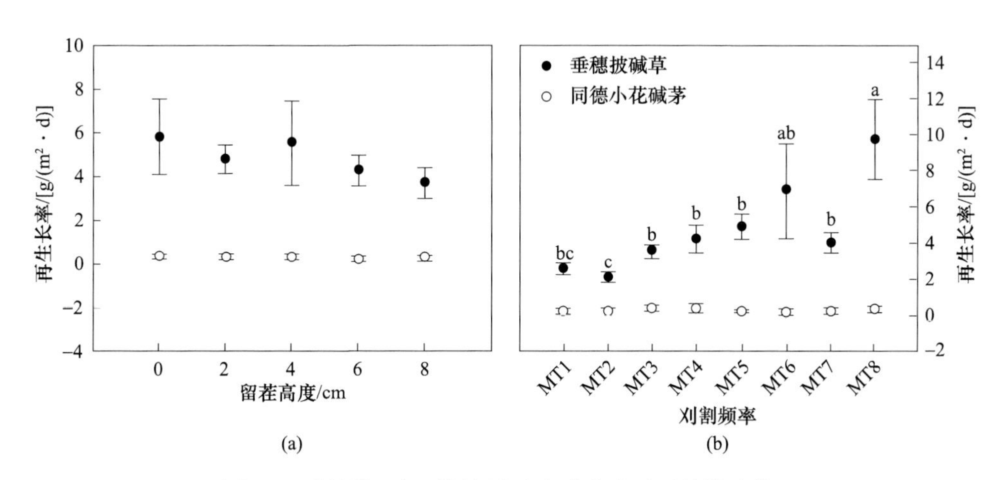

图 8.4　建植第 3 年刈割频率和留茬高度对垂穗披碱草 / 同德小花碱茅全年日净生长率的影响

建植第 2 年，刈割频率显著影响了牧草再生生物量在总生物量中的比例。随着刈割频率的降低，再生生物量在总生物量中的比例逐渐降低。在 MT1 处理下，该比例为 50.2%；在 MT8 处理下，该比例仅为 0.3%。留茬高度对该比例没有显著影响（图 8.5）。

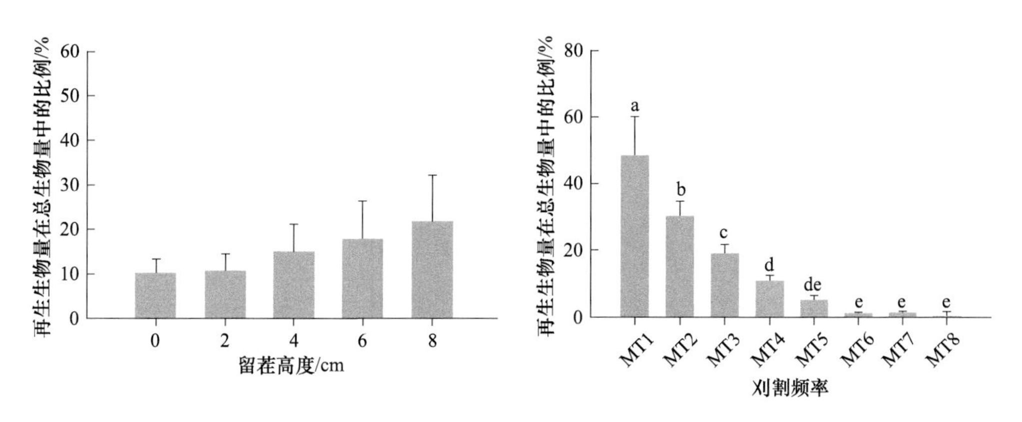

图 8.5　建植第 2 年垂穗披碱草 / 同德小花碱茅人工草地再生生物量占总生物量的比例

留茬高度和刈割频率对建植第3年人工草地牧草再生生物量在总生物量中的比例的影响趋势与建植第2年相似；MT1处理下该比例达到了70.1%，MT8处理下为8.8%（图8.6）。

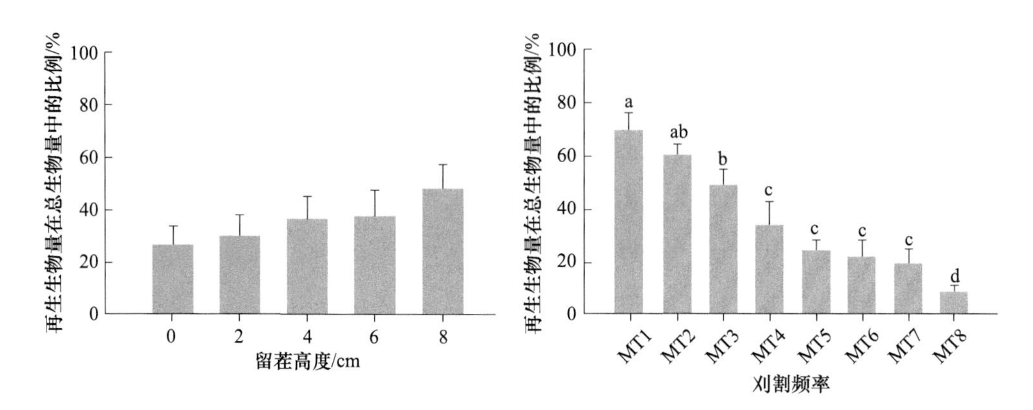

图8.6　建植第3年垂穗披碱草/同德小花碱茅人工草地再生生物量占总生物量的比例

三、小结

（1）垂穗披碱草/同德小花碱茅人工草地建植第2年起，群落生物量主要由垂穗披碱草生物量组成。

（2）垂穗披碱草/同德小花碱茅人工草地建植第2年和第3年，留茬高度对整个生长季内群落地上生物量均无显著影响，刈割频率在建植第2年对生长季内群落地上生物量有显著的影响，即随着刈割频率的降低，群落地上生物量随之增加。

（3）垂穗披碱草的再生长率高于同德小花碱茅的再生长率；留茬高度对两种牧草的再生长率均无显著影响，而刈割频率显著影响了垂穗披碱草的再生长率。

第三节　刈割时间、频率和留茬高度对群落结构的影响

一、建植年限对人工草地群落物种丰富度和盖度的影响

随着建植年限的增加，其他入侵物种在垂穗披碱草/同德小花碱茅人工草地的物种丰富度增加，建植第2年群落中物种数达到7种，而到第3年物种数

则达到了 10 种（图 8.7）。建植第 2 年各处理入侵的物种主要为早熟禾、青海薹草、细叶亚菊、肉果草、鹅绒委陵菜和西伯利亚蓼等，在第 3 年除上述物种外，甘肃马先蒿、羽叶点地梅（*Pomatosace filicula*）和高山豆（*Tibetia himalaica*）等物种也在大多数处理中出现。

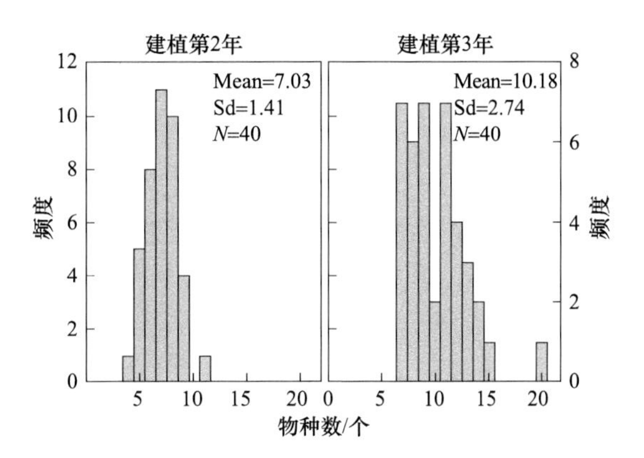

图 8.7　建植年限对群落物种数的影响

注：Mean 表示平均值；Sd 表示标准方差；N 表示样本量。

随着群落内物种丰富度的增加，群落盖度降低。建植第 2 年，群落和垂穗披碱草盖度分别为 92.2% 和 86.7%；到第 3 年，分别降低至 68.9% 和 61.2%（图 8.8）。

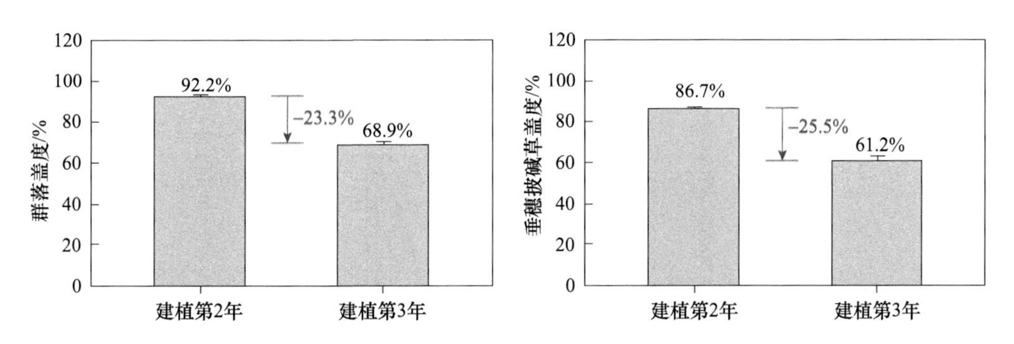

图 8.8　建植年限对群落盖度和垂穗披碱草盖度的影响

二、留茬高度和刈割频率对物种丰富度和群落盖度的影响

在建植第 2 年和第 3 年，留茬高度和刈割频率均对垂穗披碱草 / 同德小花碱茅人工草地的物种丰富度没有显著影响（表 8.4）。

表 8.4　留茬高度和刈割频率对群落物种丰富度影响的方差分析表

时间	留茬高度		刈割频率	
	F 值	*P* 值	*F* 值	*P* 值
建植第 2 年	1.700	0.172	1.035	0.427
建植第 3 年	1.562	0.206	1.471	0.213

建植第 2 年，群落盖度和垂穗披碱草盖度在生长季初期各留茬高度之间没有显著差异（图 8.9）。当留茬高度为 0cm 时，生长季初期和末期之间群落和垂穗披碱草盖度变化率分别为 62.9% 和 63.7%，显著高于其他留茬高度，而且这两个变化率在留茬高度为 2cm、4cm 和 6cm 时没有显著差异，但均显著高于留茬高度为 8cm 时；留茬高度 8cm 时在生长季初期和末期之间群落和垂穗披碱草盖度变化率较小，分别为 21.4% 和 21.2%。

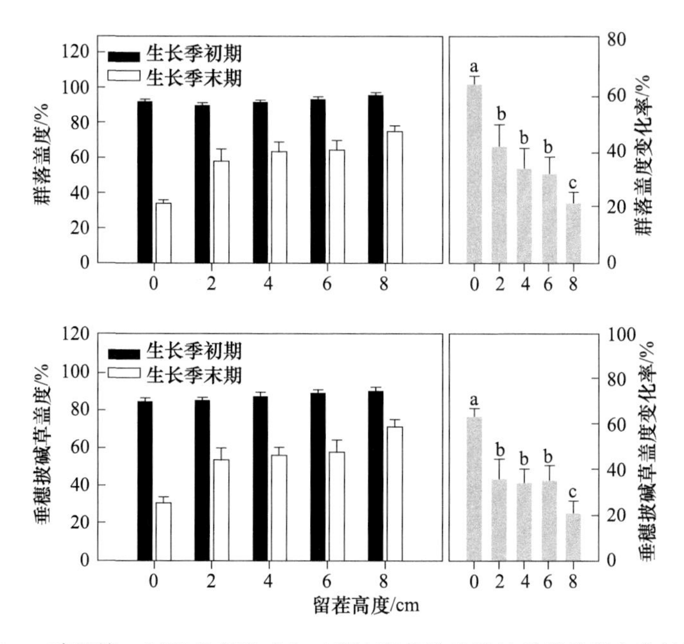

图 8.9　建植第 2 年留茬高度对人工草地群落及垂穗披碱草盖度变化的影响

三、小结

（1）随着建植年限的增加，垂穗披碱草 / 同德小花碱茅人工草地有其他物种入侵，物种丰富度增加，建植第 2 年群落中物种数达到 7 种，而到第 3 年物种数则达到了 10 种；随着建植年限的增加，群落和垂穗披碱草盖度降低。建植第 2 年，群落和垂穗披碱草盖度分别为 92.2% 和 86.7%；到第 3 年，分别降低至 68.9% 和 61.2%。

（2）留茬高度和刈割频率均对垂穗披碱草 / 同德小花碱茅人工草地的物种丰富度没有显著影响。

（3）群落盖度和垂穗披碱草盖度在生长季初期各留茬高度之间没有显著差异；随着留茬高度的增加，群落和垂穗披碱草生长季内盖度变化率减小。

第四节　结论与讨论

人工草地是在人类农艺活动干预和参与下草地演替过程的产物，高产优质的人工草地是草地畜牧业发展的质量指标，是推动现代生态畜牧业发展的重要基础。人工草地进行放牧利用时，需要综合考虑家畜生产力和草地的健康和稳定，以实现人工草地的可持续利用，其中合理的放牧强度是进行人工草地放牧管理的重要方面，通过刈割进行模拟放牧是研究人工草地合理放牧强度的主要途径。

研究表明，刈割频率和留茬高度可模拟放牧强度，是影响人工草地产量及其再生性的重要因素。在刈割后植物伤口愈合和新叶生长需要大量的能量和碳水化合物，因而刈割前储存的光合产物是刈割后植物再生的重要物质和能量来源（Wu et al.，2010）；不同的留茬高度使其留在系统里的能量和物质不同，因而留茬高度是影响牧草再生的关键因子。Wang 等（2014）的研究表明，黑麦草的再生主要依赖于刈割前所储存的光合产物，而且在多次刈割（较高的利用频率）下留茬高度对牧草再生的影响要大于单次刈割后牧草的再生。此外，留茬高度对牧草再生的影响与其对牧草分蘖数的影响有关。对黑麦草多年生人工草地的刈割研究发现，牧草分蘖大小和密度之间平衡的短暂变化（平衡被短暂打破）会促进牧草的再生；但也有研究表明，从植物组织生长的动态变化来看，刈割后植物组织的积累更可能是由于去除成熟组织而导致的衰老损失减少，而不是新组织生长速度提高。

在本研究中，留茬高度对牧草在生长季内的群落生物量和再生长率没有显著影响。这可能是刈割对牧草分蘖、可用于牧草再生的光合产物积累的影响之间的平衡导致的：一方面由于在较低的留茬高度下，刈割对牧草分蘖的影响要高于较高留茬高度；另一方面在较高留茬高度下，系统中所存留的光合产物较多，可以为牧草再生提供更充足的物质和能量。在这两种作用的平衡下，不同的留茬高度下，垂穗披碱草和同德小花碱茅的再生长率没有显著差异，因此群落再生长率及再生生物量在生长季总生物量中所占比例在不同留茬高度间没有差异。本研究中，不同模拟放牧强度下群落地上生物量反映了家畜对牧草的采食量，结果表明在建植第 2 年不同留茬高度对家畜的采食量没有显著影响，但是在建植第 3 年随着留茬高度的增加家畜采食的牧草量有降低的趋势。与留茬高度相比，刈割频率对垂穗披碱草生长季内生物量和再生长率有显著的影响，但不同的建植年限内其变化趋势相反：建植第 2 年较高刈割频率下垂穗披碱草有较高的再生长率，而在建植第 3 年较低刈割频率下垂穗披碱草有较高的再生长率。

通常垂穗披碱草人工草地在建植第 2 年开始生长的高峰期，较高的刈割频率可以刺激新生组织的再生，但是持续一个生长季高强度的利用使其难以积累足够的营养物质以供来年返青时期的生长，因此在进入建植第 3 年后，较高刈割频率下垂穗披碱草的再生长率低于较低刈割频率下的再生长率，这也导致了在建植第 3 年群落地上生物量急速降低，而且不再随刈割频率有一致的变化趋势。这说明青藏高原人工草地在上一年度的利用强度不仅影响牧草当年的再生生物量和家畜可采食的牧草量，还对下一年度牧草返青及其生长具有明显的后续效应（legacy effects）（董全民 等，2020），因而高寒人工草地在进行放牧利用时不仅要考虑放牧强度对当年家畜生产力和牧草再生性的影响，还要考虑其后续效应对人工草地可持续利用的影响。

第九章

垂穗披碱草 / 中华羊茅 人工草地生长季模拟放牧研究

人工草地是利用综合农业技术，在完全破坏原有植被的基础上，通过人为的播种来建植新的人工草本群落。世界各国都十分重视发展人工草地。人工草地是特殊的农业用地，是农业文明与牧业文明结合的产物，是现代化草地农业系统的必需条件，是草地经营的高级形式。

刈割是人工草地的主要利用形式之一。人工草地的刈割管理有很多方面，包括要严格控制刈割强度、刈割频率等。如果人工草地处于过度利用状态，草地群落结构、组成和功能均会受到不同程度的影响。刈割强度和刈割频率是影响人工草地的两个最重要的因素。它们会影响群落组成结构、群落演替、土壤营养元素含量、地上生物量及营养元素储存和分配。草地刈割技术主要基于刈割强度和刈割频率确定。只有建立适宜的刈割制度及合理科学的管理方法，才能够获得优质牧草产出，持久而有效地利用草地资源。

第一节　试验设计

一、试验地概况

试验地设在青海省果洛州玛沁县乳品厂一大队，位于 N 34°27.859′，E 100°12.727′，海拔为 3756m。年平均气温为−1.3℃，年降水量为 556.8mm，全年大于 0℃的积温为 1062.8℃，无绝对无霜期，野生牧草的生长期约为 150d。试验区主要植被为垂穗披碱草、中华羊茅、多种早熟禾、茅香（*Anthoxanthum nitens*）及甘肃马先蒿、阿拉善马先蒿（*Pedicularis alaschanica*）、铁棒锤、西伯利亚蓼等。

2002 年 6 月 20 日建植的垂穗披碱草＋中华羊茅人工草地，底肥为尿素，用量为 150kg/hm^2，2003 年 6 月中旬和 2004 年 7 月 30 日以尿素 150kg/hm^2 追肥。

2002 年 11 月进行冬季放牧，利用率高，基本被吃完；2003 年留茬 35cm 收获种子，冬季放牧利用。

二、试验设计与方法

试验设 4 个处理（留茬高度）[A：0cm（贴地面）；B：5cm；C：10cm；D：15cm]，5 次重复，样方面积 $1m^2$，20 个样方直线顺序排列。牧草高度超过 15cm 后，从 7 月 8 日（牧草平均高度 18cm）开始，每 10d 测定 1 次，9 月 16 日结束，共测定 8 次。每次刈割前测定群落总盖度和各牧草分盖度、高度、生物量鲜重，并留样测定干重。

三、数据分析

1．优势度指数

$$I=N_{max}/N \tag{9.1}$$

式中，N_{max} 为群落中优势种的生物量；N 为群落的总生物量。

2．植被演替度

植被演替度是植被演替阶段背离顶级群落的程度。

$$\mathrm{DS}=edu/N \tag{9.2}$$

式中，e 为植物生活型；d 为种优势度；u 为盖度；N 为植物种类数量。

第二节　留茬高度对草地植物生物量和再生量的影响

草地群落演替（植物繁殖体的传播或生命的繁衍、植物之间的相互作用，以及新的植物分类单位的产生或小规模演化）的原因或机制基本上取决于环境条件的变化。环境条件的变化，特别是人为引起的局部环境的变化，通常是缓慢地影响草地群落，从而引起它们的演替。草地群落本身对相应生境的作用所引起的环境变化，也是以缓慢的速度逐渐发生。植物之间的相互作用，不论是间接的（即通过环境改变的），或是直接的，在演替进程中都发挥着巨大的作用。虽然演替是一种普遍现象，但是引发演替的原因并不都是一样。演替的起因在不同程度上属于群落外部或内部，许多演替既涉及外因，也涉及内因，甚至交互作用。刈割作为一种人工调控措施，是草地的主要利用方式。草地刈割在给家畜提供大量的鲜草和干草，提高草地利用价值的同时，也改变了草地的环境条件，引起草地植被的演替。因此，科学合理地制定最佳刈割方案就显得尤为重要。

一、留茬高度对草地生产力的影响

生产力是指单位面积和单位时间内（通常为年或日）生产的有机物的总量，即生产的速率。牧草生产仅指草地上牲畜可食植物的地上部分，是草地生态系统初级生产力的一部分。但是，牧草生产的水平标志着初级生产的质量。许多时候，两者呈正相关关系，但在重度放牧或刈割干扰下，毒杂草的比例较大时，毒杂草的量越多，牧草的生产量越少，此时，两者则呈负相关。不同留茬高度的草地生产力（烘干重）见表 9.1。

表 9.1 不同留茬高度的草地生产力 [单位：g/（m^2·d）]

植物名称	A	B	C	D
垂穗披碱草	0.37	0.94	1.55	2.01
中华羊茅	0.28	0.84	1.49	2.08
早熟禾	0.19	0.76	1.16	1.65
西伯利亚蓼	0.12	0.51	0.84	1.04

留茬高度是刈割技术的一个重要方面，留茬的高低直接关系干草产量和牧草损耗率，不同区域草地因地形地貌和群落组成的差异，留茬的高度不尽相同。由表 9.1 可知，垂穗披碱草、中华羊茅、早熟禾、西伯利亚蓼随着留茬高度的递增，日生产力也相应增加，可见留茬高度不仅影响牧草的生产力，同时对杂类草的生产力也有显著的影响。

二、留茬高度对人工草地饲用性的影响

在草地放牧过程中，家畜对牧草具有选择性，草地上许多植物不能被充分利用，因此刈割成为获取饲草的有效途径。在刈割过程中，有一部分牧草不可避免地被浪费了，这就是我们所说的牧草损耗率。牧草损耗率是指未割取部分的牧草量占牧草总量的百分数，留茬越高，收获量越少，牧草损耗率越大。因此，合理的留茬高度可以降低牧草损耗率，提高牧草的饲用性。

由表 9.2 可以看出，随着留茬高度的递增，垂穗披碱草、中华羊茅、早熟禾、西伯利亚蓼在牧草饲用性生产方面的日生产力逐步提高；垂穗披碱草受到种间与种内竞争的影响，日生产力所占群落生产力的比例随着留茬高度的递增而逐步降低，而其他物种则基本呈上升趋势。

表 9.2　不同留茬高度下的牧草饲用性　[单位：g/（m^2・d）]

物种	A		B		C		D	
	g/m^2	%	g/m^2	%	g/m^2	%	g/m^2	%
垂穗披碱草	2.57	38.36	6.59	30.87	10.88	30.86	14.08	29.57
中华羊茅	1.98	29.55	5.85	27.40	10.43	29.58	14.57	30.60
早熟禾	1.32	19.71	5.32	24.92	8.08	22.92	11.62	24.40
西伯利亚蓼	0.83	12.38	3.59	16.81	5.87	16.64	7.35	15.43
合计	6.7	100	21.35	100	35.26	100	47.62	100

三、不同留茬高度下的人工草地质量评价

草地健康状态及草地退化的评价，关系到采取何种恢复或治理的技术途径问题，这也一直是草地工作者探索的领域。在此，利用牧草生产力衰退率作为评价指标，以处理 D 的生产力作为参照物，对不同留茬高度下的人工草地牧草生产力衰退率进行统计分析，并对草地质量进行评价。

根据表 9.3 可知，对人工草地而言，随着留茬高度的降低，即刈割强度的增大，植物群落生产力及各种牧草的生产力均表现为不同程度的衰退。处理 A 的生产力衰退率＞60%，属于重度退化；处理 B 的生产力衰退率为 30%～45%，属于中度退化；处理 C 的生产力衰退率为 20%～35%，属于轻度退化；处理 D 可认为处在相对稳定的状态，基本上属于不退化。

表 9.3　不同留茬高度下的牧草生产力衰退率　（单位：%）

物种	A	B	C	D
垂穗披碱草	61.00	39.43	22.73	0
中华羊茅	66.15	43.91	28.41	0
早熟禾	75.19	34.16	30.46	0
植物群落	68.62	39.45	25.96	0

四、小结

留茬高度不仅影响牧草的生产力，同时对杂类草的生产力也有显著影响；随着留茬高度的递增，垂穗披碱草、中华羊茅、早熟禾、西伯利亚蓼在牧草饲用性生产方面的日生产力逐步提高；垂穗披碱草日生产力所占群落生产力的比例随着留茬高度的递增而逐步降低，而其他物种则基本呈上升趋势。对人工草地而

言，随着留茬高度的降低，即刈割强度的增大，植物群落生产力及各种牧草的生产力均在不同程度的退化。贴地面刈割导致牧草生产力重度退化；留茬高度 5cm 导致牧草生产力中度退化，留茬高度 10cm 导致牧草生产力轻度退化，留茬高度 15cm 可认为处在相对稳定的状态，基本上属于不退化。知道了刈割强度（留茬高度）对人工草地牧草生产力的影响，可以帮助我们制定合理的刈割计划，有助于提高人工草地利用率，更好地发展畜牧业。

第三节　留茬高度对群落结构的影响

一、留茬高度对人工草地植被组成的影响

一般情况下，大多数人工草地的群落都是由禾本科、豆科、杂类草与其他有毒植物构成。在放牧或刈割的影响下，也可以将群落的组成物种划分为 3 类。①减少种：人工草地上随刈割强度增大其相对盖度递减的植物种；②增加种：人工草地上随刈割强度增大其相对盖度递增的植物种；③侵入种：人工草地上原来不存在的种，由于生境变化而后出现的种。

由图 9.1 可知，随留茬高度的增加，垂穗披碱草相对盖度递减；高留茬高度使垂穗披碱草和中华羊茅变成减少种；早熟禾的相对盖度随留茬高度增大而递增，成为增加种，这主要是因为低留茬高度降低了优势种垂穗披碱草和中华羊茅的相对盖度，从而给早熟禾提供足够的生长空间；西伯利亚蓼随着刈割措施的进行而逐步侵入人工草地，成为侵入种。也就是说，当人工草地向自然植被恢复演替过程中，大量居优势地位的杂类草（西伯利亚蓼）随之出现。这实际上是一种

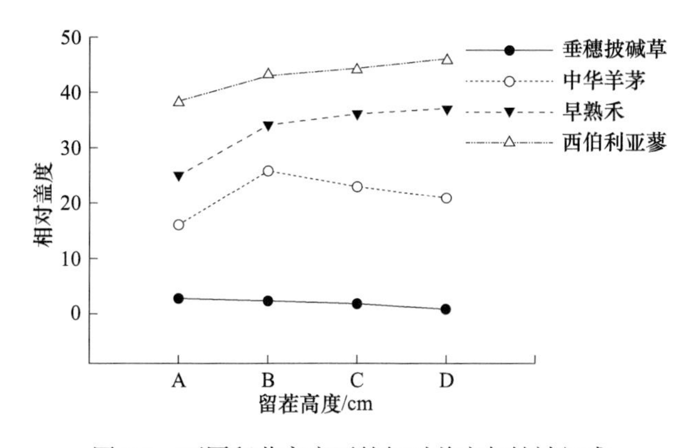

图 9.1　不同留茬高度下的相对盖度与植被组成

非稳定态草地系统向稳定态系统的恢复演替，具有利用价值，对整体生态环境建设也具有一定积极的意义。

二、不同留茬高度下的地上生物量再生性

由图 9.2 可知，留茬高度对人工草地地上生物量的变化有显著影响。随着刈割强度的减弱，即留茬高度的增加，垂穗披碱草和中华羊茅的再生地上生物量逐渐上升。同时，人工草地上垂穗披碱草和中华羊茅在群落生物量中所占的比例随着刈割强度的增加（留茬高度的降低）而呈下降趋势。因为刈割为其他牧草的入侵、繁殖和定居创造了有利条件。

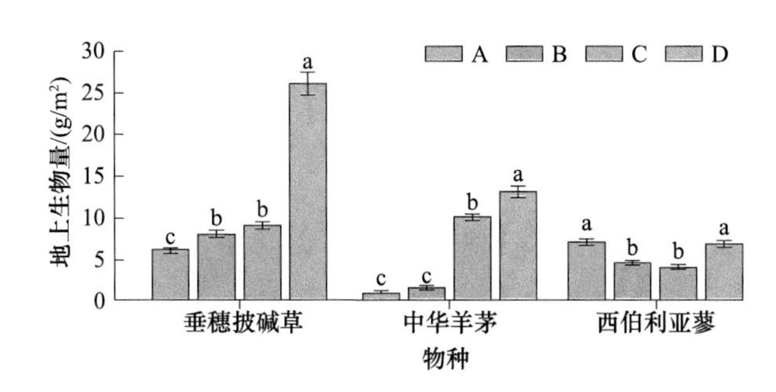

图 9.2　不同留茬高度下的再生地上生物量

三、不同留茬高度下的植被演替度

植被演替度可以作为放牧草地植被的定量化分析指标。一般认为，草本植被顶极群落的演替度为 300～400，植被处于良好的生长发育阶段，草地植被稳定；演替度为 250～300 的草地植被，杂类草比例增加，属于适度或略呈过度放牧状态；演替度为 150～200 的草地植被呈严重退化，侵入种出现，属于重度放牧；演替度为 150 以下的草地植被呈极度退化，植被恢复十分困难。由表 9.4 可知，A、B、C、D 4 个处理中，只有 A 处理的植被演替度（DS）值小于 150，处于极度退化状态，可见，随着留茬高度的增加，人工草地植被群落逐渐向顶级植被群落演替，属于正向演替，植被群落逐渐趋于稳定。

表 9.4　不同留茬高度下的植被演替度

处理	A	B	C	D
植被演替度 DS	123.48	157.08	157.55	161.51

四、小结

随着留茬高度的增加，垂穗披碱草相对盖度递减，高留茬高度使垂穗披碱草和中华羊茅变成减少种；早熟禾的相对盖度随留茬高度增大而递增，成为增加种；西伯利亚蓼随着刈割措施的进行而逐步侵入人工草地，成为侵入种。

随着刈割强度的减弱，即留茬高度的增加，垂穗披碱草和中华羊茅的再生地上生物量逐渐上升。同时，人工草地上优良牧草垂穗披碱草和中华羊茅在群落生物量中所占的比例随着刈割强度的增加而呈下降趋势。

A、B、C、D 4 个处理中，只有 A 处理的 DS 值小于 150。随着留茬高度的增加，人工草地植被群落逐渐向顶级植被群落演替，属于正向演替。

第四节　结论与讨论

刈割强度是影响人工草地的重要因素之一，多次刈割会消耗贮藏养分，导致牧草生活力降低，恢复能力逐步减弱。同时，高强度刈割对高生长位植物的影响要高于低生长位的牧草，刈割后贮藏养分下降的幅度也不同；刈割对不同种类牧草的影响也不同，主要是对贮藏养分含量的影响。试验中早熟禾的相对盖度随刈割强度增大而递增，成为增加种；西伯利亚蓼随着刈割措施的进行而逐步侵入人工草地，成为侵入种。

不同的留茬高度，对牧草的群落结构、生理生态、品质、干物质分配、生物量和产量及草地生态系统等产生不同程度的影响。牧草刈割后的留茬高度越高，牧草收获量越低；留茬高度太低，将破坏牧草的生长点，影响牧草的再生，尤其是当年最后一茬收割时留茬高度不能太低，否则会影响牧草的越冬和来年的再生。由于不同牧草生长点的高低和再生特性各不相同，最适宜的留茬高度也不尽相同。本研究表明，留茬高度不仅影响牧草的生产力，同时对杂类草的生产力也有显著的影响；随着留茬高度的递增，垂穗披碱草、中华羊茅、早熟禾、西伯利亚蓼在牧草饲用性生产方面的日生产力逐步提高；垂穗披碱草日生产力所占群落生产力的比例随着留茬高度的递增而逐步降低，而其他物种则基本呈现上升趋势。对人工草地而言，随着留茬高度的降低，即刈割强度的增大，植物群落生产力及各种牧草的生产力均在不同程度退化。0cm 留茬，牧草的损耗率小，利用率高，但齐地面刈割，特别是一年内多次高强度刈割，损坏了牧草的生长点，使牧草的再生完全依靠贮藏养分；同时 0cm 留茬，使地面处于裸露状态，蒸发量加大，使牧草生长受阻，再生能力衰竭，再生速度慢，再生次数减少，再生草产量也较低。对于高寒多年生禾本科人工草地而言，0cm 导致牧草生产力重度退化；5cm 留茬导致牧草生产力中度退化，10cm 留茬导致牧草生产力轻度退化，15cm 留茬可认为处在相对稳定的状态，基本上属于不退化。随着留茬高度的增加，人工草地植被群落逐渐向顶级植被群落演替，属于正向演替，植被群落逐渐趋于稳定。

第四篇

高寒人工草地牧草生产加工与高效利用

第十章

高寒人工草地牧草生产加工与饲喂技术

第一节 饲草生产

牧用型人工草地：根据当地气候、土壤条件和退化天然草地恢复利用目的，选择耐牧耐践踏、群落稳定性强、草质柔软、适口性高的草种进行优化组合（如青海中华羊茅＋青海冷地早熟禾＋青海草地早熟禾）用于牧用型人工植被建植，可达到不同草种对阳光、土壤营养及水分充分利用的目的，实现空间结构的优化配置。

生态型人工草地：根据当地气候、土壤条件和退化天然草地或退耕还草（林）退化人工草地恢复利用目的，选择抗逆性强、固土能力好、适应性广的草种［如异针茅（*Stipa aliena*）、赖草、垂穗披碱草、同德小花碱茅及中藏药材］用于生态型人工植被建植，以达到恢复草地生态功能的目的。

刈用型人工草地：根据当地气候、土壤条件和退化天然草地或退耕还草（林）退化人工草地恢复利用目的，选择同德短芒披碱草、垂穗披碱草、青牧1号老芒麦及无芒雀麦等产量高、植株高大的牧草品种用于多年生刈用型人工草地建植；选择燕麦、箭筈豌豆等优良牧草建立一年生人工草地。

一、高寒牧区人工草地建植及管理

播种时间：高寒牧区人工草地的播种期宜在5月上旬至6月上旬。

农艺措施：建植多年生人工草地的农艺措施为灭鼠→翻耕→耙耱→施肥→播种（撒播或条播）→覆土→镇压。

人工草地管理：高寒牧区人工草地培育管理的措施主要包括鼠害防治、毒杂草防除、施肥和合理刈割。

鼠害防治技术主要包括物理防治、化学防治和生物防治。施肥用量：氮肥为 30～60kg/hm^2，磷肥为 60～120kg/hm^2，氮磷比为 1∶2，牛羊粪为 22 500～30 000kg/hm^2。人工植被建植第 1 年的生长季和每年的返青期要求绝对禁牧。建植后的第 3 年起每年或隔年在牧草分蘖～拔节期（6 月下旬至 7 月上旬）追施尿素 1 次，总用量为 75～150kg/hm^2。人工草地建植第 4 年起要及时进行毒杂草防除。根据害鼠的密度、危害程度，每年冬春季节可进行灭鼠 1 次。收获宜在抽穗期至开花期，刈后捆束，架贮，严防霉烂。也可经霜后冻干，收割高品质的冻干草。

二、高寒牧区人工草地生产加工

一年生牧草：以一年生燕麦单播或一年生燕麦＋豌豆混播为主，在高寒牧区退化草地和退耕还草（林）草地上（草带区）建立饲草料基地，也可在夏季空闲的牛羊圈舍周围种植人工草地。其目的是利用微环境的土壤、气候条件及一年生燕麦和豌豆的优质高产特点，生产优质饲草料，解决部分家畜的冬季补饲问题。一年生牧草主要采用青干草捆、捆裹青贮、窖贮等加工方法，主要用于当地及周边地区家畜的冬季补饲及育肥或奶牛的饲养。

多年生禾本科单播 / 混播人工草地：针对高寒牧区退耕还草（林）草地（草带区），采用刈割利用的方式，选择适宜该地区种植的高禾草，例如同德短芒披碱草、青牧 1 号老芒麦、垂穗披碱草、中华羊茅及无芒雀麦等建植单播或混播人工草地，建立相对稳定的人工群落。该类草地主要以生产青干草捆，或在收获草籽后将牧草加工成青干草捆，进一步加工成草粉、草颗粒和草块等，主要用于抗灾保畜、当地及周边地区的家畜冬季补饲育肥。

三、高寒牧区人工草地系列草产品加工

高寒牧区人工草地草产品可分为五大类：青干草捆、草捆青贮、草粉、草颗粒和草块（曹致中，2005）。

干草调制是指把人工草地种植的牧草和饲料作物进行适时收割、晾晒和储藏的过程。刚收割的青绿牧草通常被称为鲜草（含水量大多在 50% 以上），鲜草经过一定时间的晾晒或干燥，水分达到 15% 以下时，即成为干草（玉柱 等，2003）。

牧草的收获与储藏是干草生产的重要组成部分，干草的生产与调制是实现草产品产业化的重要环节。影响干草质量的因素很多，如品种、收获时期、收获时的天气状况、收获技术及储藏条件，而这些因素大多可以通过适当的管理措施加以调整与控制，从而提高干草的品质。为了获得高品质的牧草干草，要适时刈割，一般在现蕾期和初花期为好。收获后牧草在干燥和储藏过程的损失较多，这

些损失一般包括呼吸损失、机械损失、雨淋损失和储藏损失。

青干草捆是应用最为广泛的草产品，其他草产品基本上都是在草捆的基础上进一步加工出来的。目前，青海省外销的草产品中80%以上都是草捆。草捆加工工艺简便、成本低，主要通过自然干燥法使牧草脱水干燥。其加工工艺为：将鲜草刈割（人工或机械刈割）后，在田间自然状态下晾晒至含水量为20%～25%。用捡拾打捆机将其打成低密度草捆（20～25kg/捆，草捆大小约为30cm×40cm×50cm），或者用人工方法将其运回加工厂，用固定式的打捆机将低密度草捆或干草打成高密度草捆（45～50kg，草捆大小约为30cm×40cm×70cm）。与此工艺配套的设备有：①切割压扁机；②捡拾打捆机；③固定式打捆机（二次压缩打捆机）。

草捆青贮的生产工艺流程为牧草刈割（人工或机械刈割）→自然晾晒（含水量为20%～25%）→捡拾打捆→二次打捆（含水量为17%～19%）→商品草捆→包装→入库。

草粉的生产工艺流程为原料草（刈割或刈割压扁）→晾晒（含水量为40%～50%）→切碎→烘干→粉碎→草粉→包装→入库。

草颗粒的生产工艺流程为原料草（刈割或刈割压扁）→切碎→烘干→粉碎→草粉→制粒（制块）→包装→入库。

草块的生产工艺流程为原料草（刈割或刈割压扁）→草捆→粉碎→草段→添加料→加压、加热→制块→冷却→包装→入库。

第二节　高寒牧区牧草青贮营养特征

一、牧草青贮的原理

牧草青贮是利用微生物的发酵作用将新鲜牧草（含饲用作物）置于厌氧环境下经过乳酸发酵，制成一种多汁、耐贮藏的、可供家畜长期食用的饲料的过程。青贮饲料不仅具有良好的适口性，营养价值也较为全面，能够很大程度地将饲料原料的营养成分保存下来。牧草青贮是长期保存青绿饲料营养的一种简单、经济而可靠的方法，也是保证家畜长年均衡供应粗饲料的有效措施和重要技术。

二、牧草青贮的发酵过程

青贮发酵是一个复杂的微生物活动和生物化学变化的过程，受化学因素、微生物和物理因素的影响较大，因此了解青贮材料的特性、青贮过程中的各种变化，对制作出优质青贮饲料具有重要作用。青贮过程受3个相互作用的因素控制：①青贮原料的化学组成；②青贮原料中空气的数量；③细菌的活性。青贮的发酵过程根据其环境、微生物种群的变化及其物质的变化可分为呼吸期、乳酸发酵期、稳定期、二次发酵4个时期（张淑绒 等，2010）。

1．呼吸期

当牧草被收获时，本身是活体，在刈割后的一段时间内，它仍然有生命活动，直到水分低于60%才停止。这个时期由于牧草刚被密闭，植物体利用间隙的空气继续呼吸，随着呼吸消耗植物体内的可溶性糖，产生二氧化碳和水，并产生热量。待青贮窖内的氧被消耗完后，则变成厌氧状态。同时，这个时期好气菌也在短期内增殖，消耗糖，产生醋酸和二氧化碳。此期内蛋白质被蛋白酶水解，当pH下降到5.5以下时，蛋白酶的活性停止。通常这个时期在1～3d结束，时间越短越好。影响这个时期发酵的因素主要是密封、材料密度、水分含量和温度。密封好的青贮窖很快达到厌氧条件。切细的牧草原料更容易压实，减少空隙，同样可以加速达到厌氧条件。高水分有利于微生物的繁殖，可以缩短好气发酵期。温度为15～30℃，密封得好，好氧细菌的数量就会急速下降。

2．乳酸发酵期

当青贮窖内充满二氧化碳和氮气时，进入厌氧发酵期，此时主要是乳酸发酵。这个时期在青贮窖密封后的4～10d。牧草原料中的少量乳酸菌含量在2～4d增加到每克饲料数百万个。乳酸菌把易利用的碳水化合物转化成乳酸，降低了被贮牧草的pH。低pH抑制细菌生长和酶的活动，从而实现有效保存青贮饲料的目的。影响乳酸发酵的因素主要有密封性、牧草切碎长度、糖含量、水分含量和温度等。

3．稳定期

当青贮饲料中产生的乳酸含量达到1.0%～1.5%的高峰时，pH下降到4.2以下，乳酸菌活动减弱并停止。青贮饲料处于厌氧和酸性的环境中得以安全贮藏。这个时期在密封后的2～3周。如果在此期间没有空气的侵入干扰，青贮饲料可以保存数年。在暴露于空气之前，较干燥的青贮饲料即使pH有所升高也是稳定的。

4．二次发酵

青贮饲料二次发酵是指青贮成功后，由于中途开窖或密封不严，或青贮袋破损，致使空气侵入青贮饲料内，引起好气性微生物活动，分解青贮饲料中的糖、乳酸、乙酸、蛋白质和氨基酸，并产生热量，使青贮饲料内pH升高，饲料品质变坏，所以也称为好气性变质。引起二次发酵的微生物主要是霉菌和酵母菌。因此在青贮饲料保存的过程中，要严格密封，防止漏气，保持厌氧环境，防止二次发酵的发生。开窖后要做到连续取用，每日喂多少取多少，取后严密覆盖。此外，也可以喷洒丙酸等，以抑制霉菌和酵母菌的增殖。

三、牧草青贮的种类

1．半干青贮

半干青贮也叫低水分青贮，是青贮发酵的主要类型之一。这种方法已在美洲、欧洲广泛应用，中国北方地区也适合采用这种方法。具体做法是：将牧草（含饲料作物）收获后，经风干晾晒，水分降至45%～55%以后，将牧草放在青贮窖或青贮塔中，压紧密封，使氧气含量处于较低状态，抑制腐败菌、醋酸菌等的活动，但乳酸菌的活动相对受影响较少，依旧能够进行增殖；随着厌氧条件的形成，乳酸的积累，牧草便被完好地保存下来。半干青贮牧草含水量低，干物质含量多，减少了运输成本，使营养物质损失更少。

2．添加剂青贮

在青贮加工时加入适量的添加剂，以保证青贮质量。加入添加剂的目的主要是保证乳酸繁殖的条件，促进青贮发酵。目前应用的一些添加剂，也有控制青贮发酵及改善青贮饲料营养价值的作用。添加剂一般分为发酵促进剂、发酵抑制剂、好气性变质抑制剂和营养添加剂。这4种添加剂的主要作用在于提高酸度，促进pH的降低，抑制不良细菌的产生与发展，提高青贮饲料的营养价值。

3．混合青贮

青贮原料的种类繁多，质量各异，如果将两种或两种以上的青贮原料进行混合青贮，彼此取长补短，既能保证青贮成功，又能保证青贮质量。如豆科牧草与禾本科混合青贮更易成功。

四、牧草青贮设施的类型

1．青贮窖

青贮窖形式有半地下式、地下式和地上式，形状有长方形、方形、圆形等，以长方形较为多见。永久性青贮窖用混凝土建成，窖顶部可加盖一层顶棚，以防止雨水渗入。半永久性青贮窖实际上是一个土坑。长方形窖的宽深之比一般为（1∶1.5）～（1∶2.0），圆形窖的直径和深度之比相同，窖的大小可根据家畜的数量和饲料量而定。建造青贮窖造价较低，作业比较方便，既可人工作业，也可以机械化作业。

2．青贮壕

青贮壕通常为一个长条形的壕沟，沟的两端呈斜坡。沟底及两侧墙用混凝土砌抹。具体见本章第三节。

3．青贮塔

青贮塔多为圆筒形，以地上式为主。塔的内径为3～6m，高度为内径的2～4倍。青贮塔的结构有耐酸的不锈钢结构、砖石水泥结构和耐酸塑料板结构等。国内青贮塔多为砖砌圆筒；国外青贮塔塔身高大，多为金属和树胶液黏缝制成，完全密封，塔的大小上下等同。青贮塔占地少，构造坚固，经久耐用，制成的青贮料质量高，养分损失少。塔式青贮要求机械化程度高，进料、取料有专用机械。青贮塔一次性投资较高，设施比较复杂。

4．青贮堆

青贮堆是指在一块干燥平坦地面上铺塑料布，将青贮料卸在塑料布上垛成堆，然后压实密封而成。青贮堆的四边呈斜坡，以便拖拉机能开上去。青贮堆压实之后，用塑料布盖好，周围用沙土压严。塑料布顶上用旧轮胎或沙袋压住，以防塑料布被风掀开。青贮堆的优点是节省建窖的投资，贮存地点也十分灵活。但堆贮法贮量不大，损失较多，而且保存时间不长。

5．包膜青贮捆

包膜青贮捆是指细长青贮原料通过打捆机打成结实的圆筒形草捆，然后在包膜机上进行拉伸膜滚包，包成严实的草捆包。该青贮方法需要打捆机、包膜机、拉伸膜等设备与材料，而且要求青贮原料秆细柔软，原料可不用切短，但水分不宜太高，最好是半干青贮原料（梁正文，2017）。

五、牧草青贮的调制技术

在调制牧草青贮时要掌握各种青贮牧草的收割适宜期，及时收割。一般禾本科牧草适宜在孕穗期至抽穗期收割；豆科牧草在孕蕾至开花初期进行收割。这样既能兼顾营养成分和收获量，又有比较适宜的水分，可随割随运。调制青贮牧草时，可将收割的牧草阴干晾晒1～2d，使禾本科牧草的含水量降到不低于45%，豆科牧草为50%左右。另外，原料切碎便于压实排出空气，原料中的汁液也能流出，有利于乳酸菌摄取养分。在机器切碎时，要防止植物叶片、花序等细嫩部分的损失。采用窖贮或塔贮装窖时，原料要逐层平摊装填，同时要压紧，排出空气，为乳酸菌创造厌氧环境。原料要随装随压，务求踏实，要达到弹力消失的程度，整个装窖过程要求迅速和不间断。装满时使四周边缘原料与窖口相平，中间高出一些，呈弓形，在原料上面加盖10～20cm厚的整株青草，踏实，覆土

30cm 封严，或在原料上覆盖塑料薄膜，薄膜上再压 10～15cm 的沙土；封窖或塔后头几天原料下沉，封顶土会出现裂缝，应及时加土踏封，防止透气漏水。具体流程和技术要点如图 10.1 所示。

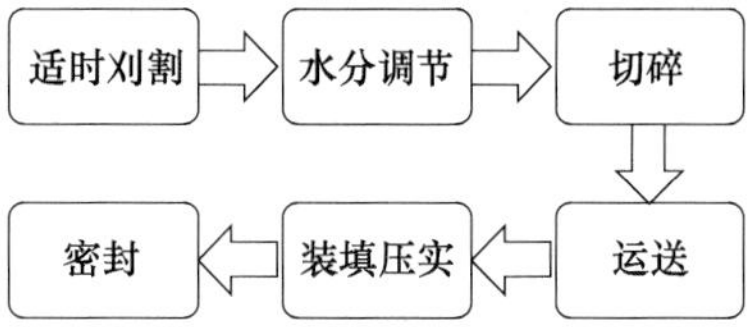

适时刈割 → 水分调节 → 切碎 → 运送 → 装填压实 → 密封

图 10.1　牧草青贮调制技术流程图

1．适时刈割

青贮饲料的收割期以牧草扬花期为最佳。此阶段不仅可以从单位面积上获取最高可消化养分产量，而且不会大幅度降低牧草蛋白质含量。

2．水分调节

适时收割时其牧草原料含水量通常为 75%～80% 或更高。要制作优质青贮饲料，必须调节含水量使其含水量控制在 80% 左右。

3．切碎和装填

裹包青贮可直接机械完成，无须切碎；青贮窖青贮，应将饲草切成 2～3cm。青贮前将青贮窖清理干净，窖底铺软草，以吸收青贮汁液。装填时边切边填，逐层装入，速度要快，当天完成。

4．密封

原料装填压实后，应立即密封和覆盖，而且压得越实越好，尤其是靠近壁和角的地方。

六、牧草青贮的质量评定

高品质的牧草青贮饲料要做到：① pH 迅速下降到最佳水平；②在有机酸的适当发酵范围；③水溶性碳水化合物得以保存；④减少蛋白质降解；⑤控制发酵温度；⑥减少移除饲料的有氧活动。总的来说，牧草青贮饲料的质量评定可分为 3 个方面：感官评价、化学成分和物理特性（王星凌　等，2010）。

1．感官评价

通过嗅觉、视觉等感官可以快速了解青贮牧草的质量（表 10.1）。正常青贮由乳酸发酵，其气味最小，类似刚切开的面包味和香烟味；如果乙酸产量高，青贮可能会有醋气味；酵母发酵高会产生大量乙醇，传递酒精气味；梭菌发酵产生腐臭黄油的气味；丙酸发酵导致刺鼻甜气；高温条件下发酵的青贮牧草会产生卡梅尔阿或烟草的气味。优质的青贮饲料应该外形平滑且简洁，最大限度地减小氧气接触。植物的结构（茎、叶等）应能清晰辨认，结构破坏及呈黏滑状态是青贮严重腐败的标志（表 10.2）。另外，在颜色上应非常接近于牧草原料原先的颜色。若青贮前牧草原料为绿色，青贮后仍保持绿色或黄绿色为最佳；褐色或黑色青贮通常表明来自发酵和水分损失产热，更容易霉变；白色青贮通常表明发生了二次霉菌生长。

表 10.1 牧草青贮感官评价

气味	颜色	成因
醋	淡黄色	乙酸产生（芽孢杆菌）
酒精	正常	乙醇产生（酵母）
刺鼻甜	正常	丙酸产生
腐臭黄油	绿色	丁酸（梭菌）
卡梅尔阿或烟草	黑褐色至黑色	高温，热损失

表 10.2 牧草青贮品质鉴定指标

等级	颜色	气味	质地结构
优	绿色或黄绿色，有光泽	芳香味重，给人以舒适感	湿润，松散，松软，不粘手，茎、叶、花能分辨清楚
中	黄褐色或暗绿色	有刺鼻酒酸味，芳香味淡	柔软，水分多，茎、叶、花能分清
差	黑色或褐色	有刺鼻的腐败味或霉味	腐烂、发黏结块或过干，分不清结构

2．化学成分

青贮饲料的水分、粗蛋白、中性洗涤纤维（neutral detergent fiber，NDF）、酸性洗涤纤维（acid detergent fiber，ADF）和木质素含量都是评价牧草饲料营养质量的关键因素。其中水分作为一个非常重要指标的原因是它决定了其干物质的含量。如果青贮饲料很湿，干物质就很少；粗蛋白含量往往是饲料质量的重要指标，蛋白质值高说明牧草青贮的质量较高，充足的蛋白质含量可以有效促进家畜瘤胃微生物的发酵，提高家畜的生产性能；NDF 和 ADF 含量过高，会导致青贮饲料的整体质量下降；木质素是一种多酚类化合物，作为内外细胞壁之间的结合物，随着植物的成熟，木质化的细胞壁增加。细胞壁木质化会降低细胞壁相关的纤维碳水化合物有效性。

3．物理特性

pH 是衡量青贮饲料酸度的最直接指标，优质牧草的 pH 相对偏低。玉米青贮 pH 为 3.8～4.2，而牧草青贮 pH 略高，为 4.0～4.8。另外，青贮的温度也是一个重要的物理指标。当牧草青贮的温度高于环境温度时，表明其内存在霉菌和真菌的高温氧化呼吸，会直接影响牧草青贮的质量和稳定性；饲料的颗粒大小可以直接对反刍动物的咀嚼活动和瘤胃功能产生影响。因此，适宜颗粒大小的青贮饲料可以有效提高家畜的适口性和对营养物质的消化吸收。

第三节　高寒牧区青贮壕加工技术

一、青贮壕青贮的概念

由于高寒牧区特殊的气候条件，青绿饲草的供应存在着明显的季节不平衡性，而传统的牧草（饲草）保存方法也有其致命的缺陷——收割时间受到限制，而且青绿色的饲草在晒制过程中渐渐变黄，粗蛋白含量下降4%～6%，茎秆变得粗老，适口性和消化率都随之下降；堆垛贮存时饲草含水量偏高，或春季雨雪渗入垛内，极易引起霉变，造成更大损失。青贮壕青贮可以低成本地解决高寒牧区牧草（饲草）保存问题，其通常为一个长条形的壕沟，沟的两端呈斜坡。沟底及两侧墙用混凝土砌抹。青贮壕便于大规模机械化作业，通常由拖拉机牵引着拖车从壕一端驶入，边前进、边卸料，从另一端驶出。拖拉机（青贮拖车）驶出青贮壕，既完成卸料又将先前卸下的料压实了，这是青贮壕的优点。此外，青贮壕的结构也便于推土机挖壕，从而提高挖壕的效率，降低建造成本。建在地上的青贮壕，是在平地建两面平行的水泥墙，两墙之间便是青贮壕。青贮壕的青贮效果与青贮窖相同。

二、青贮壕青贮的加工工艺及注意事项

青贮壕青贮的实施步骤为建壕→备料→装壕→封顶→取用（表10.3）。

表10.3　高寒牧区青贮壕加工技术流程

步骤	主要内容	注意事项
建壕	青贮壕建设应靠近饲养场，选择地势高、排水方便且干燥向阳的地方；呈长条形壕沟且四周光滑，沟两端呈斜坡（从沟底逐渐升高至与地面平）。大小应根据贮存数量、地下水位高低及家畜数量综合确定	宽度不宜过宽，以方便取用为宜
备料	适时收获：燕麦高100～130cm时为最佳收获时间；水分调节：水分控制在65%～75%，水分过高时添加干草；水分不足时加水，添加高水分原料；适度切碎：羊青贮料长度一般为2～3cm，牛青贮料一般为4～5cm	燕麦青贮前应压扁揉碎，减少氧气存留空间。收获切碎后应尽快装填
装壕	清理青贮壕，在底部铺10～15cm厚的干秸秆或软草，窖壁四周衬塑料膜。遵循逐层填装、边填边压、快速、紧实性好、尽量不留空隙的原则，每层应该在15～20cm。青贮剂应在牧草填入时均匀添加。一般小型壕当天完成，大型2～3d完成	规模较大的青贮壕需用拖拉机压实。可选择添加高蛋白饲料提高品质；还可将鲜草与干草混合提高发酵效果
封顶	封顶时应先覆盖软草或秸秆，厚度为20cm左右，随后覆盖塑料膜并将边缘压实，后覆盖土层；青贮壕四周挖好排水沟；如发现窖顶	注意封顶时防止漏水漏气。密封成馒头形，利

续表

步骤	主要内容	注意事项
封顶	有裂缝，应及时覆土压实	于排水；发酵期间谨防雨水渗入
取用	高原地区发酵时间为30d左右达到稳定，30～50d取用，取用遵循从一端分段逐层取用原则。未用青贮及时覆盖，避免与空气接触。防止雨淋及二次发酵	为防止二次发酵，除取用时注意外，也可喷洒药剂（有机酸：如己酸）

建壕：青贮壕应建在地势较高，地下水位较低、避风向阳、排水性好、距畜舍近的地方。壕按照宽：深为1∶1的比例来挖。根据青贮量的大小选择合适的规格，常用的有1.5m×1.5m、2.0m×2.0m、3.0m×3.0m等多种，长度应根据青贮量的多少来决定。一般$1m^3$可容青贮料700kg左右。壕壁要平、直。平即壕壁不要有凹凸，有凹凸则饲料下沉后易出现空隙，使饲料发霉；直是要上、下直，壕壁不要倾斜，不要上大下小或上小下大，否则易烂边。侧壁与底界处可挖成直角，但最好挖成弧形，以防有空隙而饲料霉烂。壕的一端挖成30°的斜坡以利青贮料的取用。

备料：凡是无毒、无刺激、无怪味的禾本科牧草茎叶都是制作青贮料的原料，青贮原料含水量应保持在65%～75%（原料切碎放在手里攥紧，手指缝渗出水珠）。青贮牧草应在9月初收割，含水量控制在65%左右。备好原料后将原料用切草机或铡刀切成3cm长，以备装壕。

装壕：将切短的原料均匀地摊平在青贮壕内，每装15～20cm厚踏实1次，堆到高于地面20～30cm时停止堆放。为了提高青贮饲料的营养价值，满足草食动物对蛋白质的要求，可按0.3%的比例在装填过程中均匀撒入尿素。

封顶：贮料装满踏实后，仔细用塑料薄膜将顶部裹好，上用30cm厚的泥土封严，壕的四周挖好排水沟。7～10d后青贮饲料下沉幅度较大，压土易出现裂缝，出现的裂缝要随时封严。

取用：青贮饲料在装入封严后经30～50d（气温高30d，气温低50d）就可以从有斜坡的一端打开青贮壕，每天取料饲喂动物。

青贮原料只有在适当的含水量时，才能保证良好的发酵并减少干物质损失和营养物质损失。含水量以50%～70%为宜，以65%为最佳。

第四节　高寒牧区捆裹青贮加工技术

一、捆裹青贮的概念

牧草捆裹技术是在窖贮、塔贮基础上发展起来的一种新型的饲草料加工及贮存技术（陈功，2001）。较之传统青贮方式，其最大优点是可以移动，可以把本来构不成商品的鲜草变为商品，为合理开发利用饲草资源和调节地域间的余缺创造条件。在高寒牧区大力推广冷季贮备饲草机械及其加工技术，提高饲草贮备量，集成并推广多年生人工草地、半人工草地草贮暖棚育肥和放牧相结合的草地畜牧业优化经营管理模式，减少营养物质的损失和浪费，缓解饲草供应的季节不平衡性，为实现畜牧业由粗放经营向集约化经营转变提供可靠的饲草技术保障；充分发挥牲畜的生产能力，确保畜产品的均衡上市，加快畜群周转，提高牲畜的出栏率，从而避免草场过度放牧，有利于维持草地生产力和草地生态环境的可持续发展。

二、捆裹青贮的方式

捆裹青贮有两种方式：裹包青贮和袋式青贮（欧阳克蕙 等，2003）。

（一）裹包青贮

裹包青贮采用捆草机将刈割后的牧草压实，进行机械打捆，制成圆柱形或长方形草捆，然后采用裹包机，用青贮专用拉伸膜将草捆紧紧地裹包起来。捆裹过程中也可添加多种添加剂。

裹包青贮根据其大小可分为大型圆捆和小型圆捆。大型圆捆（ϕ120cm×120cm），在含水量约50%时，每捆草重约500kg；小型圆捆（ϕ55cm×52cm），在含水量约50%时，每捆草重约40kg。

（二）袋式青贮

袋式青贮特别适合玉米及秸秆类。将其切碎后，采用袋式灌装机将秸秆/牧草高密度地装入塑料拉伸膜制成的专用青贮袋。秸秆的含水量可高达60%～65%。

裹包青贮和袋式青贮都采用了青贮专用拉伸膜。它是一种特制的聚乙烯薄膜，具有良好的拉伸性和单面自黏性。它具有抗穿刺强度高、撕裂强度高、韧性强、稳定性好、抗紫外线等特点。这种膜耐候性极强，在高温40℃以上和低温−40℃以下的野外存放1～2年，性能都可以保持稳定。

三、捆裹青贮的加工工艺及注意事项

捆裹青贮生产工艺流程为原料草（刈割或刈割压扁）→晾晒→捡拾压捆→拉伸膜裹包作业→入库。

青贮饲料的收割期以牧草扬花期到乳熟期为宜，收割时其原料含水量通常为75%～80%或更高。捆裹青贮可直接机械完成，无须切碎。捆裹开始前要检查和保养好所有的农机具，确保整个工作顺利进行；每天开始割草前，要根据实际情况，将割草机的割台设定在合适高度上，否则将翻起泥土，弄脏草料；割草结束后，用拖拉机和搂草机将割好的牧草搂成行或堆；测定草料的含水量在45%～50%时，就可打捆裹包；放置草捆时，捆裹柱体一面的圆形地面朝下，摞起的草捆层数不超过3层；定期检查草捆，一旦发现破洞应及时补好。

裹包好的草捆要放置1个月以上，直至饲喂家畜时才能将草捆打开，且根据饲喂量开包，不能提早打开，避免营养损失和二次发酵；青海地区捆裹时间一般在9月左右。

四、捆裹青贮的优点

捆裹青贮的主要优点是机械化程度高，加工速度快，草捆可长时间贮存而且便于移动和运输；根据家畜的需要量开包从而避免常规青贮过程中的二次发酵现象（张国立 等，1996）。

由于制作速度快，被贮饲料高密度挤压结实，密封性能好，能创造一个最佳的无氧发酵环境。经3～6周，便可完成乳酸型自然发酵的生物化学过程。捆裹青贮不仅能青贮含糖量较高的禾本科牧草，而且可以青贮含糖量低的豆科类牧草和含水率达70%的秸秆，且捆裹青贮制品质量也比常规青贮料要好。经过良好青贮的牧草/秸秆，达到如下标准：pH为4.5，水分为50%～60%，乳酸为4%～7%，醋酸小于25%，丁酸小于0.2%，$N\text{-}NH_3$占总氮5%～7%，灰分小于11%。发酵的草料气味芳香，适口性好，蛋白质含量高，粗纤维含量低，消化率明显提高。可提高家畜的日增重等生长性能。

与传统的窖贮方式相比较，捆裹青贮的损失浪费较少，霉变损失、流液损失和饲喂损失比窖贮减少20%～30%；保存期长，可长达1～2年；捆裹好的青贮料不受季节、日晒、降雨和地下水位的影响，可在露天堆放；储存方便，取饲方便；节省建窖费用和维修费用；节省建窖占用的土地和劳力；易于运输和商品化。

第五节 高寒牧区牧草青贮优化及饲喂技术

一、高寒牧区牧草营养动态研究及最佳青贮期确定

（一）试验样地

试验样地位于青海省海南州贵南县森多镇，地处青海湖南侧的黄河山谷地带，

平均海拔为3100m。样地1（燕麦+箭筈豌豆）位于N 35°30′5.2″，E 100°58.11′7″，海拔为3150m；样地2［燕麦+箭筈豌豆+黑麦（*Secale cereale*）］位于N 35°30′6″，E 100°58′52″，海拔为3230m；样地3（燕麦单播）位于N 35°30′5.2″，E 100°58′11.7″，海拔为3149m。样地年平均气温为2.3℃，年降水量为403.8mm，属于高原大陆性气候，草地类型以高寒草原为主。

（二）试验设计

（1）取样：在3处样地植物的不同生育期（拔节期、开花期、乳熟期）进行样品采集，采集时间分别为2016年7月22日、8月14日、8月26日，采集地点为青海省贵南县森多镇试验样地。采集样品时随机选取各样地中的$1m^2$齐地面刈割作为样品，每种样品3个重复，共9个重复。分装带回实验室备用。

（2）青贮：将3类不同的饲料牧草分别用剪刀剪成1.5cm左右，混匀后，控制样品水分含量在65%～75%时，取200g于真空压缩袋中，并加入0.8mL由台湾亚芯生物科技有限公司生产的亚芯秸秆青贮剂（5g/L），用SINBO真空包装机（DZ-280/2SD）进行真空包装，每种类型的饲料牧草在每个生育期设3个重复，置于室温下保存。

（3）制样：将采回的植物样品取1kg于阴凉处晾干，并不断翻转防止晾晒过程中发霉变质。

（4）测定指标及方法：干物质测定采用烘干法，称取200g样品，120℃烘10～15min，迅速转移至65℃烘箱中烘干48h；粗蛋白、NDF及ADF的测定方法参照张丽英主编的《饲料分析及饲料质量检测技术》第3版。能量测定采用氧弹式热量计。干物质消化率采用产气法测定。pH用pH计测得。

（三）试验结果

将3个生育期和3类牧草饲料种类的青干草和青贮饲料作为相互独立的样本，对它们的营养成分进行分析比较，结果如表10.4所示。青贮饲料的粗蛋白含量略高于青干草，青贮饲料粗蛋白含量为7.2%；青贮饲料所释放的能量相对于青干草也有提高，由此可见饲料牧草通过青贮能够减慢牧草营养物质的流失，且在一定程度上提高饲料营养价值。

表10.4 青干草与青贮饲料营养成分比较

项目	ADF/%	NDF/%	CP/%	能量/（J/g）
青干草	32.42±0.04a	52.49±0.04a	6.50±0.01a	17 108.00±2 358.50a
青贮饲料	33.86±0.03a	52.97±0.05a	7.20±0.02a	19 270.79±2 947.90a

注：同列相同字母表示差异不显著。

将不同生育期的饲料牧草作为一个整体，研究3种不同混播类型的饲料牧草对青贮饲料营养成分的影响如表 10.5 所示。当混播类型为燕麦+箭筈豌豆+黑麦时，青贮饲料的粗蛋白含量最高为 8.6%，与其他两种类型差异显著（P<0.05）；燕麦单播类型的粗蛋白含量最低，而 NDF 和 ADF 含量最高，故较其他两种青贮类型适口性差，能量释放量也较低；综上考虑多种因素指标发现，最适宜青贮混播的饲料类型为燕麦+箭筈豌豆+黑麦。

表 10.5 不同混播类型的饲料牧草对青贮饲料营养成分的影响

项目	ADF/%	NDF/%	CP/%	能量 /（J/g）
燕麦+箭筈豌豆	33.6±0.03a	53.5±0.05a	6.8±0.01b	20 926.5±3 198.3a
燕麦+箭筈豌豆+黑麦	34.4±0.04a	53.5±0.05a	8.6±0.04a	20 417.7±1 474a
燕麦	35.7±0.04a	55.8±0.02a	6.1±0.02c	16 468.3±2 119.7a

注：同列相同字母表示差异不显著。

不同生育期对牧草青贮饲料营养成分的影响如表 10.6 所示。随着生育期的延长，青贮饲料中粗蛋白含量迅速降低，开花期青贮饲料粗蛋白含量显著高于乳熟期与蜡熟期（P<0.05），同时 NDF 和 ADF 含量也因生育期的延长而显著增加。综上试验结果表明，开花期是牧草最佳刈割青贮时间。

表 10.6 不同生育期对牧草青贮饲料营养成分的影响

项目	ADF/%	NDF/%	CP/%	能量 /（J/g）
开花期	30.9±0.01b	47.8±0.07b	10.1±0.02a	18 007.2±1 948a
乳熟期	36.7±0.4a	56.9±0.03a	5.9±0.02b	20 047.7±4 156a
蜡熟期	36.1±0.2a	54.2±0.04a	5.6±0.01b	19 757.4±2 139.8a

注：同列相同字母表示差异不显著。

二、高寒牧区牧草青贮微生态制剂酶解效果比较

（一）不同微生态制剂的筛选试验

采集青海省海南州同德县的小黑麦（X *Triticosecale* Wittmack）生长 10 周后样品，适度晾晒后铡成 2～5cm 的段，分别用纤维素酶、木聚糖酶、β-葡聚糖酶对小黑麦进行聚乙烯袋的真空微贮试验，每个处理 3 个重复，试验设计见表 10.7。室温发酵 90d，打开真空包装进行现场感官评价，评价标准依据农业部畜牧兽医司 1996 年发布的《青贮饲料质量评定标准》执行，将 pH、水分、气味、色泽、质地得分相加后得到总分，并评定等级，见表 10.8。准确称取 10.00g 样品加水浸提，测定 pH 和氨氮。准确称取 10.00g 样品测定含水量，其余样品在 65℃烘箱中烘干后，粉碎过 40 目筛，测定粗蛋白、NDF、ADF 含量见表 10.9。

表 10.7　酶解试验设计

处理	酶	酶用量 /%	处理	酶	酶用量 /%
空白	—	—	C2	纤维素酶	0.05
C1	纤维素酶	0.01	C3	纤维素酶	0.1
C4	纤维素酶	0.5	G1	β-葡聚糖酶	0.05
X1	木聚糖酶	0.1	G2	β-葡聚糖酶	0.25
X2	木聚糖酶	0.5	G3	β-葡聚糖酶	0.5
X3	木聚糖酶	1			

表 10.8　酶解试验青贮现场评定得分及等级

处理	得分	等级	处理	得分	等级
空白	70	良好	X2	67	良好
C1	72	良好	X3	68	良好
C2	71	良好	G1	67	良好
C3	72	良好	G2	70	良好
C4	71	良好	G3	73	良好
X1	68	良好			

表 10.9　酶解试验实验室评价

处理	pH	（氨态氮 / 总氮）/%	干物质 /%	粗蛋白 /%	NDF/%	ADF/%
空白	4.67	11.82	34.40	12.37	53.00	30.53
C1	4.55	14.67	33.16	11.42	53.13	30.43
C2	4.57	12.35	34.91	12.75	51.22	29.60
C3	4.52	13.97	34.55	11.75	50.46	29.27
C4	4.59	13.39	35.10	12.36	48.98	28.60
X1	4.75	14.10	34.81	13.05	50.92	30.67
X2	4.84	15.29	35.94	12.24	50.68	30.74
X3	4.74	13.97	36.02	12.45	49.23	29.92
G1	4.82	16.24	35.51	12.47	50.94	30.00
G2	4.63	14.38	35.04	12.85	50.75	29.77
G3	4.52	12.93	33.65	12.82	48.24	28.02

从试验结果可以发现，添加酶的青贮样品微贮等级均为良好。添加纤维素酶、木聚糖酶、β-葡聚糖酶后，青贮样品中 NDF 和 ADF 含量基本随着酶量的增加而降低。0.5% 的 β-葡聚糖酶对纤维的降解效果明显优于其他处理，能将 NDF

含量降低近5个百分点，且pH、氨态氮与总氮比、粗蛋白含量等指标均较好，蛋白降解程度较低。

（二）青贮剂对小黑麦单贮的酶解效果

采集青海省海南州同德县小黑麦生长12周后的样品，适度晾晒后铡成2～5cm的段，分别添加糖蜜、甲酸和台湾亚芯青贮剂对小黑麦进行聚乙烯袋的真空单独微贮试验，试验设计见表10.10。室温发酵90d，打开真空包装进行现场感官评价，评价标准依据农业部畜牧兽医司1996年发布的《青贮饲料质量评定标准》执行，将pH、水分、气味、色泽、质地得分相加后得到总分，并评定等级，见表10.11。准确称取10.00g样品加水浸提，测量pH和氨氮。准确称取10.00g样品测定含水量，其余样品在65℃烘箱中烘干后，粉碎过40目筛，测定粗蛋白、NDF、ADF含量，见表10.12。

表10.10 添加剂对单贮小黑麦的影响试验设计

处理	添加剂	添加剂用量/%	处理	添加剂	添加剂用量/%
空白	—	—	Q	台湾亚芯青贮剂	0.005
T	糖蜜	4	TS	糖蜜和甲酸	4和0.6
S	甲酸	0.6	TSQ	糖蜜、甲酸和台湾亚芯青贮剂	4、0.6、0.005

表10.11 添加剂对单贮小黑麦的青贮牧草现场评定得分及等级

处理	得分	等级	处理	得分	等级
空白	81	优等	Q	89	优等
T	80	优等	TS	82	优等
S	84	优等	TSQ	79	优等

表10.12 添加剂对青贮小黑麦的营养成分影响

处理	pH	（氨态氮/总氮）/%	干物质/%	粗蛋白/%	NDF/%	ADF/%
空白	4.20	15.36	40.39	7.42	63.73	38.82
T	4.23	13.98	43.00	8.16	61.90	37.34
S	4.14	11.01	44.23	7.64	61.42	37.42
Q	3.96	12.06	41.64	8.97	63.78	38.63
TS	4.23	11.31	46.80	8.00	59.10	35.33
TSQ	4.33	14.52	39.71	8.00	56.41	34.22

从试验结果发现，小黑麦添加3种添加剂的现场评定均能达到优等青贮等级。添加台湾亚芯青贮剂组可将pH降到4.0以下，并保留粗蛋白含量，且青贮

剂用量少，成本低。小黑麦青贮时单独添加台湾亚芯青贮剂比添加糖蜜、甲酸或混合使用效果好。

（三）青贮剂对小黑麦和箭筈豌豆不同比例混贮的效果

采集青海省海南州共和县小黑麦和箭筈豌豆生长19周后的样品，适度晾晒后铡成2～5cm的段，添加6种青贮剂对小黑麦和箭筈豌豆进行聚乙烯袋的真空单独微贮试验，试验设计见表10.13。室温发酵90d，打开真空包装，准确称取10.00g样品加水浸提，测量pH和氨氮。准确称取10.00g样品测定含水量，其余样品在65℃烘箱中烘干后，粉碎过40目筛，测定粗蛋白、NDF、ADF含量，见表10.14。

表10.13　青贮剂对小黑麦和箭筈豌豆不同比例混贮的影响试验设计

处理	麦草种类	麦草：箭筈豌豆	青贮剂
HX	小黑麦	70：30	中科海星
QB	小黑麦	70：30	青宝2号
YX	小黑麦	70：30	台湾亚芯
XL	小黑麦	70：30	芯来旺
LB	小黑麦	70：30	乐贝丰
NF	小黑麦	70：30	农富康

表10.14　青贮剂对小黑麦与箭筈豌豆混贮的营养成分比较

处理	pH	（氨态氮/总氮）/%	干物质/%	粗蛋白/%	NDF/%	ADF/%
HX	4.24	11.48	40.44	9.53	51.99	34.87
QB	4.09	13.18	38.16	8.91	54.40	35.66
YX	3.95	13.82	39.87	9.82	50.91	34.17
XL	3.86	17.63	37.25	7.98	51.12	33.88
LB	4.06	18.56	36.89	7.98	49.00	32.46
NF	4.16	13.68	37.48	8.23	52.98	34.28

从表10.14可以看出，青贮剂芯来旺能明显降低小黑麦与箭筈豌豆（70：30）混贮的pH，青贮剂中科海星能最大限度地降低蛋白质和氨基酸的降解，青贮剂乐贝丰能显著降解纤维。台湾亚芯青贮剂不仅能将青贮的pH降至3.95，而且能最大限度地保留粗蛋白含量，将NDF降解到50.91%，所以对于小黑麦与箭筈豌豆（70：30）混贮，6种青贮剂中最佳的青贮剂是台湾亚芯青贮剂。

三、高寒牧区不同青贮牧草种植配置比例的筛选

采集青海省海南州贵南县小黑麦和箭筈豌豆生长12周后的样品，适度晾晒后铡成2～5cm的段，小黑麦和箭筈豌豆以100：0、90：10、80：20、70：30、0：100的质量比混合后，用台湾亚芯青贮剂进行聚乙烯袋的真空微贮试验，试验设计见表10.15。室温发酵90d，打开真空包装进行现场感官评价，评价标准依据农业部畜牧兽医司1996年发布的《青贮饲料质量评定标准》执行，将pH、水分、气味、色泽、质地得分相加后得到总分，并评定等级，结果见表10.16。准确称取10.00g样品加水浸提，测量pH和氨氮。准确称取10.00g样品测定含水量，其余样品在65℃烘箱中烘干后，粉碎过40目筛，测定粗蛋白、NDF、ADF含量，见表10.17。

表10.15 小黑麦与箭筈豌豆不同比例的混贮试验

处理	小黑麦：箭筈豌豆	处理	小黑麦：箭筈豌豆
T	100：0	TV3	70：30
TV1	90：10	V	0：100
TV2	80：20		

表10.16 小黑麦与箭筈豌豆不同比例混贮试验青贮现场评定得分及等级

处理	得分	等级	处理	得分	等级
T	90	优等	TV3	88	优等
TV1	89	优等	V	73	良好
TV2	89	优等			

表10.17 小黑麦与箭筈豌豆不同比例混贮营养成分评价

处理	pH	（氨态氮/总氮）/%	干物质/%	CP/%	NDF/%	ADF/%
T	3.86	15.44	44.11	5.54	62.18	38.36
TV1	3.92	14.44	44.57	7.10	61.11	38.59
TV2	3.95	15.45	41.46	7.88	57.88	36.97
TV3	3.99	12.40	40.08	9.85	54.62	35.34
V	4.89	10.76	41.83	17.74	35.08	26.15

从试验结果发现，小黑麦单贮、小黑麦和箭筈豌豆混贮的现场评定都能达到优等青贮级别，只有箭筈豌豆单贮的pH较高，为良好级别。随着混贮比例

中箭筈豌豆的增加，青贮牧草粗蛋白含量增加，而 NDF 和 ADF 的含量基本降低。发酵品质指标中 pH 随着箭筈豌豆比例的增加而升高，氨态氮与总氮比值在混播处理中以比例 70：30 时最低。因此小黑麦与箭筈豌豆混贮的最佳比例为 70：30。

四、高寒牧区牧草青贮饲喂技术

青贮饲料是优质多汁饲料，经过短期训饲，所有家畜均喜采食。训饲方法：可在空腹时先喂青贮饲料，最初少喂，逐步增多，然后再喂草料；或将青贮饲料与精料混拌后先喂，然后再喂其他饲料。

另外，青贮饲料含水量的快速准确判断也是其饲喂技术的有效前提，青贮原料只有在含水量适当时，才能保证其良好的发酵，并减少干物质损失和营养物质损失，达到良好的饲喂效果。青贮饲料含水量以 50%～70% 为宜，以 65% 为最佳。

对（青贮饲料＋同种精补料）和（青干草＋同种精补料）育肥增重效果进行比较，发现青贮饲料育肥组的育肥效果明显好于青干草育肥组；使用青贮饲料的育肥组平均日增重为 171.2g，而使用青干草的育肥组平均日增重为 113.8g，青贮饲料育肥组每日可多增重 57.4g；在为期 68d 的育肥试验期，青干草育肥组共计增重 7.74kg，而青贮饲料育肥组共计增重 11.64kg。

第六节　高寒牧区全混合日粮加工及饲喂技术

一、全混合日粮概念

全混合日粮（TMR）定义请见绪论第三节。

由于季节性气候变化，高寒牧区草地畜牧业生产中冷季饲草料营养品质差、饲料报酬低、经济效率低，这已成为限制该区域畜牧业产业化发展的瓶颈。TMR 可解决这一制约高寒牧区畜牧业发展的问题。

二、全混合日粮特点

（1）TMR 可以根据牛、羊等家畜不同生理阶段、不同生产性能的营养需求标准，通过计算机分析、配方后配制而成，能够保证家畜采食的每一口饲料都是全价日粮；此外，TMR 便于根据反刍动物生产性能的变化调节日粮，控制生产、降低饲料成本；同时，在不降低其生产力的前提下，可以有效地开发利用当地尚未充分利用的农副产品（如秸秆）和工业副产品（如酒糟）等饲料资源。

（2）TMR 配制过程中的饲料称重、搅拌、送料及喂料，都是通过机械化作业完成，不仅减轻了饲养人员的劳动强度，也大大提高了效率；TMR 有利于大规模工业化生产，减少饲喂过程中的饲草浪费，使规模化饲养管理省时省力，有利于提高规模效益和劳动生产率。

（3）TMR 不仅营养比较均衡，而且饲料的适口性也大为改善，所以相对传统的饲喂方式而言，可以有效提高家畜对饲料的消化及利用率，避免因饲料配制不当而造成某些营养物质的浪费和因适口性不好而造成饲料的浪费，提高反刍动物干物质采食量和日增重（皮祖坤 等，2004）。

（4）TMR 可以有效防止反刍动物消化系统紊乱。TMR 饲料营养均衡，反刍动物采食后瘤胃内碳水化合物利用与蛋白质分解利用更趋于同步，有利于维持瘤胃内环境的相对稳定，使瘤胃内发酵、消化、吸收及代谢正常进行，有利于饲料利用率的提高，减少真胃移位、酮血症、乳热病、酸中毒、食欲不良及营养应激等发生。

三、高寒牧区全混合日粮关键设备及加工流程

TMR 饲料搅拌设备分为立式和卧式两种。性能优良的 TMR 饲料搅拌设备带有高精度的电子称重系统，不仅要显示饲料搅拌车的总重，还要计量每头动物的采食量，尤其可准确称量一些微量成分（添加剂、食盐等辅料），从而生产出高品质饲料，保证牲畜采食精粗比例稳定、营养浓度一致的全价日粮。

立式 TMR 搅拌设备按照干草、青贮饲料、农副产品和精饲料的顺序，卧式 TMR 搅拌设备按照精饲料、干草、青贮饲料和农副产品类的顺序，依次填装入搅拌设备中。各种组分总的填装量以占搅拌设备容积的 60%～75% 为宜。填装量过少会造成搅拌设备负荷的浪费，不利于节能；填装量过多会造成搅拌设备超负荷运转，不仅不利于日粮的混合，而且容易损坏设备或影响设备的使用年限。根据日粮组分的填装顺序，采用边填装、边搅拌的混合方式。最后一批日粮组分填装完备后，再继续搅拌 4～8min 即完成全日粮的混合。TMR 搅拌混合时间以 25～40min 为宜。搅拌混合时间太短，日粮组分混合不均匀；搅拌混合时间太长，会使日粮过细，降低日粮质量和影响饲喂效果。

此外，TMR 搅拌设备应根据牛舍的高度、门的高度、喂料道的宽窄、养殖

数量、牛群结构、饲料喂量、饲喂次数等进行科学合理的选择；在 TMR 加工过程中要注意防范铁器、石块、塑料、包装绳等异物混入搅拌设备，以免对设备造成损坏；TMR 的水分含量要控制在 45%～55%。水分含量偏高，会影响草食动物干物质采食量；水分含量偏低，容易造成精饲料和粗饲料的分离，动物会出现挑食现象，导致饲料浪费。高寒牧区 TMR 加工技术流程如图 10.2 所示。

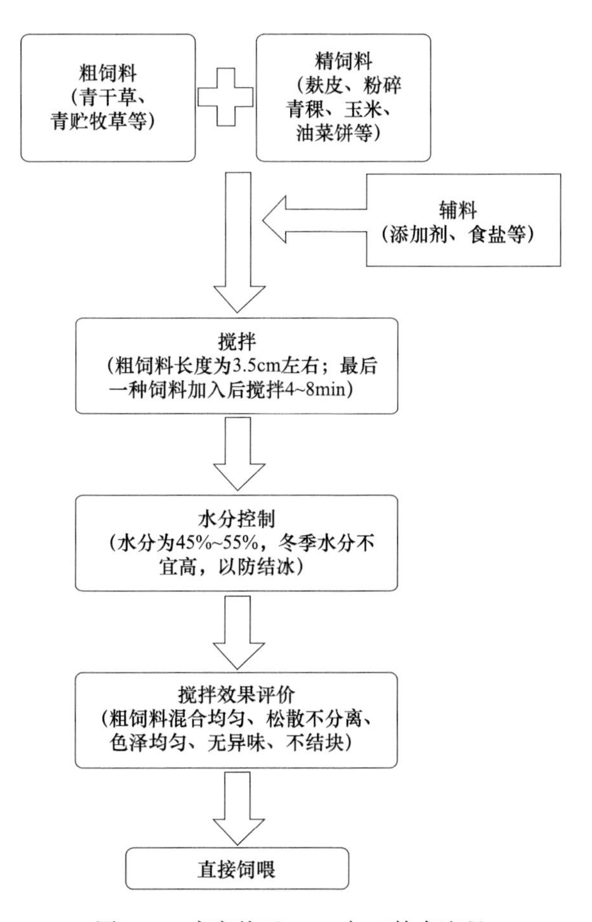

图 10.2 高寒牧区 TMR 加工技术流程

四、高寒牧区全混合日粮饲喂技术

高寒牧区家畜的冬季养殖大多以散户舍饲圈养为主，采用精、粗饲料分饲为主导，其中精饲料限量，而粗饲料自由采食的方式。由于科学饲养管理技术相对落后，专用饲草料缺乏，饲养方式粗放，常常导致饲料总的干物质摄取量不足，或者精饲料短时间内摄入量过大，导致家畜生产性能受到影响，繁殖出现障碍，同时也难以形成规模。TMR 饲养技术，可有效地避免传统栓系饲养方式下家畜对某一特殊饲料的选择性采食，消除畜体摄入营养不平衡的弊端，可较好地控制日粮的组成和营养水平，确保营养的平衡性和安全性，提高饲料利用率。TMR 技术也可以简化劳动程序，使日粮加工和饲喂的全过程实现机械化，大幅提高劳动效率，减少饲养的随意性，降低饲养和饲料成本，管理的精确程度大大提高。该项技术能够实现从粗放饲养到机械化 TMR 科学饲养的转变，是中国养殖业从分散饲养向规模化、集约化、产业化饲养转化的要求，是饲养技术的必然改革，也是现代养殖营养需求的技术创新，将对青藏高原高寒牧区家畜的规模化健康养殖起到良好的指导作用。

针对高寒牧区牛羊补饲至今仍未实现产业化、规模化和规范化饲养的问题，以农牧区充足的牧草资源及周边地区丰富的农副产品为原料，运用成熟的牧草种植技术和先进的生产加工手段，进行了 TMR 技术集成示范，将粗饲料、精饲料、矿物质元素、维生素和其他添加剂充分混合，使牲畜在相应阶段能够采食营养平衡的饲料，着力提高资源利用效率，解决高寒牧区农牧交错区牛羊补饲粗放的问题。

选择青海省贵南草业公司、现代草业公司和森多镇嘉仓生态畜牧业专业合作社开展了 TMR 饲养技术试验示范。TMR 及其原料的营养特性比较见表 10.18。

表 10.18 TMR 及其原料的营养特性比较 （单位：%）

饲料种类	粗蛋白	粗脂肪	半纤维素	纤维素	粗灰分	钙	钾	镁
菜籽粕	31.39±0.03a	11.31±0.18a	9.76±2.71d	7.65±0.31c	7.23±0.20b	0.767±0.011a	1.306±0.015a	0.514±0.007a
青稞秸秆	1.11±0.00d	0.70±0.02d	29.78±0.69a	33.04±0.27a	9.79±0.05a	0.880±0.013a	0.540±0.034d	0.126±0.003d
草块	4.25±0.01c	1.52±0.01c	20.32±0.51bc	24.79±1.54b	6.24±0.16c	0.607±0.039b	0.844±0.001b	0.153±0.007c
青干草	2.93±0.00c	1.42±0.01c	26.34±0.11ab	32.88±0.60a	2.94±0.07d	0.346±0.049c	0.524±0.066d	0.061±0.003e
TMR	15.73±0.79b	2.48±0.04b	18.36±1.97c	15.09±3.34c	6.37±0.12c	0.614±0.037b	0.696±0.034c	0.228±0.006b

表 10.18 的结果显示：TMR 中半纤维素和纤维素的含量均显著低于青稞秸秆和青干草。说明 TMR 加工工艺能够明显地改善粗饲料的适口性，进而达到提

高粗饲料利用率的目的。同时，通过 TMR 的加工处理，在一定程度上能够显著提高青干草作为粗饲料原料的矿物元素（钙、钾、镁）的含量，而且能够使粗蛋白和粗脂肪等营养成分调节至家畜营养吸收的最佳水平。

试验结果表明，饲喂 TMR 的牦牛干物质采食量比传统饲喂提高 19.95%；同时牦牛的日排粪量比传统饲喂组降低 33.94%，饲草料表观消化率提高 15.75%。TMR 饲喂很大程度上可以缓解家畜粪便排泄造成的环境污染，同时可以显著提高饲草料的消化利用率（表 10.19）。

表 10.19 不同饲喂方式下牦牛表观消化率比较

饲喂方式	日采食量 /（g/ 头 · d）	干物质采食量 /（g/ 头 · d）	日排粪量 /（g/ 头 · d）	粪便含水量 /%	排泄干物质量 /（g/ 头 · d）	表观消化率 /%
传统饲喂	5 912.05	5 083.77	7 165.56	76.60	1 676.74	67.02
TMR 饲喂	10 633.33	6 098.21	4 733.33	77.80	1 050.80	82.77

注：传统饲喂饲料含水量为 14.01%；TMR 含水量为 42.65%。

试验结果表明，相比传统饲喂方式，利用 TMR 技术饲喂可以使牦牛料重比降低 58.25%，有效提高了饲草料利用率，显著提高了饲料报酬（表 10.20）。

表 10.20 不同饲喂方式下牦牛生长性能比较

饲喂方式	牦牛编号	初始重 /kg	末期重 /kg	总增重 /kg	日增重 /kg	日采食量 /（g/ 头 · d）	日干物质采食量 /（g/ 头 · d）	料重比
传统饲喂	1	115	138.5	23.5	0.23	6 530.0	5 615.80	24.14
	2	122	147	25	0.25	6 587.0	5 664.82	22.89
	3	112.5	157	44.5	0.44	7 504.0	6 453.44	14.65
	4	115	140	25	0.25	6 897.0	5 931.42	23.96
	5	92	125.5	33.5	0.33	7 024.0	6 040.64	18.21
TMR 饲喂	1	262.6	294.8	32.2	0.77	11 100.0	6 365.85	8.30
	2	326.6	357.4	30.8	0.73	11 600.0	6 652.60	9.07
	3	262.2	290	27.8	0.66	11 600.0	6 652.60	10.05
	4	169.6	194.6	25	0.60	7 500.0	4 301.25	7.23
	5	213.2	240.6	27.4	0.65	9 900.0	5 677.65	8.71

试验结果表明，TMR 饲喂与传统饲喂的牦牛体尺指标存在较大的差异。饲喂 TMR 的牦牛每日体高平均增加 2.26mm，而体长增加 2.52mm，明显高于传统饲喂，这表明 TMR 喂养有助于提高牦牛的生长潜力（表 10.21）。

表 10.21　不同饲喂方式下牦牛体尺指标比较　（单位：cm）

饲喂方式	牦牛编号	初始体高	试验末高	日增高	平均增高	初始体长	试验末长	日增长	平均增长
传统饲喂	1	96	106	0.099	0.083	112	128	0.158	0.230
	2	98	106	0.079		138	145	0.069	
	3	96	105	0.089		113	147	0.337	
	4	98	103	0.050		115	135	0.198	
	5	98	108	0.099		116	155	0.386	
TMR饲喂	1	117	124	0.304	0.226	130	133	0.130	0.252
	2	120	122	0.087		132	134	0.087	
	3	114	125	0.478		121	130	0.391	
	4	101	103	0.087		95	109	0.609	
	5	104	108	0.174		115	116	0.044	

综上所述，相较传统饲喂方式，利用TMR技术饲喂可以明显促进牦牛的生长潜力，提高饲草料的有效利用率，可以促进高寒牧区畜牧业的规模化养殖，并降低劳动强度和经济成本，最终提高经济效益。

第十一章

日粮组成对不同生长阶段牦牛消化率和能量代谢的影响

饲料消化是饲料被动物采食后，将饲料中大分子不可吸收的物质分解为小分子可吸收物质的过程。测定饲料消化率对合理配置动物日粮、提高饲料的利用率具有重要意义（杨曙明，1997）。新陈代谢是机体生命活动的基本特征之一（杨超 等，2017），包括物质代谢及与之相伴的能量代谢（杨占山，2010）。生命体内物质代谢过程中所伴随的能量释放、转移、储存和利用称为能量代谢（冯仰廉，1981）。能量代谢的测定对评价饲料营养价值及制定合理的饲养标准具有重要意义（香艳，2014）。饲料消化和能量代谢与日粮的化学成分、饲养水平密切相关（Long et al.，1997，2004；Dong et al.，1997；董世魁，1998），不同的饲喂日粮会导致瘤胃中日粮粗蛋白降解程度明显不同（谢敖云 等，1997；薛白 等，1997）。在牦牛产区，长期以来由于掠夺式的经营方式和粗放的管理模式，使牦牛的生产处在低水平的发展阶段，牦牛营养代谢研究远远落后于其他家畜。虽有众多学者对舍饲条件下牦牛消化和能量代谢进行了大量报道（Long et al.，1997；Dong et al.，1997，2006；董世魁，1998；韩兴泰 等，1997），但这些报道多局限于生长牦牛和成年牦牛，且试验地多设在海拔 2260m 的西宁市及周边。针对这种情况，本试验在海拔 3980m 的果洛州大武镇对不同日粮下犊牦牛的消化和能量代谢进行了研究，旨在找到适合不同生长阶段牦牛的补饲策略和快速育肥方法，为加快牦牛群周转、提高商品率和出栏率、减轻天然草地压力和恢复退化草地生产力寻找新的途径。

第一节 试验设计

一、试验地概况

本试验于 2004 年 11 月 6 日～2005 年 1 月 14 日在玛沁县大武镇的格多牧

委会进行，该牧委会位于N 34°21′22″，E 100°29′42″，海拔为3980m。年平均气温为−2.3℃，最高气温和最低气温分别为25.2℃和−32.5℃，年平均降雨量为560mm，年蒸发量为1392mm，无绝对无霜期。室内实验在中国科学院西北高原生物研究所的测试中心进行。

二、材料与方法

（1）试验动物。在牧户牛群内选取健康、生长发育良好的3头6月龄犊牦牛，体重分别为54.5kg（2004年5月6日出生）、56.0kg（2004年5月7日出生）、51.5kg（2004年5月9日出生）；选取健康、生长发育良好的3头7龄成年牦牛，体重分别为256.5kg（1997年5月出生）、251.5kg（1997年5月出生）、247.5kg（1997年6月上旬出生）；选取健康、生长发育良好的3头18月龄生长牦牛，体重分别为87.5kg（2003年5月11日出生）、91.0kg（2003年5月9日出生）、93.0kg（2003年5月6日出生）。

（2）试验日粮及其营养成分。垂穗披碱草人工草地建植于2002年5月下旬，2004年8月上旬收割青草，直接用CAEB小型打捆机将收割的青草打成30～40kg的圆形捆，再用CAEB小型打包机将打成的捆用黑塑料薄膜打包青贮。试验时垂穗披碱草青贮草的青干比为3∶1，精饲料的组成为50%麸皮＋21%菜籽饼＋25%青稞＋2%磷酸氢钙＋1%盐＋1%添加剂。饲喂日粮的组成及饲喂日粮中精饲料和青贮垂穗披碱草的营养成分见表11.1和表11.2。

表11.1　饲喂日粮的组成

日粮	日粮组成	
	精饲料（50%麸皮＋21%菜籽饼＋25%青稞＋2%磷酸氢钙＋1%盐＋1%添加剂）/%	青贮垂穗披碱草/%
A	0	100
B	40	60
C	60	40

表11.2　饲喂日粮中精饲料和青贮垂穗披碱草的营养成分

日粮成分	总能/（MJ/kg）	有机质/（g/kg）	粗蛋白/%	粗脂肪/%	粗纤维/%	钙/%	磷/%
精饲料	21.87±3.69	917.00±218.32	11.29±3.21	4.62±1.01	30.12±4.87	1.55±0.18	0.30±0.07
青贮垂穗披碱草	21.42±4.00	907.50±318.02	6.66±1.01	4.21±1.11	16.40±2.21	1.14±0.24	0.16±0.04

（3）试验方法。试验按3×3拉丁方设计安排消化代谢试验。按照不同日粮

组成将试验分为 3 期，每期试验分为预饲期 15～16d，收集期 7d。每天饲喂 2 次（早晨 8:00，下午 4:30），饮水 1 次（下午 4:00）。试验时太阳能暖棚内的平均温度为−16.2℃，相对湿度为 54%，暖棚外平均温度为−26.5℃，相对湿度为 50%。

（4）样品采集和分析。采用全收粪尿法，将每只试验动物 7d 的饲料、粪、尿分别混匀制样后，测定样品的干物质、有机质、粗蛋白、粗灰分、钙、磷。粗灰分含量的测定用 SX-5-12 型箱式电阻炉在 500℃高温炉中灼烧至除掉所有碳后的所剩残渣；粗蛋白含量测定用凯氏法；钙、磷测定用 NPC-02 型钙磷测定仪；能量测定用 BOMB Calorimeter FARR1281/FARR1756 仪器。

甲烷能的估测公式为

$$(CH_4/GE)\times 100\% = 16.87 - 4.15 \times ME/MEm\ (MEm = 302W^{0.52})$$

式中，CH_4 为甲烷能；GE 为总能；ME 为代谢能；MEm 为维持代谢能；W 为牦牛体重。消化能是利用饲料总能减去粪能计算得出，代谢能是利用饲料总能减去粪能、甲烷能及尿能得出。

（5）数据统计与处理。按 3×3 拉丁方程序对各项数据进行 ANOVA 分析，确定不同日粮组成对干物质、有机质、粗灰分、粗蛋白和能量消化率及其代谢率和转化率的影响。

第二节　日粮组成对犊牦牛消化和代谢的影响

一、不同日粮组成下犊牦牛各营养成分的消化率

不同日粮组成下犊牦牛的消化代谢见表 11.3。随日粮中精饲料含量的增加，犊牦牛对各营养成分的消化率逐渐降低，精饲料比例为 40% 的日粮 B 的干物质、有机质和能量消化率与精饲料比例为 60% 的日粮 C、只有青贮垂穗披碱草的日粮 A 相应营养物质消化率之间的差异均不显著，但日粮 A 和 C 干物质、有机质和能量消化率之间的差异显著；日粮 A 中粗蛋白的消化率显著高于日粮 B 和 C（$P<0.05$），但 B 和 C 之间的差异不显著。可见犊牦牛对日粮的消化率与其组成密切相关。

表 11.3　不同日粮组成下犊牦牛的消化代谢

代谢参数		日粮组成		
		A	B	C
干物质	食入量 /（kg/d）	0.7860	0.6681	0.6603
	粪中排出量 /（kg/d）	0.3453	0.3293	0.3600
	消化率 /%	56.07a	50.71ab	45.48b

续表

代谢参数		日粮组成		
		A	B	C
有机质	食入量 /（kg/d）	0.7781	0.6614	0.6537
	粪中排出量 /(kg/d）	0.3142	0.2967	0.3243
	消化率 /%	59.62a	55.14ab	50.39b
粗灰分	食入量 /（kg/d）	0.0678	0.0517	0.1145
	粪中排出量 /(kg/d）	0.0404	0.0271	0.0808
	消化率 /%	16.33a	16.22a	15.71a
粗蛋白	食入量 /（kg/d）	47.47	41.91	43.22
	粪中排出量 /(kg/d）	26.58	30.05	32.66
	消化率 /%	44.00a	28.30b	24.43b
能量	总能 /（MJ/d）	17.34	14.85	14.35
	粪能 /（MJ/d）	7.64	7.28	8.00
	消化率 /%	55.94a	50.98ab	44.25b

注：同行相同字母表示差异不显著。

二、不同日粮组成下犊牦牛的能量代谢

由表 11.4 可知，粪能和尿能的代谢率 C 日粮最高，B 日粮最小，基本随着日粮中精饲料比例的增加而增加；甲烷能随着日粮中精饲料比例的增加而减小。消化能、代谢能、代谢率及消化能转化为代谢能的效率均呈下降趋势。不同日粮组成下，犊牦牛对日粮 C 的代谢率显著低于日粮 A 和 B，但 A 和 B 之间的差异不显著；消化能转化为代谢能的效率之间的差异不显著，其平均转化效率为 77.55%。

表 11.4　不同日粮组成下犊牦牛的能量代谢

能量代谢参数	日粮组成		
	A	B	C
总能 /（MJ/d）	17.34	14.85	14.35
粪能 /（MJ/d）	7.64	7.28	8.00
消化能 /（MJ/d）	9.70	7.57	6.35
尿能 /（MJ/d）	0.08	0.07	0.10
甲烷能 /（MJ/d）	1.79	1.50	1.40
代谢能 /（MJ/d）	7.70	5.94	4.75
代谢率 ME/GE/%	44.41a	40.01a	33.07b
消化能转化为代谢能的效率 ME/DE/%	79.38a	78.47a	74.80a

注：同行相同字母表示差异不显著。

三、不同日粮组成下犊牦牛的钙、磷代谢

由表 11.5 中不同日粮组成下犊牦牛对钙、磷的代谢可知，犊牦牛在不同日粮组成下对钙和磷食入量之间的差异不显著，但 B 与 C 日粮组成下犊牦牛粪和尿中排出钙之间的差异显著，而 B 与 A 日粮组成下犊牦牛钙存留量之间的差异不显著；粪中排出磷之间的差异不显著，而 A 与 B 日粮组成下犊牦牛尿中排出磷和存留量之间的差异显著。钙存留量随日粮中精饲料比例的增加而减小，磷存留量在 A 日粮组成下最大，B 日粮组成下最小。

表 11.5 不同日粮组成下犊牦牛对钙、磷的代谢

代谢参数		日粮组成		
		A	B	C
钙	食入量 /（g/d）	9.15a	8.25a	8.44a
	粪中排出量 /（g/d）	3.49b	2.98b	5.22a
	尿中排出量 /（g/d）	0.01b	0.06a	0.03b
	存留量 /（g/d）	5.65a	5.21a	3.19b
磷	食入量 /（g/d）	1.79a	1.56a	1.58a
	粪中排出量 /（g/d）	1.05a	1.13a	0.91a
	尿中排出量 /（g/d）	0.0056a	0.0026b	0.0016b
	存留量 /（g/d）	0.73a	0.43b	0.67a
钙磷比		5.11：1	5.29：1	5.34：1

注：同行相同字母表示差异不显著。

四、小结

（1）随日粮中精饲料含量的增加，犊牦牛对各营养成分的消化率逐渐降低。

（2）不同日粮组成下，犊牦牛对日粮 C 的代谢率显著低于日粮 A 和 B，但 A 和 B 之间的差异不显著；消化能转化为代谢能的效率之间的差异不显著，其平均转化效率为 77.55%。

（3）犊牦牛在不同日粮组成下对钙和磷食入量之间的差异不显著，但 B 与 C 日粮组成下犊牦牛粪和尿中排出钙之间的差异显著，而 B 与 A 日粮组成下犊牦牛钙存留量之间的差异不显著；A 与 B 日粮下犊牦牛尿中排出磷和存留量之间的差异显著。钙存留量随日粮中精饲料比例的增加而减小，磷存留量在 A 日粮组成下最大，B 日粮组成下最小。

第三节　日粮组成对生长牦牛消化和代谢的影响

一、不同日粮组成下生长牦牛各营养成分的消化率

生长牦牛对日粮 A 和日粮 C 的粗灰分消化率显著高于日粮 B，但日粮 A 和日粮 C 之间差异不显著；对日粮 A 和日粮 B 的粗蛋白消化率显著高于日粮 C，但日粮 A 和日粮 B 之间差异不显著；对干物质和有机质消化率之间的差异不显著（表 11.6）。随日粮中精饲料含量的增加，生长牦牛对有机质、粗蛋白和能量的消化率逐渐降低；干物质的消化率在精饲料比例为 40% 的日粮 B 中最高，精饲料比例为 60% 的日粮 C 中最低，而粗灰分则与之相反。100% 的垂穗披碱草青贮草日粮 A 和精饲料比例为 40% 的日粮 B 中能量消化率之间的差异不显著，但它们和精饲料比例为 60% 的日粮 C 中能量消化率之间的差异显著。

表 11.6　不同日粮组成下生长牦牛的消化代谢

代谢参数		日粮组成		
		A	B	C
干物质	食入量 /（kg/d）	2.57	2.22	2.82
	粪中排出量 /（kg/d）	0.86	0.73	1.01
	消化率 /%	66.58a	67.22a	64.05a
有机质	食入量 /（kg/d）	2.33	2.02	2.57
	粪中排出量 /（kg/d）	0.77	0.66	0.91
	消化率 /%	69.86a	67.59a	64.45a
粗灰分	食入量 /（kg/d）	0.13	0.11	0.18
	粪中排出量 /（kg/d）	0.11	0.10	0.15
	消化率 /%	10.30a	5.65b	18.41a
粗蛋白	食入量 /（kg/d）	148.41	182.27	247.34
	粪中排出量 /（kg/d）	65.58	85.54	139.03
	消化率 /%	55.81a	53.07a	43.79b
能量	总能 /（MJ/d）	56.55	48.97	63.44
	粪能 /（MJ/d）	17.33	15.13	21.09
	消化率 /%	69.35a	69.10a	66.76b

注：除干物质外，所有数据均以风干样计；同行相同字母表示差异不显著。

二、不同日粮组成下生长牦牛的能量代谢

由表 11.7 不同日粮组成下生长牦牛的能量代谢可知，粪能 C 日粮最高，B 日粮最低；甲烷能随着日粮中精饲料比例的增加而增加。生长牦牛对不同日粮组成的能量代谢率和消化能转化为代谢能的效率随日粮中精饲料比例的增加而减小，但不同日粮组成下能量代谢率和消化能转化为代谢能的效率之间的差异不显著，其平均转化效率为 80.79%。

表 11.7　不同日粮组成下生长牦牛的能量代谢

能量代谢参数	日粮组成		
	A	B	C
总能 /（MJ/d）	56.55	48.97	63.44
粪能 /（MJ/d）	17.33	15.13	21.09
消化能 /（MJ/d）	39.22	33.84	42.35
尿能 /（MJ/d）	0.8052	0.8371	0.7081
甲烷能 /（MJ/d）	4.8068	5.1419	7.0038
代谢能 /（MJ/d）	33.1044	26.9237	33.2045
代谢率 /%	58.54a	54.98a	52.32a
消化能转化为代谢能的效率 /%	84.41a	79.56a	78.41a

注：同行相同字母表示差异不显著。

三、不同日粮组成下生长牦牛的钙、磷代谢

生长牦牛在不同日粮组成下对钙和磷食入量之间的差异不显著，但日粮 A 与日粮 C 尿中排出钙和磷之间的差异显著；粪中排出钙之间的差异不显著，但日粮 A、C 和日粮 B 排出磷之间的差异显著（表 11.8）。钙存留量随日粮中精饲料比例的升高而增加，磷存留量在 B 日粮下最大，A 日粮下最小。

表 11.8　不同日粮组成下生长牦牛的钙、磷代谢

代谢参数		日粮组成		
		A	B	C
钙	食入量 /（g/d）	2.7102a	2.7401a	3.0336a
	粪中排出量 /（g/d）	0.9458a	0.8989a	0.8948a
	尿中排出量 /（g/d）	0.0153b	0.0167b	0.0268a
	存留量 /（g/d）	1.7491b	1.8245b	2.1120a

续表

代谢参数		日粮组成		
		A	B	C
磷	食入量 /（g/d）	0.5700a	0.8113a	0.7001a
	粪中排出量 /（g/d）	0.3069a	0.2378b	0.3599a
	尿中排出量 /（g/d）	0.0084b	0.0158a	0.0123a
	存留量 /（g/d）	0.2547b	0.5577a	0.3279b
钙磷比		4.75 : 1	3.37 : 1	4.33 : 1

注：同行相同字母表示差异不显著。

四、小结

（1）生长牦牛对日粮 A 和日粮 C 的粗灰分消化率显著高于日粮 B，但日粮 A 和日粮 C 之间差异不显著；对日粮 A 和日粮 B 的粗蛋白消化率显著高于日粮 C，日粮 A 和日粮 B 之间差异不显著；对干物质和有机质消化率之间的差异不显著。随日粮中精饲料含量的增加，生长牦牛对有机质、粗蛋白和能量的消化率逐渐降低；干物质的消化率在精饲料比例为 40% 的日粮 B 中最高，精饲料比例为 60% 的日粮 C 中最低，而粗灰分则与之相反。

（2）生长牦牛对不同日粮组成的能量代谢率和消化能转化为代谢能的效率随日粮中精饲料比例的增加而减小，但不同日粮组成下能量代谢率和消化能转化为代谢能的效率之间的差异不显著，其平均转化效率为 80.79%。

（3）生长牦牛在不同日粮组成下对钙和磷食入量之间的差异不显著，但日粮 A 与日粮 C 尿中排出钙和磷之间的差异显著；粪中排出钙之间的差异不显著，但日粮 A、C 和日粮 B 排出磷之间的差异显著。

第四节　日粮组成对成年牦牛消化和代谢的影响

一、不同日粮组成下成年牦牛的表观消化率

成年牦牛对不同日粮粗灰分、粗蛋白和能量消化率有所不同，对干物质和有机质消化率差异不显著。随日粮中精饲料比例的增加，成年牦牛对粗蛋白的消化率逐渐升高，而其他各营养成分的消化率则逐渐降低（表 11.9）。精饲料比例为 40% 的日粮 B 和精饲料比例为 60% 的日粮 C 中粗蛋白和粗灰分的消化率之间的差异均不显著，但粗蛋白的消化率显著高于 100% 青贮垂穗披碱草的日粮 A，粗

灰分的消化率显著低于100%青贮垂穗披碱草的日粮A。A日粮中能量的消化率显著高于C日粮。可见成年牦牛对日粮养分的消化率与其组成密切相关。

表 11.9　不同日粮组成下成年牦牛的消化代谢

代谢参数		日粮组成		
		A	B	C
干物质	食入量 /（kg/d）	7.4440±1.8721	6.2164±1.1278	5.2900±1.0021
	粪中排出量 /（kg/d）	2.2710±0.4563	2.0931±0.7016	1.9947±0.3119
	消化率 /%	69.49a	66.33a	62.29a
有机质	食入量 /（kg/d）	6.7554±1.9412	5.6507±1.1114	4.8139±0.9873
	粪中排出量 /（kg/d）	1.9530±0.4997	1.7658±0.3431	1.7335±0.3408
	消化率 /%	71.09a	68.75a	63.99a
粗灰分	食入量 /（kg/d）	0.3043±0.0451	0.2909±0.0231	0.2277±0.0164
	粪中排出量 /（kg/d）	0.2498±0.0119	0.2651±0.0119	0.2101±0.0128
	消化率 /%	17.91a	8.87b	7.73b
粗蛋白	食入量 /（g/d）	399.90±99.4581	418.44±129.4358	406.61±42.0189
	粪中排出量 /（g/d）	228.34±65.4396	215.94±81.2140	207.58±39.9921
	消化率 /%	42.90b	48.39a	48.95a
能量	总能 /（MJ/d）	163.1592±19.5687	136.9184±21.3007	115.5601±28.5467
	粪能 /（MJ/d）	45.7581±11.1237	44.0677±10.1047	43.4978±9.6572
	消化率 /%	71.95a	67.81ab	62.36b

注：除干物质外，所有数据均以风干样计；同行相同字母表示差异不显著。

二、不同日粮组成下成年牦牛的能量代谢

由表11.10不同日粮组成下成年牦牛的能量代谢可知，粪能随着日粮中精饲料比例的增加而减小；尿能和甲烷能以B日粮最高。不同日粮组成下，成年牦牛对A日粮与C日粮的能量代谢率和消化能转化为代谢能的效率之间的差异显著；B日粮和C日粮消化能转化为代谢能的效率之间的差异不显著，但它们显著低于A日粮，其平均转化效率为76.57%。

表 11.10　不同日粮组成下成年牦牛的能量代谢

能量代谢参数	日粮组成		
	A	B	C
总能 /（MJ/d）	163.1592±39.946	136.9184±48.3672	115.5601±40.1897
粪能 /（MJ/d）	45.7581±13.9254	44.0677±18.7326	43.4978±10.2164
消化能 /（MJ/d）	117.4011±33.5628	92.8507±27.8897	72.0623±17.5681
尿能 /（MJ/d）	1.8037±0.6893	2.7799±1.0001	2.3998±0.9746

续表

能量代谢参数	日粮组成		
	A	B	C
甲烷能 /（MJ/d）	17.9312±4.6785	18.5935±2.9998	16.3518±3.3211
代谢能 /（MJ/d）	96.44±39.8731	69.9929±19.3212	52.0136±12.3215
代谢率 /%	59.11a	51.12ab	45.01b
消化能转化为代谢能的效率 /%	82.15a	75.38b	72.18b

注：同行相同字母表示差异不显著。

三、不同日粮组成下成年牦牛的钙、磷代谢

不同日粮组成下，成年牦牛对钙、磷食入量之间的差异不显著，粪中排出钙之间的差异不显著，B 日粮粪中磷的排出量显著高于 A 和 C 日粮；B 和 C 日粮中尿排出钙显著高于 A 日粮，而 C 日粮中尿排出磷显著高于 A 日粮和 B 日粮；磷存留量随日粮中精饲料比例的增加而增加，且 B 和 C 日粮中磷存留量显著高于 A 日粮，钙存留量在 B 日粮下最大，显著高于 A 日粮和 C 日粮（表 11.11）。另外，本试验中成年牦牛对钙和磷的采食比例随精饲料比例的增加而减小。

表 11.11　不同日粮组成下成年牦牛的钙、磷代谢

代谢参数		日粮组成		
		A	B	C
钙	食入量 /（g/d）	7.6089±1.9310a	8.2182±2.3001a	7.8313±2.6987a
	粪中排出量 /（g/d）	2.7188±0.6310a	2.5354±0.7865a	2.7926±0.7651a
	尿中排出量 /（g/d）	0.4665±0.0998b	0.6734±0.2344a	0.6614±0.0945a
	存留量 /（g/d）	4.4236±1.0012b	5.0094±1.2371a	4.3773±1.0001b
磷	食入量 /（g/d）	1.1755±0.2321a	1.5950±0.4698a	1.5457±0.3120a
	粪中排出量 /（g/d）	0.5288±0.1001b	0.6189±0.1112a	0.5086±0.1001b
	尿中排出量 /（g/d）	0.1022±0.0056b	0.1063±0.0023b	0.1403±0.0432a
	存留量 /（g/d）	0.5445±0.0999b	0.8690±0.2110a	0.8960±0.1931a
钙磷比		6.47：1	5.15：1	5.06：1

注：同一行具有相同字母者为差异不显著。

四、小结

（1）随日粮中精饲料比例的增加，成年牦牛对粗蛋白的消化率逐渐升高，而

其他各营养成分的消化率则逐渐降低。可见成年牦牛对日粮的消化率与其组成密切相关。

（2）不同日粮组成下，成年牦牛对日粮 A 和日粮 C 的能量代谢率和消化能转化为代谢能的效率之间的差异显著；日粮消化能转化为代谢能的平均转化效率为 76.57%。

（3）成年牦牛在不同日粮组成下对钙、磷食入量之间的差异不显著，粪中排出钙之间的差异不显著；磷存留量随日粮中精饲料比例的增加而增加，而钙存留量在 B 日粮下最大，且显著高于 A 日粮和 C 日粮。

第五节　结论和讨论

一、不同日粮组成对牦牛消化率的影响

长期以来，牦牛每年都遭受周期性的营养缺乏，迫使牦牛也相应地存在周期性的补偿性生长。牦牛营养缺乏和补偿性生长的周期性交替出现是牦牛营养的重要特点之一，也是长期的自然选择过程中牦牛对牧草数量和质量上的季节不平衡和对恶劣气候及饥饿形成的一种特殊适应机制。这种适应性机制通过牦牛特殊的生理和营养代谢来调节（董世魁，1998）。不同日粮可影响牦牛营养成分消化率，牦牛表观消化率随日粮水平的提高而降低，这一研究结果与前人的研究结论基本一致（Dong et al.，1997）。同时当试验动物是黄牛和水牛时，也可得出相同的结论（Levy et al.，1986；Rule et al.，1986；Huhtanen，1988；Elizalde et al.，1996；Hussain et al.，1996；Mulligan et al.，2002）。Long 等（1997，2004）也分别对泌乳牦牛、干奶空怀牦牛在不同日粮水平和采食水平下的消化代谢进行了研究，并指出：不同日粮能导致泌乳牦牛营养成分消化率和代谢率不同，虽然干物质、钙和磷的消化率随日粮变化，但差异不显著。这说明饲料的消化率与其组成密切相关。精饲料含量过高会破坏瘤胃微生物的生存条件，影响瘤胃微生物的繁殖和相互关系，进而影响牦牛的消化、发酵功能，甚至导致瘤胃发病（Dong et al.，2006）。饲粮中能量与蛋白质在满足家畜需求的基础上，还须保持适当的比例（杨俊，2013）。在本研究中对各生长阶段的牦牛进一步增加日粮中的蛋白含量，牦牛的消化率基本呈下降趋势。这与 Arthington 等（2003）及杨俊（2013）的研究结果相同，这可能是能量与蛋白质不平衡影响营养物质利用的原因。不同日粮可影响牦牛的采食量，反刍动物的采食量与饲料特性如日粮组成和瘤胃物理填充等因素相关（王吉峰，2004）。但是当牦牛的采食水平发生显著变化时，牦牛对日粮的消化

率也有不同程度的变化。董世魁（1998）对舍饲条件下泌乳牦牛、干奶空怀牦牛能量代谢，蛋白质及钙、磷的消化代谢进行研究，并指出：当采食水平降低50%时，燕麦青干草、有机质、粗灰分、总能的消化率均有不同程度的增加；Long等（1997，2004）也分别对泌乳牦牛、干奶空怀牦牛在不同日粮水平和采食水平下的消化代谢进行了研究，并指出：当干奶牦牛的采食量从0.3倍的自由采食量增加到0.9倍时，日粮中的干物质、有机质和粗灰分的消化率均降低。

二、不同日粮组成对牦牛能量代谢的影响

粪能主要和采食饲料的性质有关，尿能主要受饲料结构、特别是饲料中蛋白质含量的影响，而家畜的可消化能主要和饲料的性质及采食水平有关。家畜的生产力除与遗传有关外，饲料的能量水平也是影响其生产力的重要因素。能量水平不能满足家畜的需要时，家畜生产力低下、健康恶化、饲料能量用于生产的效率较低；相反，过高的饲料能量水平对家畜的生产力及健康同样不利（赵义斌 等，1992）。粪能约占总能的1/3（王新谋，1997），是饲料能量损失最大的部分。生长牦牛和成年牦牛的粪能随着总能摄入量的增加也会增加，这与Tyrrell等（1975）的研究结果一致（许贵善 等，2012）。犊牦牛的粪能占饲料总能的比例高于生长牦牛和成年牦牛，这可能与犊牦牛瘤胃微生物区系尚未稳定，瘤胃微生物系统的动态平衡系统容易遭到破坏有关（Dong et al.，2006）。尿能主要是尿中含氮有机质的能量（王文奇 等，2014），生长牦牛和成年牦牛在B日粮下尿能最高。甲烷的产生是反刍动物瘤胃发酵时饲料能量损失的主要原因（Holter et al.，1992）。本研究中犊牦牛与成年牦牛随着日粮精粗比例的增加甲烷能整体呈下降趋势，这与Holter等的研究结果一致（Holter et al.，1992；Beauchemin et al.，2005）。胡令浩等（1997）对生长牦牛能量代谢的研究表明，当日粮精饲料含量从50%增加到90%时，代谢率从50%提高到70%，能量消化率从60%提高到77%，粪能损失从40%降至23%，这与本研究的结果相反。另外，本试验消化能转化为代谢能的效率平均为0.78，这一结果低于韩兴泰等（1997）、董全民等（2008）从生长牦牛得到的0.87和0.83的试验结果，也低于董世魁（1998）从泌乳牦牛获得的0.81的试验结果。这可能与牦牛本身耐粗饲的代谢特点有关。

三、不同日粮组成对牦牛钙、磷代谢的影响

钙和磷是动物体内的常见元素，钙、磷元素的缺乏表现为幼畜佝偻病和骨骼病变、家畜食欲不振，甚至废食。杨文正（1996）报道，钙、磷元素是家畜骨骼

和牙齿的主要成分，钙占 99% 左右，其余是活细胞和组织液的必要成分；磷约占 80%，其余大部分构成软组织，小部分存在于体液中。草食动物钙、磷的吸收量与日粮中的钙、磷含量成正比，而且饲料含钙、磷越丰富，肠道对钙、磷的吸收量也越大；对不同日粮和采食水平下泌乳牦牛、干奶空怀牦牛钙、磷的消化代谢研究表明，在不同日粮组成和采食水平下，钙和磷的消化率随日粮变化，但差异不显著（Dong et al.，1997；Long et al.，1997，2004；董世魁，1998）。另外，本试验中犊牦牛对钙和磷的采食比例随精饲料比例的升高而降低，而且该比例远远高于干奶空怀牦牛对钙和磷的采食比例（约为 2：1），这可能与犊牦牛的生长特性和瘤胃微生物不能适应新的日粮有关（董全民 等，2004a，2008）。

第十二章 牦牛和藏羊育肥技术

长期以来，由于掠夺式的经营方式和粗放的管理模式，使牦牛和藏羊始终处于“夏饱、秋肥、冬瘦、春乏”的恶性循环之中，牦牛和藏羊的生产处在低水平的发展阶段。特别是近年来，伴随着家畜的数量迅速增加，草畜矛盾日益突出，超载过牧加速了天然草地的退化，严重影响着高寒草地生态系统的平衡与稳定及草地畜牧业的可持续发展。由于高寒牧区牧草生产与家畜营养需要的季节不平衡，降低了物质和能量的转化效率，浪费了大量的牧草资源。为此，本章以资源的持续最大利用为目标，以提高家畜的出栏率、商品率和生产力为突破口，以完全舍饲、放牧加舍饲及补饲为主要措施，充分利用“退耕还草”“荒山种草”中建植的人工草地和“四配套”建设、“天保项目”及“温饱工程”等项目修建的太阳能暖棚，改变粗放的传统经营管理模式，促进天然草地和人工草地放牧生态系统的耦合，科学合理地利用天然草地、提高高寒地区人工草地资源的利用效率，从而实现该地区畜牧业持续、稳定、高效、协调发展。因此探讨采用怎样的饲料搭配及在该饲料下牦牛和藏羊应育肥多长时间、育肥期内哪一时段饲料报酬最高等问题，可为解决草畜矛盾、提高牦牛藏系绵羊的商品率、增加牧民收入、减轻天然草地压力寻求新的途径，对打造“有机农畜产品输出地”具有十分重要的理论和实践意义。

第一节 牦牛和藏羊育肥试验设计

一、试验地概况

试验地选在青海省果洛州大武镇格多牧委会，位于N 34°21′22″，E 100°29′42″，海拔为3980m。年均气温为−2.3℃，最高和最低气温分别为25.2℃和−32.5℃，年均降水量为560mm，年蒸发量为1392mm，无绝对无霜期。草地类型为已发生退化的高寒嵩草草甸，土壤为高山草甸土。

二、太阳能育肥暖棚的修建

（一）牦牛育肥暖棚的修建

暖棚坐西朝东，双坡式，前后倾斜，砖、钢架结构，前为钢梁塑料棚，后为钢架石棉瓦棚，暖棚长 10m，宽 6m，梁高 2.2m，两侧高 1.8m，棚舍外为网围栏围成的运动场。暖棚东西两侧各设有两个 0.25m×0.35m 的通风窗口，南北两侧各设一个双扇门，高 1.6m，宽 1.2m。暖棚内靠墙四边基部设置高 65cm、上宽 30cm、下宽 20cm 的饲槽，可容纳 30～40 头牦犊牛采食。

（二）藏羊育肥暖棚的修建

暖棚坐西朝东，双坡式，前后倾斜，砖、钢架结构，前为钢梁塑料棚，后为钢架石棉瓦棚，暖棚长 10m，宽 6m，梁高 2.0m，两侧高 1.6m，棚舍外为网围栏围成的运动场。暖棚前后两侧各设有两个 0.2m×0.35m 的通风窗口，南北两侧各设一个双扇门，高 1.4m，宽 1.2m。暖棚内靠墙四边基部设置高 35cm、上宽 20cm、下宽 15cm 的饲槽，可容纳 50～60 头羔羊采食。

三、牦牛育肥试验设计

（一）燕麦及垂穗披碱草的打包青贮

2002 年 6 月 10 日种植一年生燕麦（青海 444）的人工草地 $10hm^2$，9 月下旬收割燕麦青草；垂穗披碱草人工草地建植于 2002 年 5 月下旬，2003 年 9 月中旬收割青草，自然晾晒 3～4d，然后用 CAEB 小型打捆机将收割的燕麦青草打成 30～40kg 的圆形捆，再用 CAEB 小型打包机将打成的捆用黑塑料薄膜打包青贮。试验时燕麦草的青干比为 2.5∶1，垂穗披碱的青干比为 3.0∶1。

（二）牦牛日粮的配方

在精饲料型日粮条件下，生长牦牛对日粮能量的消化率、代谢率和沉积率分别为 60%～77%、50%～70% 和 9%～25%，并且随日粮精饲料含量增加而升高（表 12.1）。在精饲料型日粮和粗饲料日粮条件下，生长牦牛代谢能（ME）需要量分别为

$$ME=0.458W^{0.75}+(8.732+0.091W)\times\Delta G \quad (12.1a)$$

$$ME=1.393W^{0.52}+(8.732+0.091W)\times\Delta G \quad (12.1b)$$

生长牦牛的可消化粗蛋白需要量为

$$RDCP=6.093W^{0.52}+(1.1548/\Delta W+0.0509/W^{0.52})^{-1} \quad (12.2)$$

式中，$6.093W^{0.52}$ 为维持的氮需要量；$(1.1548/\Delta W+0.0509/W^{0.52})^{-1}$ 为增重需要。

根据以上公式，生长牦牛在不同体重和增重条件下，其蛋白质和代谢能的需要量可以通过计算得到（表 12.2）。

表 12.1　不同日粮条件下生长牦牛代谢能用于生长的效率

日粮	方程	q（精饲料比例）			
混合日粮	kg=0.38q+0.282		0.472	0.510	0.548
各种日粮	kg=0.78q+0.006	0.318	0.396	0.474	0.552
各种日粮	kg=0.81q+0.03	0.354	0.435	0.516	0.597
颗粒饲料	kg=0.024q+0.465	0.475	0.477	0.479	
精饲料型日粮	kg=1.37q−0.37			0.452	0.589

注：kg 表示牦牛的生长效率。

表 12.2　不同活重条件下生长牦牛蛋白质和代谢能需要量

体重 /kg	日增重 /（g/d）	日干物质进食量 /（g/d）	CP/%	ME/（MJ/d）
	200		15.26	14.11
70	400	1204	18.45	17.13
	600		20.06	20.15
	200		12.27	18.04
100	400	1699	15.04	21.61
	600		16.51	25.18
	200		10.41	21.74
130	400	2194	12.88	25.85
	600		14.24	29.96
	200		9.12	25.24
160	400	2689	11.36	29.9
	600		12.62	34.56

因此，依据牦牛蛋白质和能量需要，应用当地现有资源（青贮牧草、青稞）和邻近地区的菜籽饼和麸皮等，并配以钙、磷、盐和添加剂，经粉碎配制加工后筛选出以下 8 种配方。

配方 1：35% 燕麦草＋20% 菜籽饼＋41% 青稞＋2% 磷酸氢钙＋1% 盐＋1% 添加剂

配方 2：65% 燕麦草＋19% 菜籽饼＋12% 青稞＋2% 磷酸氢钙＋1% 盐＋1% 添加剂

配方 3：40% 披碱草青干草+20% 菜籽饼+36% 青稞+2% 磷酸氢钙+1% 盐+1% 添加剂

配方 4：60% 披碱草青干草+19% 菜籽饼+17% 青稞+2% 磷酸氢钙+1% 盐+1% 添加剂

配方 5：40% 垂穗披碱草青干草+25% 菜籽饼+31% 青稞+2% 磷酸氢钙+1% 盐+1% 添加剂

配方 6：35% 垂穗披碱草+32% 麸皮+13% 菜籽饼+16% 青稞+2% 磷酸氢钙+1% 盐+1% 添加剂

配方 7：65% 垂穗披碱草+16% 麸皮+7% 菜籽饼+8% 青稞+2% 磷酸氢钙+1% 盐+1% 添加剂

配方 8：50% 麸皮+21% 菜籽饼+25% 青稞+2% 磷酸氢钙+1% 盐+1% 添加剂

（三）试验设计

2002 年 11 月，在牧户牛群内随机选取健康、生长发育良好的 42 月龄阉割过的公牦牛 15 头，平均体重为 120±10kg，按体重随机分为 3 组（每组 5 头）。第 1 组（处理 A）的日粮组成为配方 1；第 2 组（处理 B）的日粮组成为配方 2；第 3 组（对照 CK1）为对照组，自由放牧，不补饲，无棚舍。

2003 年 11 月同样选取健康、生长发育良好的 30 月龄岁阉割过的公牦牛 20 头，平均体重为 100±10kg，按体重随机分为 4 组（每组 5 头）。第 1 组（处理 C）的日粮组成为配方 3；第 2 组（处理 D）的日粮组成为配方 4；第 3 组（处理 E）为 100% 的青贮垂穗披碱草［2.810kg/（头・d）］；第 4 组（对照 CK2）为对照组，自由放牧，不补饲，无棚舍（表 12.3）。

表 12.3　牦牛太阳能暖棚育肥及补饲日粮的组成

<table>
<tr><th>日期</th><th>试验对象</th><th>第 1 组</th><th>第 2 组</th><th>第 3 组</th><th>对照组</th></tr>
<tr><td>2002-11-20～2003-1-24</td><td>牦牛（42 月龄），3 组（5 头 / 组）</td><td>配方 1</td><td>配方 2</td><td>自由放牧，不补饲，无棚舍（CK1）</td><td rowspan="2">自由放牧，不补饲，无棚舍（CK2）</td></tr>
<tr><td>2003-11-8～2004-1-10</td><td>牦牛（30 月龄），4 组（5 头 / 组）</td><td>配方 3</td><td>配方 4</td><td>100% 的青贮垂穗披碱草</td></tr>
</table>

（四）饲喂方式

42 月龄牦牛育肥试验从 2002 年 11 月 20 日开始，2003 年 1 月 24 日结束。30 月龄牦牛育肥试验从 2003 年 11 月 8 日开始，2004 年 1 月 8 日结束。试验分为 5 期，每期 10d，预试期 16d。每天的日粮分两次喂完（早晨 8:00，下午 4:00），每日饮水 2 次（早晨 10:00，下午 5:30）。每天早晨饲喂之前，分别记下前一天每组剩余的饲料。试验期内暖棚内外的平均气温均为−25℃，暖棚内外的平均相对湿度分别为 0.52 和 0.49。预试期精饲料的饲喂方式见表 12.4。

表 12.4 预试期精饲料的饲喂方式

饲喂天数 /d	第 1 组（处理 A）		第 2 组（处理 B）	
	精饲料 /%	燕麦草 /%	精饲料 /%	燕麦草 /%
1～2	0	100	0	100
3～4	10	90	5	95
5～6	20	80	10	90
7～8	30	70	15	85
9～10	40	60	20	80
11～12	50	50	25	75
12～14	60	40	30	70
14～16	65	35	35	65

（五）牦牛的称重

育肥牦牛每 10 天用电子秤早晨空腹称重一次，补饲牦牛每月称重一次。

四、羔羊育肥试验设计

（一）燕麦青草的打包青贮

9 月下旬收割燕麦青草，自然晾晒 3～4d，然后用 CAEB 小型打捆机将收割的燕麦青草打成 30～40kg 的圆形捆，再用 CAEB 小型打包机将打成的捆用黑塑料薄膜打包青贮。试验时燕麦草的平均青干比为 2.5∶1。

（二）试验设计

在牧户羊群内，选取健康、生长发育良好的 1 岁阉割过的公羔羊 30 只，随机分为 3 组（每组 10 只）。第 1 组的日粮组成为配方 1；第 2 组的日粮组成为配方 2；第 3 组的日粮组成为 100% 燕麦青贮草。

（三）饲喂方式

试验从 2002 年 11 月 20 日开始，2003 年 1 月 24 日结束。试验分为 5 期，预试期 16d（11 月 20 日～12 月 5 日），每 10 天早晨空腹称重（用电子秤称重）一次。每天的日粮（第 1 组为 1.1kg/d，第 2 组为 1.5kg/d，第 3 组为 3.5kg/d）分两次喂完（早晨 8:00，下午 4:00），每日饮水 2 次（早晨 10:00，下午 5:30）。每天早晨饲喂之前，分别记下前一天每组剩余的饲料（表 12.5）。

表 12.5　预试期精饲料的饲喂方式

饲喂天数 /d	第 1 组		第 2 组		第 3 组
	精饲料 /%	燕麦草 /%	精饲料 /%	燕麦草 /%	燕麦草 /%
1～2	0	100	0	100	100
3～4	10	90	5	95	100
5～6	20	80	10	90	100
7～8	30	70	15	85	100
9～0	40	60	20	80	100
11～12	50	50	25	75	100
12～14	60	40	30	70	100
14～16	65	35	35	65	100

第二节　牦 牛 育 肥

一、不同日粮对牦牛增重的影响

（一）42 月龄牦牛增重的变化

在整个育肥期内，42 月龄牦牛体重及日增重变化见表 12.6。日粮组成对 42 月龄牦牛日增重的影响见表 12.7。42 月龄牦牛的日增重变化见图 12.1。在整个育肥期内，第 1 组牦牛的绝对增重和相对增重分别比第 2 组和对照组高 5.90kg、4.94% 和 31.44kg、26.59%，第 2 组比对照组高 25.54kg、21.65%（表 12.6）。因为日粮中粗饲料比例太低，反而会影响牦牛的消化和吸收效率，这一结果与董全民等（2003b，2004a）、Dong 等（2006）、吴克选等（1997）的结论基本一致。因此，在完全舍饲条件下育肥牦牛，适当增加精饲料比例，甚至精饲料占到 65%，提高牦牛的日增重，是完全可行的。

表 12.6　42 月龄牦牛体重及日增重变化

处理	始重 /kg	末重 /kg	绝对增重 /kg	相对增重 /%
第 1 组 A	117.98±6.78	140.62±19.65	22.64±6.45	19.19±7.12
第 2 组 B	117.46±7.02	134.20±16.85	16.74±5.12	14.25±3.21
对照组 CK1	118.60±8.21	109.80±10.10	−8.8±1.99	−7.4±2.02

表 12.7 日粮组成对 42 月龄牦牛日增重的影响

影响因子	平方和	自由度	F值	P值	显著性
处理	0.027 52	1	6.607 877	0.015 405	*
育肥期	0.222 163	5	5.050 339	0.002 272	**

注：* 表示 P<0.05，** 表示 P<0.01。

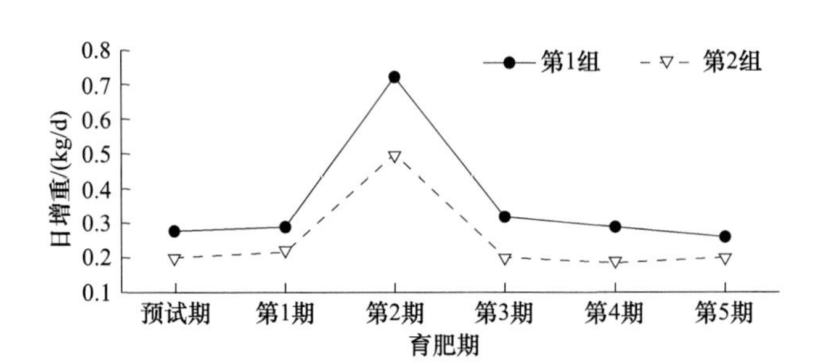

图 12.1 42 月龄牦牛的日增重变化

在整个育肥期内，42 月龄牦牛平均日增重基本呈单峰曲线变化（图 12.1）。在不同的育肥时期，第 1 组牦牛的平均日增重总是大于第 2 组，两组的牦牛平均日增重均在育肥第 2 期达到最大，然后均开始下降。

通过对两个不同处理放牧期牦牛的平均日增重进行方差分析，处理之间牦牛的日增重之间的差异显著（P<0.05），处理内不同育肥期牦牛的日增重之间的差异极显著（P<0.01）（表 12.7），进一步做新复极差分析，第 2 期两个处理的牦牛平均日增重之间差异极显著（P<0.01），第 1、第 5 期两个处理的牦牛平均日增重之间差异不显著；两个处理内第 2 期与其他各育肥期牦牛平均日增重之间差异显著（P<0.05），除了第 2 期，其他各育肥期牦牛平均日增重之间差异均不显著（表 12.8）。

表 12.8 牦牛体重及日增重

试验期	体重（$\bar{x}_{1}$±S）/kg			日增重（$\bar{x}_{2}$±S）/［kg/（头·d）］		
	第 1 组	第 2 组	CK1	第 1 组	第 2 组	CK1
预试前	117.98±6.78	117.46±7.02	118.60±8.21			
预试末	122.04±12.02	120.40±8.21		0.27±0.10 Ab	0.20±0.098 Ab	
第 1 期	124.84±16.20	122.66±8.65		0.28±0.123 Ab	0.23±0.096 Ab	
第 2 期	132.04±13.02	127.66±9.87		0.72±0.298 Aa	0.50±0.212 Ba	
第 3 期	135.22±18.32	130.10±12.34		0.32±0.164 Ab	0.22±0.102 Ab	
第 4 期	138.10±16.32	132.10±18.10		0.29±0.123 Ab	0.20±0.068 Ab	
第 5 期	140.62±19.65	134.20±16.85	109.80±10.10	0.25±0.132 Ab	0.21±0.081 Ab	

注：同行大写字母不同者为差异极显著（P<0.01），同列小写字母不同者为差异显著（P<0.05）；$\bar{x}$ 为牦牛平均体重，$\bar{x}_2$ 为牦牛的日平均增重；S 为标准差。

（二）42 月龄牦牛日增重与采食量之间的关系

从表 12.9 看出，牦牛的日增重与采食量之间呈极显著的线性回归关系，而且第 1 组直线的 *a* 值大于第 2 组，说明第 1 组牦牛的日增重比第 2 组要大。这一结果与薛白等（1997）的结论有相似之处，但在日粮的精粗比相似的情况下，本试验的“增重 / 采食量”的值要比其试验结果大，这是试验设计的问题还是称重的误差造成的，尚须进一步研究。

表 12.9　日增重与采食量之间的回归关系

处理	回归方程	参数		R	显著水平
		$a>0$	b		
第 1 组（精：粗=65：35）	$y=-ax+b$	2.5717	1.9074	0.9198	$P<0.01$
第 2 组（精：粗=35：65）	$y=-ax+b$	0.05	0.1117	0.9669	$P<0.01$

（三）30 月龄牦牛增重的变化

在整个育肥期内，30 月龄牦牛体重和日增重的变化见表 12.10 和图 12.2。在整个育肥期内，随日粮中精饲料的减少，牦牛的体重和日增重减小，第 1 组牦牛的绝对增重分别比第 2 组和第 3 组增加 1.48kg 和 3.64kg，其相对增重分别提高 1.44% 和 3.41%；第 2 组牦牛的绝对增重比第 3 组增加 2.16kg，其相对增重提高 1.97%（表 12.11）。方差分析表明，育肥日粮组成和育肥时间对 30 月龄牦牛日增重的影响显著（$P<0.05$）（表 12.12）。进一步做新复极差分析，预饲期牦牛日增重之间的差异不显著，在第 1 期和第 2 期的第 2 组和第 3 组之间差异不显著，但它们和第 1 组之间的差异显著（$P<0.05$）；第 3 期和第 4 期的第 1 组和第 2 组之间差异不显著，但它们和第 3 组之间差异显著（$P<0.05$）；第 5 期各处理之间差异均显著（$P<0.05$）。

表 12.10　30 月龄牦牛体重和日增重的变化

试验期	体重（$\bar{x}_1\pm S$）/kg				日增重（$\bar{x}_2\pm S$）/（g/d）			
	第 1 组 C	第 2 组 D	第 3 组 E	CK2	第 1 组 C	第 2 组 D	第 3 组 E	CK2
预试前	109.52±32.30	110.42±27.91	110.92±23.91	110.52±21.90				
预试末	110.99±23.09	112.09±25.93	112.61±31.09		146.7±38.0c	169.3±28.9d	169.3±23.9c	106.4±33.8
第 1 期	113.39±39.12	114.13±22.98	114.67±30.21		240.0±48.1b	204.0±38.0c	206.0±32.3a	
第 2 期	116.05±29.12	116.49±17.99	116.93±27.01		266.0±39.9b	236.0±40.2c	226.0±24.1a	

续表

试验期	体重（$\bar{x}_1$±S）/kg				日增重（$\bar{x}_2$±S）/（g/d）			
	第 1 组 C	第 2 组 D	第 3 组 E	CK2	第 1 组 C	第 2 组 D	第 3 组 E	CK2
第 3 期	119.09±27.89	119.05±29.01	118.99±23.78		304.0±33.9a	256.0±38.0b	206.0±33.3a	
第 4 期	121.93±21.78	122.11±21.73	120.89±19.99		284.0±29.9b	306.0±40.2a	190.0±40.3b	
第 5 期	124.61±19.98	124.23±23.91	122.59±22.89	103.71±23.71	268.0±37.1b	212.0±33.1c	170.0±35.0c	

注：同列大写字母不同者为差异显著（$P<0.05$）；$\bar{x}_1$ 为牦牛的平均体重，$\bar{x}_2$ 为牦牛的日平均增重，S 为标准差。

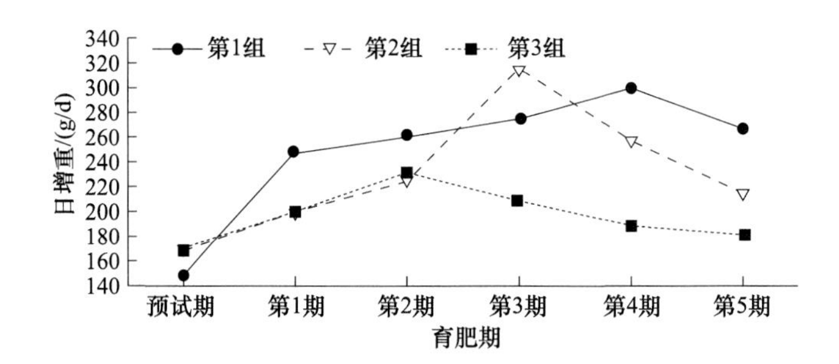

图 12.2　30 月龄牦牛的日增重变化

表 12.11　30 月龄牦牛体重及增重变化

处理	始重 /kg	末重 /kg	绝对增重 /kg	相对增重 /%
第 1 组	109.52±32.30	124.61±19.98	13.62	12.27
第 2 组	110.4±27.91	124.23±23.91	12.14	10.83
第 3 组	110.92±23.91	122.59±22.89	9.98	8.86
对照组	110.52±21.90	103.71±23.71	−6.81	−6.16

表 12.12　日粮组成对 30 月龄牦牛日增重的影响

影响因子	平方和	自由度	F 值	P 值	显著水平
育肥期	19 774.64	5	4.243 575	0.024 867	$P<0.05$
处理	9 937.383	2	5.331 327	0.026 55	$P<0.05$

在整个育肥期内，牦牛平均日增重基本呈单峰曲线变化（图 12.2）。随育肥日粮中精饲料的增加，牦牛日增重曲线的峰值（最大值）出现的时间推迟。这是因为经过 16d 的预试期，牦牛瘤胃微生物还没有从完全放牧条件下的区系形成适应这种舍饲日粮的瘤胃微生物区系，且日粮中精饲料含量越高，牦牛瘤

胃微生物适应这种舍饲日粮所需的时间越长，所以日增重的最大值出现的时间越长。

二、不同月龄牦牛日增重与育肥时间之间的关系

育肥期内（包括预饲期）牦牛日增重与育肥时间之间的回归方程见表 12.13。从上面分析可知，牦牛日增重随育肥时间的变化呈单峰曲线变化，经回归分析表明：处理 A、B 和 D 牦牛日增重与育肥时间呈显著的二次回归（$P<0.05$），其他处理组与育肥时间呈极显著的二次回归（$P<0.05$）。从这些回归方程可知处理 A、B、C、D 和 E 牦牛日增重达到最大的时间依次为 25d、22d、37d、33d 和 24d。

表 12.13　日增重与育肥时间之间的回归方程

处理	回归方程	R^2	显著水平
A	$y=-0.3604x^2+17.675x+261.79$	0.5797	$P<0.05$
B	$y=-0.235x^2+10.336x+207.76$	0.5917	$P<0.05$
C	$y=-0.1305x^2+9.6107x+149.26$	0.9694	$P<0.01$
D	$y=-0.102x^2+6.6421x+158.02$	0.7201	$P<0.05$
E	$y=-0.0763x^2+3.6307x+173.74$	0.8692	$P<0.01$

三、不同日粮下不同月龄牦牛的干物质消化率

不同月龄牦牛对不同日粮的干物质消化率［表观消化率＝（干物质采食量－粪干物质）/ 干物质采食量］变化见图 12.3。在整个育肥期内，各月龄牦牛在不

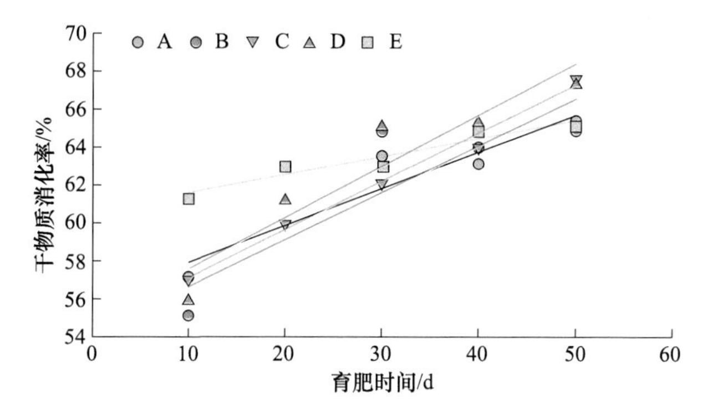

图 12.3　不同月龄牦牛对不同日粮的干物质消化率变化

同日粮下的消化率随育肥时间均呈显著的线性回归（$P<0.05$）。它们的简单回归方程见表 12.14。

表 12.14　干物质消化率与育肥时间之间的简单回归方程

处理	回归方程	R^2	显著水平
A	$A_d=0.09T+59.94$	0.8945	$P<0.01$
B	$A_d=0.216T+55.7$	0.8251	$P<0.01$
C	$A_d=0.226T+55.72$	0.8649	$P<0.01$
D	$A_d-0.232T+56.38$	0.8349	$P<0.01$
E	$A_d=0.033T+62.71$	0.8542	$P<0.01$

注：A_d 为干物质消化率（%），T 为育肥时间（d）。

四、不同月龄牦牛对不同日粮饲料转化率

测量饲料或日粮的转化率（采食量干物质 / 家畜活体增重）来确定饲料可以反映家畜对日粮的消化率和吸收利用情况（赵若含 等，2019）。不同月龄牦牛对不同日粮的饲料转化率见图 12.4。不同月龄牦牛对处理 A、C、D 和 E 日粮的饲料转化率与育肥时间呈显著的二次回归关系（$P<0.05$），处理 B 日粮的饲料转化率与育肥时间呈极显著的线性回归关系（$P<0.01$）。它们的回归方程见表 12.15。从这些回归方程可知，处理 A、C、D 和 E 日粮的饲料转化率达到最小的时间分别为 26d、27d、33d 和 7d，它们对应的饲料转化率的最小值依次为 11.11%、9.06%、9.81% 和 9.05%。42 月龄牦牛的饲料转化率高于 30 月龄牦牛。

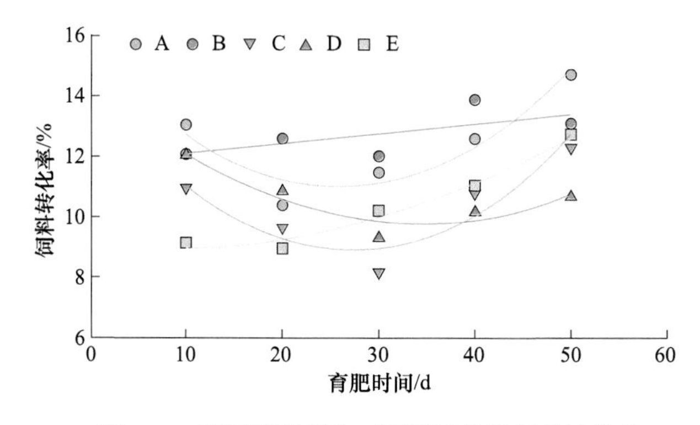

图 12.4　不同月龄牦牛对不同日粮的饲料转化率

表 12.15　饲料转化率与育肥时间之间的回归方程

处理	回归方程	R^2	显著水平
A	$F_{ce}=0.0069T^2-0.3575T+15.739$	0.9119	$P<0.05$
B	$F_{ce}=0.0359\,T+11.916$	0.8149	$P<0.01$
C	$F_{ce}=0.0071\,T^2-0.3874\,T+14.34$	0.8947	$P<0.05$
D	$F_{ce}=0.0046\,T^2-0.3059\,T+14.895$	0.9142	$P<0.05$
E	$F_{ce}=0.0021\,T^2-0.028\,T+9.1478$	0.9949	$P<0.05$

注：F_{ce} 为饲料转化率，T 为育肥时间。

五、小结

（1）完全舍饲条件下，处理之间牦牛的日增重之间差异极显著，处理内不同育肥期牦牛的日增重之间差异显著。

（2）第 1 组牦牛的绝对增重和相对增重分别比第 2 组和对照组高 5.9kg、4.94% 和 31.44kg、26.59%，第 2 组比对照组高 25.54kg 和 21.65%，而且第 1 组的“增重 / 采食量”值大于第 2 组。

（3）冬季在暖棚中完全舍饲条件下育肥牦牛，适当增加精饲料比例，甚至精饲料占到 65%，提高牦牛的日增重，是完全可行的。

第三节　藏 羊 育 肥

一、羔羊个体增重的变化

在整个育肥期，羔羊每期平均个体增重的变化（表 12.16）基本呈单峰曲线（图 12.5）。在整个育肥期，第 1 组羔羊个体增重在第 4 期达到最大，第 2 组在第 3 期达到最大，而第 3 组在第 2 期达到最大。造成差异的原因，一方面是因为羔羊的瘤胃还没有发育完全；另一方面，经过 16d 的预试期，羔羊瘤胃微生物还没有从完全放牧条件下的区系形成适应这种舍饲日粮的瘤胃微生物区系，影响精饲料的消化吸收。如果精饲料的含量太高，会导致体质差的羔羊消化系统紊乱，造成羔羊拉稀，如果不及时治疗，可能会导致羔羊死亡。本试验中，由于饲喂过程中没有及时调整日粮和及时治疗，导致第 1 组 3 只羔羊死亡，第 2 组 2 只死亡，最后用青海省畜牧兽医科学院生产的“畜痢灵”连续口服 3d

（每只羊 15～20mL），才使病情得以缓解并得到恢复。经过适应期和第 1 期的饲喂后，适应这种日粮的瘤胃微生物区系基本趋向稳定，第 3 组、第 2 组和第 1 组羔羊每期增重依次在第 2 期、第 3 期和第 4 期达到最大，然后均开始下降（图 12.5）。

表 12.16 羔羊每期个体增重 （单位：kg）

处理	预试期 $\bar{x}$±S	第 1 期 $\bar{x}$±S	第 2 期 $\bar{x}$±S	第 3 期 $\bar{x}$±S	第 4 期 $\bar{x}$±S	第 5 期 $\bar{x}$±S
第 1 组	1.07±0.31c	1.17±0.38c	1.57±0.49b	1.64±0.38b	2.07±0.59a	1.59±0.53b
第 2 组	0.91±0.21c	1.36±0.31c	1.78±0.50a	2.0833±0.60a	1.547±0.49b	1.03±0.31c
第 3 组	1.34±0.39b	1.23±0.21b	2.11±0.37a	2.09±0.52a	1.44±0.37b	1.47±0.27b

注：同行小写字母相同为差异不显著。

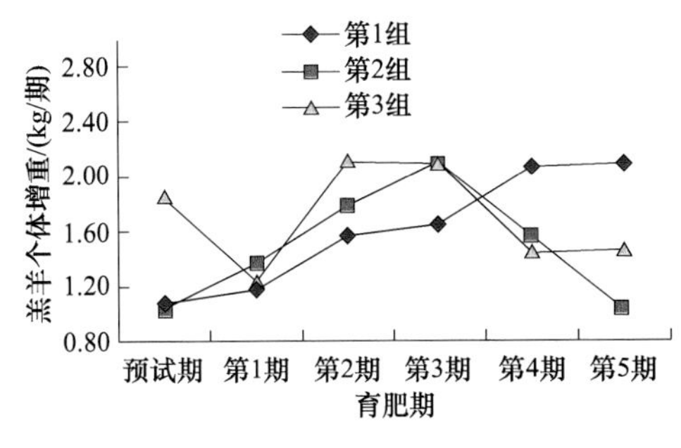

图 12.5 羔羊个体增重的变化

通过对 3 个育肥组不同育肥期羔羊个体增重进行方差分析（表 12.16），第 1 组第 4 期羔羊个体增重显著高于其他育肥期，预试期和第 1 期羔羊个体增重之间差异不显著，第 2 期、第 3 期和第 5 期羔羊个体增重之间差异也不显著，但预试期和第 2 期、第 3 期和第 5 期羔羊个体增重之间差异显著。同样，第 2 组第 2 期和第 3 期羔羊个体增重显著高于其他育肥期，第 3 组第 2 期和第 3 期羔羊个体增重也显著高于其他育肥期。这主要是由羔羊瘤胃对不同精饲料比例日粮的消化代谢及吸收利用的差异造成的。

二、羔羊个体的总增重变化

在整个育肥期，各育肥组羔羊个体总增重效果比较见表 12.17。可以看出，羔羊个体总增重的大小顺序为第 1 组＞第 3 组＞第 2 组＞对照组，且它们的增重率分别为 51.30%、50.16%、48.75% 和−8.25%。显著性检验表明，3 个育肥组的总增重极显著高于对照组，但 3 个育肥组的总增长之间无显著性差异。因此，精饲料为 35% 的日粮与 100% 的燕麦青贮草对羔羊的育肥效果接近。

表 12.17　羔羊个体总增重效果比较

处理	预试前体重 $\bar{x}\pm S$/kg	试验末体重 $\bar{x}\pm S$/kg	总增重 $\bar{x}\pm S$/kg	比对照增加 $\bar{x}\pm S$/kg	增重百分比 $\bar{x}\pm S$/%
第 1 组	18.81±3.29	28.46±5.60	9.65±3.02a	11.17±3.69	51.30±11.33
第 2 组	18.83±2.98	28.01±4.98	9.18±2.87a	10.70±2.73	48.75±19.03
第 3 组	18.8±13.98	28.23±5.01	9.43±3.29a	10.94±3.19	50.16±21.12
对照组	18.42±4.10	16.9±3.61	−1.52±0.98b		−8.25±3.01

三、个体增重与育肥时间的关系

从表 12.18 和图 12.5 可知，羔羊个体增重随育肥期的变化呈二次曲线关系，且第 1 组和第 2 组羔羊的个体增重与育肥时间之间的二次曲线关系达到了极显著水平。通过计算可知，当 x 为 5.05 时，第 1 组羔羊的个体增重达到最大，因此从经济和饲料利用的角度考虑，用这种日粮育肥 1 岁羔羊的时间不能少于 50d；第 2 组、第 3 组在 x 为 3.59 和 3.69 时羔羊个体增重达到最大，因此它们的育肥时间不能少于 40d。具体育肥多长时间，还须考虑其他成本因素。

表 12.18　羔羊个体增重与育肥时间之间的回归方程

处理	回归方程	R 值	P 值
第 1 组	$y=-0.0493x^2+0.4984x+0.523$	0.879 8	<0.01
第 2 组	$y=-0.1564x^2+1.1244x-0.1381$	0.962 9	<0.01
第 3 组	$y=-0.0968x^2+0.714x+0.05823$	0.703 6	<0.10

四、饲料转化率与育肥时间的关系

从图 12.6 可以看出，各育肥组羔羊饲料转化率的变化与其个体增重的变化趋势基本一致，且其饲料转化率与育肥时间之间也是二次曲线关系。第 1 组羔羊的个体增重与育肥时间之间的二次曲线关系达到了显著水平，第 2 组达到了极显著水平（表 12.19）。当 x 为 5.24 时，第 1 组羔羊的饲料转化率达

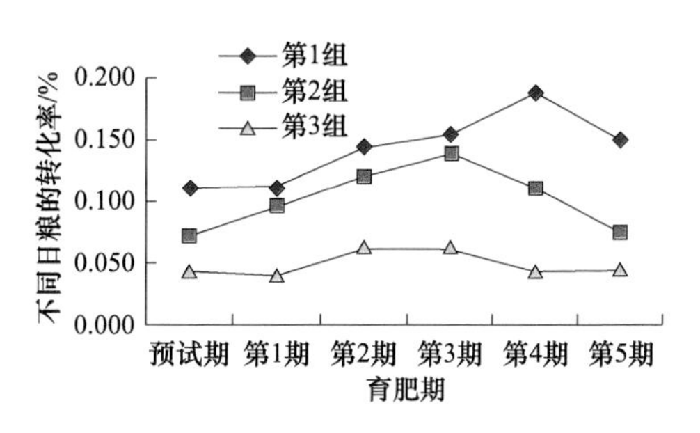

图 12.6　饲料转化率随育肥时间变化的关系

到最大；当 x 为 3.61 和 3.67 时，第 2 组和第 3 组分别达到最大。这与羔羊个体增重的变化很接近。饲料转化率最大的时期也就是回报率最高的时间。不论从羔羊个体增重角度考虑，还是从饲料转化率的角度考虑，利用相应的日粮组成育肥 1 岁羔羊时，第 1 组、第 2 组和第 3 组分别不能少于 50d、40d 和 40d。这也说明，羔羊日粮中精饲料比例越高，对已适应完全放牧的藏系绵羊，其瘤胃微生物区系形成适应这种舍饲日粮的瘤胃微生物区系的时间就越长，加之 1 岁羔羊的瘤胃还没有发育完全，瘤胃微生物区系还未稳定，也会影响瘤胃微生物对高比例精饲料的消化和吸收。因此，日粮中精饲料比例越高，羔羊饲料转化率达到最大的时间就越长，曲线的峰值就出现得越晚。

表 12.19 饲料转化率与育肥时间之间的回归方程

试验处理	回归方程	R 值	P 值
第 1 组	$y=-0.0035x^2+0.0367x+0.0676$	0.8540	<0.05
第 2 组	$y=-0.0095x^2+0.0685x+0.0064$	0.9602	<0.01
第 3 组	$y=-0.0023x^2+0.0169x+0.0245$	0.6527	<0.20

五、个体增重与实际采食量的关系

从图 12.7～图 12.9 可以看出，3 个育肥组羔羊个体增重与实际采食量之间均呈显著的正相关关系，且它们的回归方程依次为

$$y=0.5951x-4.7596\ (R=0.8037,\ P<0.05) \quad (12.3)$$

$$y=0.5456x-6.2214\ (R=0.8587,\ P<0.05) \quad (12.4)$$

$$y=0.2418x-6.408\ (R=0.8474,\ P<0.05) \quad (12.5)$$

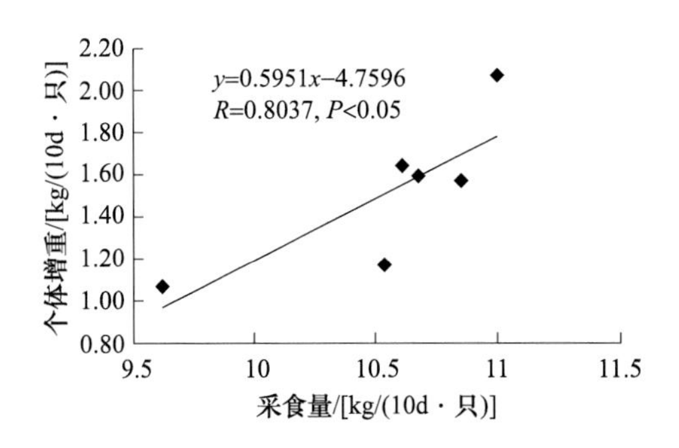

图 12.7 羔羊个体增重与实际采食量的关系（第 1 组 a）

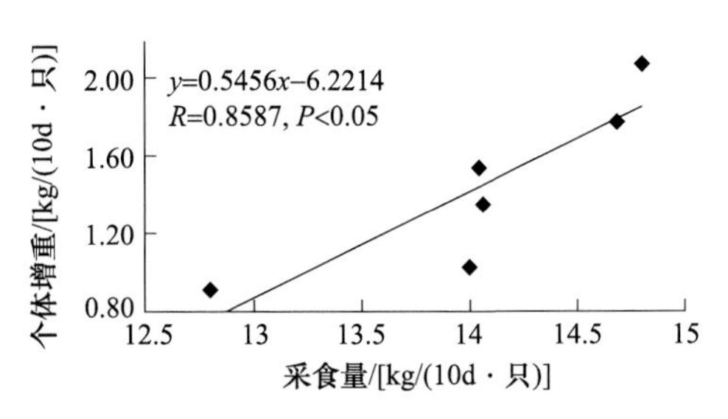

图 12.8 羔羊个体增重与实际采食量的关系（第 2 组 b）

通过计算可知，当 x=7.998kg/（10d·只）、11.403kg/（10d·只）和 26.502kg/（10d·只）时，第 1 组、第 2 组和第 3 组羔羊的个体增重均为 0，即在这种采食量水平下，只能维持各组羔羊的基础代谢，只有采食量大于这种水平时，羔羊才能进行净生产，即羔羊才有正的增重。

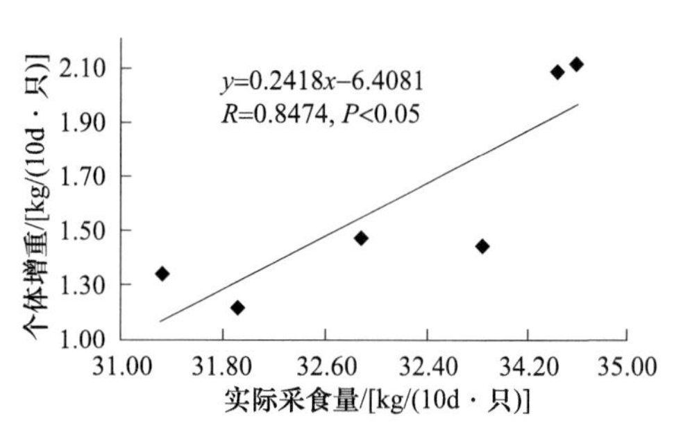

图 12.9　羔羊个体增重与实际采食量的关系（第 3 组 c）

六、小结

（1）羔羊日粮中精饲料比例越高，羔羊的个体增重、饲料转化率达到最大的时间就越长，曲线的峰值就出现得越晚。

（2）3 个育肥组的总增重极显著高于对照组，且精饲料为 35% 的日粮与 100% 的燕麦青贮草对羔羊的育肥效果接近。

（3）不论从羔羊个体增重还是从饲料转化率的角度考虑，利用相应的日粮组成育肥 1 岁羔羊时，第 1 组、第 2 组和第 3 组分别不能少于 50d、40d 和 40d。

（4）3 个育肥组羔羊个体增重与实际采食量之间均呈显著的正相关关系，且当 x=7.998kg/（10d·只）、11.403kg/（10d·只）和 26.502kg/（10d·只）时，第 1 组、第 2 组和第 3 组羔羊的个体增重均为 0，即在这种采食量水平下，只能维持各组羔羊的基础代谢，只有采食量大于这种水平时，羔羊才能进行净生产。

第四节　牦牛育肥效益分析

一、育肥牦牛的经济效益

不同日粮育肥牦牛的经济效益分析见表 12.20。在 50d 的育肥期内，处理 A、B、C、D 和 E 的利润分别为 20.60 元 / 头、55.07 元 / 头、12.46 元 / 头、29.86 元 / 头和 54.39 元 / 头，42 月龄牦牛组，即处理 A 和 B 比对照组分别高 82.2 元 / 头和 116.67 元 / 头，而 30 月龄牦牛组，即处理 C、D 和 E 分别比对照组高 60.13 元 / 头、77.53 元 / 头和 102.06 元 / 头。

表 12.20　不同日粮育肥牦牛的经济效益分析

时间	处理	饲料价格 /（元 /kg）	活体增重 /（kg/ 头）	活体增重成本 /（元 /kg）	利润 /（元 / 头）	比对照增加 /（元 / 头）	产出投入比（O/I）
2002～2003 年	A	0.79	22.64±6.45a	6.09	20.60b	82.20	1.15 : 1
	B	0.49	16.74±5.12a	3.71	55.07a	116.67	1.89 : 1
	CK1		−8.8±1.99b	0	−61.60c		
2003～2004 年	C	0.72	13.62±3.30a	6.06	12.46c	60.13	1.16 : 1
	D	0.54	12.14±1.98a	4.54	29.86b	77.53	1.54 : 1
	E	0.20	9.98±1.01a	1.55	54.39a	102.06	4.52 : 1
	CK2		−6.81±2.12b	0	−47.67d		

注：同列相同字母表示差异不显著。

产出投入比按下面公式计算：

产出 / 投入（*O*/*I*）=（活体增重 × 卖出的活重价格）/（育肥时间 × 采食量 × 饲料价格）

这里活体增重的单位是 kg/ 头，卖出的活重价格单位是元 /kg，育肥时间的单位是天（d），采食量的单位是 kg/（头 · d），饲料价格的单位是元 /kg。高精饲料对应的处理 A 和 C 的 *O*/*I* 分别是 1.15∶1 和 1.16∶1，它们均低于其他处理组。这是因为尽管这两个处理组的牦牛活体增重较其他处理组高，但它们的饲料成本高，因此它们的活体增重成本也高。中等精饲料对应的处理 B 和 D 的 *O*/*I* 分别是 1.89∶1 和 1.54∶1，产出大于投入，因此可以在实践中推广。然而，处理 E 的 *O*/*I* 是 4.52∶1，远远高于其他处理组，这是因为它的日粮成本最低，进而其活体增重成本也低。因此，应在高寒牧区的局部地区大力推广一年生和多年生人工草地的建植，充分应用邻近地区的菜籽饼和麸皮等，并配以钙、磷、盐和添加剂在牦牛产区进行冬季育肥，不但可减轻天然草地压力，同时可以获得很好的经济效益。

二、育肥牦牛的生态效益

草地生态系统不但为人类提供食物、药物等重要资源，而且还为人类提供许多工业技术难以替代的生态效益，包括空气和水体的净化、缓解洪涝和干旱、土壤的产生及其肥力的维持、生物多样性的产生和维持、气候的调节等。长期以来，草地提供的肉、奶、皮、毛等畜产品的经济价值得到公认，但往往忽略其强大的生态功能。沙尘暴频繁袭掠、洪涝泛滥、干旱肆虐、空气污染等许多重大环境问题，使我们不得不更加重视草地的生态功能。Costanza（1997）将生态系统服务划分为气体管理、气候管理等 17 项。谢高地等（2001，2003）主要针对我国草地生态系统的 14 项服务进行量化评估，即对青藏高原生态资产的价值进行了评估。根据三江源区草地生态系统特殊的地理位置，其生态系统服务主要体现在以下方面（表 12.21）。确定三江源区主要草地生态系统类型，参考中国自然草地生态系统和青藏高原生态资产价值评估，确定该草地生态系统类型单位面积的各项生态系统服务价值（P_i，i=1……9）；根据相关试验数据和文献确定三江源区单位藏系绵羊和牦牛所占的草地面积（A）。最后将三江源区主要草地生态系统类型单位面积的各项生态系统服务价值分别与单位牦牛所占的草地面积相乘，得到单位羊单位进行舍饲育肥的生态效益价值（V）。

$$V=\sum_{i=1}^{9}AP_i \tag{12.6}$$

表 12.21　草地生态系统主要服务内容

服务项目	主要内容
水源涵养	水分的保持与储存及水分循环过程的调节
土壤保护	土壤保持和保护，减少风蚀和水蚀，土壤养分的获取、形成、内部循环和贮存及氮、磷、钾等营养元素的循环
生物多样性保护	为众多青藏高原特有动、植物物种提供栖息地和生长环境
气体调节	调节大气化学组成，二氧化碳和氧气平衡、二氧化硫水平
气候调节	对气温、降水及对其他气候过程的生物调节
食物生产	为牛、羊等初级消费者提供牧草，生产大量牛、羊肉，满足市场需求
废物处理	毒物降解和污染控制，吸收或减少空气中的硫化物、氮化物、卤素等有害物质的含量
原材料生产	皮、毛等畜产品及药材和燃料的生产和供应
娱乐文化	旅游、狩猎等户外休闲娱乐活动，同时也为美学、艺术教育和相关科学研究的开展提供基地

高寒草甸草地生产力属中等水平，单位羊单位需求的高寒草甸草地面积为 0.68～1.54hm^2，平均为 1.11hm^2；根据中国牧区适用的家畜单位换算系数，每头牛需要的草场面积相当于 3.0 个羊单位，故每头牛需要的高寒草甸草地面积为 2.04～4.62hm^2，平均为 3.34hm^2。参照谢高地等（2001，2003）对中国自然草地生态系统服务价值的核算和青藏高原生态资产的价值评估，确定三江源区高寒草甸草地生态系统提供的水源涵养、土壤保护、生物多样性保护、气体调节、气候调节、食物生产、废物处理、原材料生产和娱乐文化等生态系统服务的价值分别为 527.81 元 /（hm^2・年）、1286.53 元 /（hm^2・年）、719.03 元 /（hm^2・年）、527.81 元 /（hm^2・年）、593.84 元 /（hm^2・年）、197.86 元 /（hm^2・年）、864.21 元 /（hm^2・年）、33.01 元 /（hm^2・年）和 26.34 元 /（hm^2・年），牦牛育肥产生的生态效益价值达到 15 953.31 元 /（头・年）（表 12.22）。

表 12.22　牦牛育肥的生态效益核算

生态系统服务	水源涵养	土壤保护	生物多样性保护	气体调节	气候调节	食物生产	废物处理	原材料生产	娱乐文化	总价值
单位面积草地生态系统价值 / [元 / (hm^2·年)]	527.81	1 286.53	719.03	527.81	593.84	197.86	864.21	33.01	26.34	4 776.44
牦牛育肥生态效益价值 / [元 / (头·年)]	1 762.89	4 297.01	2 401.56	1 762.89	1 983.43	660.85	2 886.46	110.25	87.98	15 953.31

三、小结

在 50d 的育肥期内，处理 A、B、C、D 和 E 的利润分别为 20.60 元 / 头、55.07 元 / 头、12.46 元 / 头、29.86 元 / 头和 54.39 元 / 头，而育肥一头牦牛的生态效益价值达到 15 953.31 元 / (头·年)。

第五节　讨　　论

可持续的家畜生产力是家畜生产系统关注的焦点，也是草地生产系统追求的目标。然而，为了达到此目的，牧民们常常在草地上维持很高的载畜率，因而导致了草地严重退化（周立 等，1995c；汪诗平 等，2003；周华坤 等，2003）。据统计，青海省三江源地区 90% 的冬季草场出现不同程度过载，而且牧草粗蛋白含量从暖季草场的 11.40% 下降至冬季草场的 6.21%（谢敖云 等，1997a；赵新全 等，2000），这必然导致牦牛生产力低下，“夏饱、秋肥、冬瘦、春乏”是对牦牛生产状况的描述。因此，在牦牛生产系统中，冷季补饲和育肥体系对维持牦牛生产系统的稳定和草地的持续利用是至关重要的（Dong et al.，2004b）。但有关应用不同日粮或营养舔砖对牦牛冬季补饲和育肥的研究较少（Dong et al.，2004a），而应用不同粗蛋白含量和不同能量水平对牦牛进行冬季补饲和育肥的研究更少。

通过应用当地的粗饲料和燕麦青干草、精饲料及复合营养舔砖对牦牛进行冬季补饲，不但可以解决草畜矛盾及季节不平衡问题、提高牦牛的商品率、增加牧民收入，减轻天然草地压力，为恢复天然草地植被寻求新的途径，还可提高母牦牛的繁殖率。在本研究中，处理 A、B、C、D 和 E 牦牛日增重达到最大的时间依次为25d、22d、37d、33d和24d，即日粮中的粗蛋白含量和代谢能水平越高，牦牛日增重达到最大的时间越长。在整个育肥期内，高精饲料组的牦牛日增重比低精饲料组和只饲喂青贮垂穗披碱草的高，这与王万邦等（1997）、吴克选等（1997）、Hussain等（1996）、Mulligan等（2002）的结果一致，但该日增重比舍饲产奶母牦牛和干奶未怀孕母牦牛低（Long et al.，1997；Dong et al.，1997）。另外，尽管不同粗蛋白和代谢能水平的日粮对日增重和消化率的影响已有大量研究（Huhtanen，1988；Hussain et al.，1996；Mulligan et al.，2002），但牦牛的相关研究较少（Long et al.，2004）。

在本试验中，在粗蛋白和代谢能水平相近的情况下，42月龄牦牛在育肥同期的日增重比30月龄牦牛高，这可能与牦牛瘤胃微生物区系的发育程度有关，因此，在50d的育肥期内，牦牛的消化率随育肥时间的延续而逐渐增加。在育肥初期，牦牛对日粮干物质的消化率（表观消化率）随蛋白质和能量水平的提高而降低，这可能是由于高日粮水平的采食会使采食干物质更快地流过消化道而导致反刍动物的消化率降低（Long et al.，2004）；但随育肥时间的延续，新的瘤胃微生物逐渐适应了新的日粮，各种日粮的消化率也逐渐升高。另外，这一结果也与黄牛和水牛上的结论一致（Levy et al.，1986；Rule et al.，1986；Huhtanen，1988；Elizalde et al.，1996；Hussain et al.，1996；Mulligan et al.，2002）。然而，在本试验中，干物质采食量的表观消化率为50%～69%，这低于薛白等（1997）对生长牦牛的研究结果，但比较接近Long等（2004）对成年牦牛研究的结果，这可能与海拔和牦牛长期适应放牧环境有关，而且由于成年反刍动物的瘤胃微生物区系已达到平衡和稳定，因而它们对高蛋白日粮的适应没有生长反刍动物快。

牦牛对不同日粮的饲料转化率与育肥时间（除处理B外）呈显著的二次回归关系，而且42月龄牦牛的饲料转化率比30月龄牦牛高，它们的最小值与刘书杰等（1997）的研究结果相近，但它高于董全民等（2003b，c）用燕麦育肥藏羊的结果。处理A、B、C、D和E的*O/I*依次为1.15∶1、1.89∶1、1.16∶1、1.54∶1和4.52∶1。高精饲料对应的处理A和C的*O/I*分别是1.15∶1和1.16∶1，它们均低于其他处理组；中等精饲料对应的处理B和D的*O/I*分别是1.89∶1和1.54∶1，处理E的*O/I*是4.52∶1，远远高于其他处理组，而且也高于3.5∶1（张德罡，1998）。这是因为处理E的日粮成本最低，进而其活体增重成本也低。

第六节　结论与建议

在50d的育肥期内，42月龄高精饲料组牦牛的绝对增重和相对增重高于中等精饲料组，中等精饲料组的绝对增重和相对增重比对照组分别高 25.54kg、21.65%；随日粮中精饲料比例的减少，30 月龄牦牛的日增重减小；各月龄牦牛在不同日粮下的消化率随育肥时间均呈显著的线性回归（$P<0.05$），42 月龄牦牛比 30 月龄牦牛能更好且更快地适应高蛋白日粮；而处理 A、C、D 和 E 日粮的饲料转化率与育肥时间呈显著的二次回归关系（$P<0.01$），处理 B 日粮的饲料转化率与育肥时间呈极显著的线性回归关系（$P<0.05$）；处理 A、C、D 和 E 日粮的饲料转化率达到最小的时间分别为 26d、27d、33d 和 7d，它们对应的饲料转化率的最小值依次为 11.11%、9.06%、9.81% 和 9.05%，而且精饲料的比例越高，日粮的饲料转化率就越高，且 42 月龄牦牛的饲料转化率高于 30 月龄牦牛。在整个育肥期内，处理 A、B、C、D 和 E 的利润分别为 20.60 元 / 头、55.07 元 / 头、12.46 元 / 头、29.86 元 / 头和 54.39 元 / 头，而育肥一头牦牛的生态效益价值达到 15 953.31 元 /（头 · 年）。

近年来，随着人口的迅速增长，草畜矛盾日益突出，超载过牧加速了天然草地的退化。实行牦牛冬季暖棚育肥，不但可以解决草畜矛盾及季节不平衡问题、提高牦牛的商品率、增加牧民收入，而且可减轻天然草地压力，为恢复天然草地植被寻求新的途径。因此，应在高寒牧区的局部地区大力推广一年生和多年生人工草地的建植，充分应用邻近地区的菜籽饼和麸皮等，并配以钙、磷、盐和添加剂在牦牛产区进行冬季育肥，不但可减轻天然草地压力，同时可以获得很好的经济效益和巨大的生态效益。

第十三章

牦牛冬季补饲策略及其效益分析

在传统的畜牧业生产系统中，由于冷季（10月～第2年5月）牧草短缺，导致牦牛体重的季节变化大、产奶量和繁殖率低（Dong et al.，2003；Long et al.，2004）。成年母牦牛的体重通常为160～290kg，而在漫长且寒冷的冬季，由于牧草短缺，牦牛会减重25%～30%，第2年暖季又恢复到正常体重；年复一年，即所谓“夏饱、秋肥、冬瘦、春乏”的恶性循环（Long et al.，1999，2004；Dong et al.，2003）。绝大部分牦牛在冬季没有得到任何补饲，因此，充分利用和发展当地的饲料资源对牦牛进行冬季补饲，提高牦牛生产力具有很大的发展潜力。本研究主要应用当地和邻近地区的饲料资源，依据不同补饲日粮的生产和经济效益，选择最优的补饲策略，解决草畜矛盾及季节不平衡问题、提高牦牛的商品率、增加牧民收入和减轻天然草地压力，为恢复天然草地植被寻求新的途径。

第一节　牦牛冬季补饲试验设计

一、试验地概况及补饲日粮的配方

同第十二章第一节。

二、垂穗披碱草的刈割青贮

垂穗披碱草人工草地建植于2002年5月下旬，2004年8月上旬收割青草，直接用CAEB小型打捆机将收割的燕麦青草打成30～40kg的圆形捆，再用CAEB小型打包机将打成的捆用黑塑料薄膜打包青贮。试验时燕麦草的青干比为3.0：1。

三、试验设计

在当地牧户（4户）牛群内选取健康、生长发育良好的18月龄阉割过的公牦牛共计200头，分为4组，每组50头，平均体重为90±10kg。第1组（处理A）按配方8（第十二章第一节）的日粮组成补饲，每头牛每天补饲量为0.5kg；第2组（处理B）每头牛每天补饲0.25kg精饲料（配方8）+0.25kg青贮垂穗披碱草；第3组（处理C）每头牛每天补饲0.5kg青贮垂穗披碱草；第4组（对照CK）自由放牧，不补饲（表13.1）。所有牦牛的补饲均在露天进行。补饲日粮中精饲料和青贮垂穗披碱草的营养成分见表13.2。

表13.1　补饲日粮的组成

项目	精饲料（50%麸皮+21%菜籽饼+25%青稞+2%磷酸氢钙+1%盐+1%添加剂）/（kg/头）	青贮垂穗披碱草/（kg/头）
A	0.5	0
B	0	0.5
C	0.25	0.25
CK	0	0
价格	0.86元/kg	0.30元/kg

表13.2　补饲日粮中精饲料和青贮垂穗披碱草的营养成分

日粮成分	总能/（MJ/kg）	有机质/（g/kg）	粗蛋白/%	粗脂肪/%	粗纤维/%	酸性洗涤纤维/%	钙/%	磷/%
精饲料	21.87	917.00	11.29	4.62	30.12	32.70	1.55	0.30
青贮垂穗披碱草	21.42	907.50	6.66	4.21	16.40	25.89	1.14	0.16

补饲时间及饲喂方式。试验从2004年11月13日开始，2005年4月22日结束。所有补饲牦牛在早晨8:30～9:00出牧，下午4:30～5:00归牧后分组栓系，然后将补饲料（日粮）一次性投放在饲槽中。

第二节　不同补饲日粮对牦牛增重的影响

一、牦牛体重的变化

不同处理组牦牛体重随补饲时间的变化见图13.1。处理A、B牦牛在补饲开始第 1 个月（11 月 13 日～12 月 15 日）体重均有不同程度的增加，但从第 2 个月（12 月 15 日～1 月 10 日）开始，处理 B、C 和对照牦牛体重均呈下降趋势，越到后期体重下降越明显，而且对照组牦牛体重下降最明显；处理 A 牦牛在补饲开始第 2 个月（12 月 15 日～1 月 10 日）至第 4 个月（2 月 16 日～3 月 14 日）的体重基本不变，处于维持状态，但最后一个月（3 月 14 日～4 月 22 日）体重开始下降。对照处理牦牛体重的变化基本上反映了漫长冬季牦牛的生产状况。

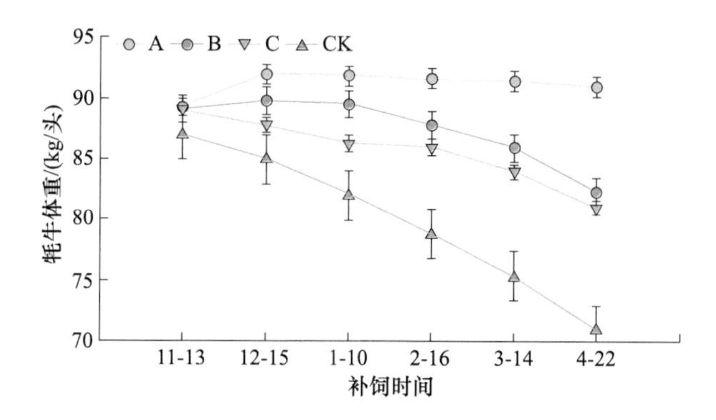

图 13.1 不同处理组牦牛体重随补饲时间的变化

二、牦牛个体增重的变化

牦牛个体增重变化见表 13.3。在 162d 的补饲期内，除了处理 A、B 和 C 第 1 个月（11 月 13 日～12 月 15 日）牦牛个体增重为正，所有处理组牦牛个体增重均为负值，即牦牛的体重均在减小。方差分析表明，补饲日粮组成和时间对牦牛个体增重的影响均达到极显著水平（$P<0.01$）（表 13.4）。对各处理而言，在第 1 个月（11 月 13 日～12 月 15 日），处理 A 牦牛个体增重极显著地高于其他处理组，处理 B 和 C 之间的差异不显著（$P>0.05$），但它们和对照组之间的差异显著（$P<0.05$）；在第 2 个月（12 月 15 日～1 月 10 日）至第 4 个月（2 月 16 日～3 月 14 日），处理 A 和 CK 之间的差异极显著（$P<0.01$），而且它们也和处理 B 和 C 之间的差异极显著（$P<0.01$），但处理 B 和 C 之间的差异不显著（$P>0.05$）。在最后一个月（3 月 14 日～4 月 22 日），各处理之间的差异均不显著（$P>0.05$）（表 13.3）。在整个补饲期内，处理 A 第 1 个月和第 4 个月牦牛个体增重之间的差异极显著（$P<0.01$），它们与其他各月之间的差异也极显著（$P<0.01$），但第 2 个月（12 月 15 日～1 月 10 日）和第 3 个月（1 月 10 日～2 月 16 日）之间的差异不显著（$P>0.05$），它们与第 4 个月（2 月 16 日～3 月 14 日）之间的差异显著（$P<0.05$）；

处理B和C最后一个月牦牛的个体增重极显著地低于其他各月（$P<0.05$），第2、3、4个月之间的差异不显著，但它们与第1个月之间的差异显著（$P<0.05$）；对照组第1个月与其他各月之间的差异极显著（$P<0.01$），第2、3、4个月之间的差异不显著，但它们与最后一个月之间的差异显著（$P<0.05$）。

表 13.3　牦牛个体增重的变化　（单位：kg/d）

时间	处理			
	A	B	C	CK
11-13～12-15	3.08±0.31Aa	0.82±0.12Ba	0.49±0.08Ba	−1.94±0.19Ca
12-15～1-10	−0.06±0.01Ab	−0.52±0.11Bb	−0.72±0.10Bb	−3.00±0.23Cb
1-10～2-16	−0.01±0.004Ab	−1.65±0.21Bb	−0.67±0.13Bb	−3.16±0.46Cb
2-16～3-14	−0.21±0.05Ac	−1.52±0.24Bb	−1.74±0.72Bb	−3.39±0.17Cb
3-14～4-22	−3.58±0.98Ad	−3.63±0.99Ac	−3.11±0.65Ac	−3.46±1.21Ac

注：同行相同大写字母表示差异不显著，同列相同小写字母表示差异不显著。

表 13.4　补饲日粮和时间对牦牛个体增重的影响

影响因子	平方和	自由度	*F* 值	*F* 临界值	*P* 值
处理	15.211 1	3	10.023 1	3.490 3	0.001 4
时间	56.314 6	4	27.830 7	3.259 1	0.000 05

三、小结

随补饲日粮中精饲料比例的减小，牦牛体重明显下降，而且越到后期，体重变化（体重损失）越明显；在162d的补饲期内，除了处理A、B和C第1个月（11月13日～12月15日）牦牛个体增重为正，所有处理组牦牛个体增重均为负值，即牦牛的体重均在减小。方差分析表明：补饲日粮组成和时间对牦牛个体增重的影响均达到极显著水平（$P<0.01$），对照处理牦牛体重的变化基本上反映了漫长冬季牦牛的生产状况。

第三节　牦牛补饲的效益分析

一、不同补饲日粮下牦牛的生产和经济效益分析

从表13.5可以看出，在162d的补饲期内，各处理组牦牛的个体增重均为负

值，即牦牛均减重，但处理A牦牛体重的损失最小，仅为0.78kg/头，处理B和C分别为5.75kg/头和6.49kg/头，而对照组达到16.16kg/头。各补饲处理组A、B和C牦牛体重分别比对照少损失15.38kg/头、10.41kg/头和9.67kg/头，个体增重分别比对照组牦牛提高95.17%、64.42%和59.84%；相对于对照组，各补饲处理组A、B和C牦牛的饲料报酬（采食量/相对个体增重）分别为5.27：1、7.78：1和8.38：1，即补饲5.27kg A日粮（100%精饲料）可以避免1kg体重的损失，补饲7.78kg的B日粮（50%精饲料+50%青贮垂穗披碱草）可避免1kg的体重损失，而补饲8.38kgC日粮（100%青贮垂穗披碱草）可避免1kg的体重损失。在补饲期内，相比对照处理，不同补饲日粮组牦牛获利［每头牦牛体重相对对照的增加（元/kg）×牦牛活重的价格］分别为122.88元/头、83.28元/头和77.36元/头，各处理组牦牛补饲的总成本分别为69.66元/头、46.98元/头和24.30元/头，因此，不同日粮补饲组牦牛的产出投入比分别为1.76：1、1.77：1和3.18：1。

表13.5　不同补饲日粮下牦牛的生产和经济效益

项目	处理组			
	A	B	C	CK
总增重/（kg/头）	−0.78	−5.75	−6.49	−16.16
比对照的相对增重/（kg/头）	15.38	10.41	9.67	
比对照的相对提高/%	95.17	64.42	59.84	
采食量/（kg/头）	81.00	81.00	81.00	
采食量/相对个体增重	5.27：1	7.78：1	8.38：1	
相对收入/（元/头）	122.88	83.28	77.36	
补饲成本/（元/天）	0.43	0.29	0.15	
总成本/（元/头）	69.66	46.98	24.30	
产出/投入	1.76：1	1.77：1	3.18：1	

二、不同日粮补饲牦牛的生态效益分析

表13.6为不同日粮补饲牦牛的生态效益。根据董全民等（2006）对高寒草甸适宜放牧强度的研究结果，草地年度最大生产力为36.5kg/hm^2，因此可以将补饲牦牛体重较对照的增加，即补饲组较对照组牦牛个体的相对增重折算，得到恢复补饲期牦牛体重损失所需的草地面积。另外，参照谢高地等（2001，2003）对中国自然草地生态系统服务价值的核算和青藏高原生态资产的价值评估，确定高寒草甸草地生态系统提供的水源涵养、土壤保护、生物多样性保护、气体调节、

气候调节、食物生产、废物处理、原材料生产和娱乐文化等生态系统服务的价值分别为 527.81 元 /（hm^2・年）、1286.53 元 /（hm^2・年）、719.03 元 /（hm^2・年）、527.81 元 /（hm^2・年）、593.84 元 /（hm^2・年）、197.86 元 /（hm^2・年）、864.21 元 /（hm^2・年）、33.01 元 /（hm^2・年）和 26.34 元 /（hm^2・年），因此总价值为 4776.44 元 /（hm^2・年）。不同处理组 A、B 和 C 牦牛补饲产生的生态效益价值分别达到 2006.10 元 /（头・年）、1337.40 元 /（头・年）和 1241.87 元 /（头・年）。

表 13.6　不同日粮补饲牦牛的生态效益

项目	处理			
	A	B	C	CK
补饲期牦牛个体总增重 /（kg/ 头）	−0.78	−5.75	−6.49	−16.16
比对照的相对增重 /（kg/ 头）	15.38	10.41	9.67	
高寒草甸草场牦牛最大生产力 /（kg/hm^2）	36.65			
高寒草生态系统服务总价值 /［元 /（hm^2・年）］	4776.44			
恢复冬季牦牛体重损失所需草地面积 /hm^2	0.42	0.28	0.26	
补饲牦牛的生态效益价值 /［元 /（头・年）］	2006.10	1337.40	1241.87	

三、小结

在 162d 的补饲期内，各处理组 A、B 和 C 牦牛体重分别比对照少损失 15.38kg/ 头、10.41kg/ 头和 9.67kg/ 头，分别比对照组牦牛提高 95.17%、64.42% 和 59.84%；相对于对照组，各补饲处理组 A、B 和 C 牦牛的饲料报酬（采食量 / 相对个体增重）分别为 5.27∶1、7.78∶1 和 8.38∶1，而牦牛的产出投入比分别为 1.76∶1、1.77∶1 和 3.18∶1，牦牛补饲产生的生态效益价值分别达到 2006.10 元 /（头・年）、1337.40 元 /（头・年）和 1241.87 元 /（头・年）。

第四节　讨　　论

许多学者认为：在牦牛生产系统中，应用粗饲料（如牧草干草、燕麦干草和青稞秸秆）和精饲料（如玉米、菜籽饼、小麦麸皮和尿素蜜糖复合营养舔砖）补饲放牧牦牛能够降低牦牛冬季的体重损失（谢敖云　等，1997；王万邦　等，1997；张德罡，1998），但很少有人研究传统的牦牛生产系统中有关生产和经济效益的最优补饲策略（Long et al.，2004），有关牦牛补饲生态效益的评价还未见报道。

Long 等（1999）报道：在冬季 5 个月（12 月～第 2 年 4 月）的补饲试验中，放牧＋补饲燕麦干草和放牧＋补饲青稞秸秆处理母牦牛的体重损失远远低于放牧处理，而且它们的产犊率分别比放牧处理高 23% 和 19%；他们还发现，放牧＋每头每天补饲 1.5kg 燕麦干草和放牧＋每头每天补饲 1.5kg 青稞秸秆处理母牦牛的体重损失远远低于放牧处理，而且放牧＋每头每天补饲 1.5kg 燕麦干草组牦牛日增重为 32g/d，但放牧＋每头每天补饲 1.5kg 青稞秸秆处理牦牛仍然减重（－56.7g/d）；1 岁放牧＋150g 复合营养舔砖、2 岁放牧＋250g 复合营养舔砖和 3 岁放牧＋500g 复合营养舔砖牦牛减重分别比对照降低 109.7%、86.6% 和 63.4%，而且用复合营养舔砖补饲牦牛的产出投入比是 1.60：1，而用燕麦干草和青稞秸秆的产出投入比分别是 1.55：1 和 1.14：1，这些值显然低于本试验（精饲料和青贮垂穗披碱草）的产出投入比。另外，Dong 等（2003）用复合营养尿素蜜砖对 1 岁、2 岁牦牛和成年母牦牛进行了 5 个月（1～5 月）的补饲试验发现：它们分别比对照（只放牧不补饲）牦牛少减重 1.2kg、8.3kg 和 7.9kg；1 岁牦牛在补饲第 1 个月增重最快，2 岁和成年母牦牛补饲第 1 个月和最后一个月增重最快；在补饲期内，1 岁牦牛的产出投入比是 0.3：1，而 2 岁牦牛和成年母牦牛的产出投入比分别是 1.8：1 和 1.4：1，2 岁牦牛的产出投入比（1.8：1）接近本试验的处理 A 和 B。王万邦等（1997）、谢敖云等（1997）分别用精饲料、复合营养尿素蜜砖和糖蜜尿素舔砖对 2 岁、3 岁和 4 岁牦牛进行放牧补饲，结果表明：2 岁和 3 岁放牧补饲牦牛的减重率显著低于对照，而 4 岁放牧补饲牦牛的减重与对照之间的差异不显著，且它们的产出投入比为（2.91：1）～（4.07：1）。以上牦牛体重变化与对照的对比关系与本试验的结果基本一致，但产出投入比的变化较大，这不仅与补饲日粮、牦牛的年龄有关，而且也与各补饲区草地状况和补饲时间有关。

从经济效益的角度来说，处理 C，即应用当地一年生和多年生人工草地青贮牧草补饲生长牦牛最经济合算；仅考虑生态效益，处理 A 最合适。然而，在高寒牧区，以最低的经济效益换取最高生态效益的方式并不可行，也难以推广（Long et al.，1999，2004）。如果综合考虑各处理经济效益和生态效益，以生态效益为主，兼顾经济效益，用当地已建植的一年生和多年生人工草地青贮牧草补饲生长牦牛，不但可充分利用牧草资源，还可提高牧草的利用效率，应大力推广。

第五节　结论与建议

本试验通过应用不同补饲日粮对生长牦牛 162d 的补饲试验，得到如下结果。①随补饲日粮中精饲料比例的减小，牦牛体重明显下降，而且补饲日粮组成和时间对牦牛个体增重的影响均达到极显著水平（$P<0.01$），对照处理牦牛体重的变化基本上反映了漫长冬季牦牛的生产状况。②在补饲期内，各处理 A、B 和 C 牦牛体重分别比对照少损失 15.38kg/ 头、10.41kg/ 头和 9.67kg/ 头，比对照组牦牛分别提高 95.17%、64.42% 和 59.84%；相对于对照，各补饲处理 A、B 和 C 牦牛的饲料报酬分别为 5.27：1、7.78：1 和 8.38：1，产出投入比分别为 1.76：1、1.77：1 和 3.18：1，补饲产生的生态效益价值分别达到 2006.10 元 /（头・年）、1337.40 元 /（头・年）和 1241.87 元 /（头・年）。

对当地已建植的一年生和多年生人工草地进行牧草青贮加工，可提高牧草利用效率、解决草畜矛盾及牧草营养的季节不平衡问题、减轻天然草地压力，也可提高牦牛的商品率、增加牧民收入，应大力推广。在有条件的地区，可以利用浓缩料，结合当地或邻近地区的农副产品制成混合精饲料，兼顾经济效益和生态环境保护，提高草地生态效益。

第十四章 高寒人工草地效益与系统优化

高寒天然草地退化的根本原因是人类活动日益加剧造成的过度利用，以及原始传统落后的畜牧业生产经营管理方式（周华坤，2004；赵新全 等，2005）。为了草地的健康、可持续发展，实现畜牧业增效、农牧民增收，达到草地畜牧业与生态环境协调发展的目标，必须改变传统的畜牧业生产方式。本章结合三江源区退化草地治理示范工程，以及前文所述的家畜舍饲、半舍饲和育肥技术、饲料配方与加工、天然草地合理利用与放牧草场的优化配置等技术，构建了高寒人工草地畜牧业优化模式，分析了不同生态系统的效益，并提出了青海生态畜牧业的发展路径。

第一节　人工草地效益分析

一、经济效益

（一）草地建植及人工调控的成本核算

人工草地的建植及调控投入可分为一次性投入和调控投入两部分。一次性投入包括种子、机耕费和围栏费用，9 年合计 1515.00 元 /hm^2；调控投入包括肥料、鼠害防治和毒杂草防除的费用，9 年合计 1260.00 元 /hm^2，两项合计 2775.00 元 /hm^2（表 14.1）。建植人工草地的主要投入在第 1 年（即 2000 年），合计 1897.50 元 /hm^2，占合计总费用的 68.38%；后期调控措施的投入主要在施肥方面，合计 720.00 元 / hm^2；毒杂草防除和害鼠防治费用合计 180.00 元 /hm^2。

表 14.1　人工草地的建植费用及调控投入　（单位：元 /hm^2）

建植年限	种子	机耕费	围栏	肥料	鼠害防治	毒杂草防除	合计
第 1 年	615.00	600.00	300.00	360.00	22.50		1897.50
第 3 年	0.00	0.00	0.00	180.00	22.50		202.50

续表

建植年限	种子	机耕费	围栏	肥料	鼠害防治	毒杂草防除	合计
第 5 年	0.00	0.00	0.00	180.00	22.50	22.50	225.00
第 7 年	0.00	0.00	0.00	180.00	22.50	22.50	225.00
第 9 年	0.00	0.00	0.00	180.00	22.50	22.50	225.00
合计	615.00	600.00	300.00	1080.00	112.50	67.50	2775.00

（二）效益分析

人为调控下，9 年直接投入为 2775.00 元，而自然演替下为 1897.50 元，人为调控投入较自然演替高 877.50 元 /hm^2；人为调控下年干草产量为 40 993.00kg/hm^2，自然演替下为 21 685.00kg/hm^2，人为调控比自然演替高 19 308.00kg/hm^2（表 14.2）。人工草地按 70% 的利用率、干草以市场价 0.40 元 /kg 计算，人为调控比自然演替高 5406.24 元 /hm^2，高 89.04%。另外，人为调控和自然演替下的投入产出比随人工草地利用年限的增加而增加，人为调控下每年的投入产出比均高于自然演替（第 1 年和第 2 年除外）。因此，刈用、牧用和刈 - 牧兼用型人工草地进行必要的人为调控（如围栏、施肥、灭杂、灭鼠）可获得较高的牧草产量，从而为缓解天然草场的放牧压力寻找新的途径。

表 14.2　人工草地自然演替及人为调控下的经济效益

建植年限	自然演替下年干草产量 /（kg/hm^2）	人为调控下年干草产量 /（kg/hm^2）	自然演替下年收入 / [元 /（hm^2/ 年）]	人为调控下年收入 / [元 /（hm^2/ 年）]	自然演替下投入产出比	人为调控下投入产出比
第 1 年	4 142.00	4 142.00	1 159.76	1 159.76	1 : 0.61	1 : 0.61
第 2 年	5 200.00	5 200.00	1 456.00	1 456.00	1 : 1.38	1 : 1.38
第 3 年	3 862.00	5 980.00	1 081.36	1 674.40	1 : 1.95	1 : 2.04
第 4 年	3 036.00	5 080.00	850.00	1 422.40	1 : 2.40	1 : 2.72
第 5 年	1 849.00	4 780.00	517.72	1 338.40	1 : 2.67	1 : 3.03
第 6 年	1 100.00	4 080.00	308.00	1 142.40	1 : 2.83	1 : 3.52
第 7 年	921.00	4 126.00	257.88	1 155.28	1 : 2.97	1 : 3.67
第 8 年	810.00	3 725.00	226.80	1 043.00	1 : 3.09	1 : 4.08
第 9 年	765.00	3 880.00	214.20	1 086.40	1 : 3.20	1 : 4.14
合计	21 685.00	40 993.00	6 071.72	11 478.04		

注：人工草地的利用率以 70% 计算，价格以基本市场价 0.40 元 /kg 计算。

二、生态效益

（一）生态效益评价指标

应用指数评价法评价土壤营养的变化。根据试验区特点和土壤普查的规定及水利、农业部门的有关规定，把参评因素中的各个参评项目划分为 5 个等级，每个等级所对应的得分按等比数列划分指数。把参评土壤的各个调查数据（或分析数值）按照参评项目划分的级别给出相应的指数值，然后用参评因素中各个参评项目的得分与各参评因素权重的乘积之和，除以参评土壤各参评项目的最高得分与各参评因素权重的乘积之和，得出该土壤某参评因素的得分值（≤1）。土壤某参评因素的得分值越大，土壤肥力就越高，反之则越小。土壤养分因素评价项目与评价指数见表 14.3。通过计算，混播人工草地的参评因素的得分最高（0.68），则土壤肥力也最高，其次是原始植被（0.56）和单播人工草地（0.50），土壤肥力最差的是对照区植被，参评因素的得分为 0.48（表 14.4）。

表 14.3 土壤养分因素评价项目与评价指数

评价项目和指数	评价等级				
	Ⅰ	Ⅱ	Ⅲ	Ⅳ	Ⅴ
全氮 /（g/kg）	＞1.50	1～1.50	0.75～1.00	0.50～0.75	＜0.50
指数	10	8	6	4	2
全磷（P_2O_5，g/kg）	＞2.29	1.83～2.29	1.37～1.83	0.916～1.37	＜0.916
指数	10	8	6	4	2
全钾（K_2O，g/kg）	＞30	24.0～30.0	18.0～24.0	12.0～18.0	＜12.0
指数	10	8	6	4	2
速效氮 /（mg/kg）	＞120	90～120	60～90	30～60	＜30
指数	10	8	6	4	2
速效磷 /（mg/kg）	＞91.6	45.8～91.6	22.9～45.8	11.5～22.9	＜11.5
指数	10	8	6	4	2
速效钾 /（mg/kg）	＞240	180～240	120～180	60～120	＜60
指数	10	8	6	4	2

注：本表引自康玲玲等（2004）。

表 14.4 人工草地、原始植被与对照土壤肥力的评价项目与评价指数

评价项目和指数	植被类型			
	单播人工草地	混播人工草地	原始植被	对照
全氮 /（g/kg）	2.20	2.10	4.10	3.40
指数	10	10	10	10
全磷（P_2O_5，g/kg）	43.00	48.00	71.00	51.00
指数	10	10	10	10

续表

评价项目和指数	植被类型			
	单播人工草地	混播人工草地	原始植被	对照
全钾（K_2O，g/kg）	18.00	19.90	18.40	18.60
指数	4	6	6	6
速效氮 /（mg/kg）	45.30	55.95	59.97	14.66
指数	4	4	4	2
速效磷 /（mg/kg）	9.53	14.01	10.74	9.7
指数	2	8	2	2
速效钾 /（mg/kg）	144.87	123.43	200.94	147.93
指数	6	6	8	6
土壤肥力	0.50	0.68	0.56	0.48

应用比值法评价土壤含水量的变化。为了避免大范围气候变化引起气候要素（降水和气温）在试验区建设前、后的变化，应当采用横向比较不同处理的人工草地、原始植被相同时期土壤含水量与对照区植被含水量的增量（表 14.5）来体现处理间的差异。

表 14.5　气候影响下的人工草地、原始植被与对照土壤含水量（0～20cm）及其增量

（单位：%）

时间	植被类型			
	单播人工草地	混播人工草地	原始植被	对照
试验区建成前（2000 年）	9.03	9.03	11.69	9.03
试验区建成后（2008 年）	16.63	18.63	13.83	10.56
土壤含水量增量	84	106	18	17

通常，气候影响增量计算公式为

$$\Delta R = R - X/X_0 \times R_0$$

将上式等号左右同除以 R_0，即得到气候要素影响量的百分率计算公式：

$$K（\%）=（R/R_0 - X/X_0）\times 100$$

式中，ΔR 为基本点气候影响增量；R_0 为试验区建成前的气候要素值；R 为试验区建成后的气候要素值；X_0 和 X 分别为对照区在试验区建设前、后（与 R_0、R 同步序列）的气候要素值；K 为试验区建设后所引起气候要素的净增百分率。这里 R 和 X 均为土壤含水量。通过换算可知，混播人工草地的气候影响增量较大，即土壤含水量增量最高（106%），其次为单播人工草地（84%）、原始植被（18%）及对照植被（17%）（表 14.5）。

应用对比评价法评价植被盖度的变化。根据 Braun-Blanguet 的覆盖度等级方法，将植被盖度分为如表 14.6 所示的Ⅴ级。植被盖度的对比评价：通过对人工草地、原始植被与对照点植被盖度的对比评价，提出人工草地和原始植被的水土保持能力较之对照提高的程度。该评价方法根据人工草地建植后可能引起变化的生态要素（土壤养分因子、土壤含水量及植被盖度），提出了具有专业特色的土壤理化性质、植被盖度和小气候指标的计算和评价结果。从以上结果可以看出，混播人工草地的各项指标优于单播人工草地，单播优于原始植被（除了土壤肥力）(表 14.7)。

表 14.6　植被盖度等级

等级	盖度 /%	平均数	评价
Ⅰ	100～75	87.5	最好
Ⅱ	75～50	62.5	好
Ⅲ	50～25	37.5	较好
Ⅳ	25～5	15	一般
Ⅴ	＜5	2.5	差

注：本表引自康玲玲等（2004）。

表 14.7　人工植被、原始植被与对照植被盖度等级的变化

时间	植被类型			
	单播人工草地	混播人工草地	原始植被	对照
试验区建成前（2000 年）	30	30	85	30
植被盖度等级	Ⅲ	Ⅲ	Ⅰ	Ⅲ
试验区建成后（2008 年）	90	98	87.5	40
植被盖度等级变化	Ⅰ，上升Ⅱ级	Ⅰ，上升Ⅱ级	Ⅰ，无变化	Ⅲ，无变化

（二）生态效益

伴随着交叉学科的发展及生态系统定量评估方法的完善，出现了一系列描述生态系统价值的新术语，如可以用“自然资本”概念研究某一特殊“生态系统结构”所贮存的价值，而用“生态系统服务”概念研究某一生态系统的功能价值。从经济学中借用“资本”和“服务”的概念描述某一生态系统贮存的价值及其附属的服务功能价值。生态资产是指生态系统的自然资本，而生态服务价值则是指生态系统附属的生态服务价值。生态资产涉及生态系统的结构，如动物、植物、生物量、土壤等内容，而生态服务价值是指生态系统为人类做功的能力，如提供初级生产力、水分蒸发等。资产和服务均是有价值的，因此，生态资产和生态服

务能够使生态系统与经济学术语“价值”直接联系起来，便于人们在决策过程中考虑生态系统的作用。

草地生态系统的自然资产评估内容包括活生物量及草地水分含量，而对草地土壤系统复杂结构的资产价值未进行估算，因此，这样的估算是一项保守的估计。即便如此，可以发现，草地生态资产的价值也是相当可观的，经济学家和决策者往往低估了草地生态系统的价值。青海典型草地生态系统的单位面积能值评估结果列于表 14.8 中，生态服务及生态资产的宏观经济价值以能值美元为单位进行了估算。

表 14.8 青海典型草地生态系统的单位面积能值评估结果

项目	数据及单位 [10^8J/（hm^2·年）]	能值转换率（sej/ 单位）	太阳能值（10^{12}sej/ 年）	宏观经济价值（2000em$/ 年）
功能：生态服务				
水分蒸发（用水量）	198	18 199	360	89.90
NPP	753	13 788	1 040	259.73
GPP	3 990	2 602	1 040	259.73
主要自然资产				
活生物量	1 510	27 576	4 160	1 038.90
草地水分含量	346	18 199	629	157.33

注：本表引自闵庆文等（2004）。1hm^2 生态服务价值及其生态资产的宏观经济价值，等于各项目的能值除以中国 2000 年的能值货币比率（4×10^{12}sej/$）。净初级生产力（NPP）和总初级生产力（GPP）及活生物量的能值转换率来自闵庆文等人的研究，其他的能值转换率来自国际通用指标。

如果某一区域草地生态系统退化，可以用上述研究结果估算生态服务价值及生态资本的损失情况，也可以根据生物量的减少及 GPP 的变动情况对生态系统的生态服务功能及生态资本变动情况进行评估（表 14.9）。从表 14.9 可以看出，1hm^2 混播人工草地生态系统年均提供的生态服务价值约为 15 685.5 美元 / 年，其生态资产约为 31 224.25 美元 / 年；1hm^2 单播人工草地生态系统年均提供的生态服务价值约为 13 087.5 元 / 年，其生态资产约为 26 036.8 美元 / 年；1hm^2 退化草地生态系统的生态服务价值和生态资产分别为 125.5 美元 / 年和 340 美元 / 年，这类退化草地的生态服务价值约为未退化天然草地的 1/5，约为混播人工草地的 1/125，约为单播人工草地的 1/104；而它的生态资产约为未退化天然草地的 1/3，约为混播人工草地的 1/92，约为单播人工草地的 1/77。

表 14.9 每公顷人工草地、退化草地生态系统生态服务价值及生态资产的能值

草地类型	项目	数据及单位 [10^8J/(hm^2·年)]	能值转换率 (sej/单位)	太阳能值 (10^{12}sej/年)	宏观经济价值 (2 000 美元/年)
混播人工草地	功能：生态服务				合计：15 685.5
	水分蒸发（用水量）	188.5	18 199	342	85.5
	NPP	22 590	13 788	31 200	7 800
	GPP	129 375	2 602	31 200	7 800
	主要自然资产				合计：31 224.25
	活生物量	45 180	27 576	124 245	31 061
	草地水分含量	362.6	18 199	653	163.25
单播人工草地	功能：生态服务				合计：13 087.5
	水分蒸发（用水量）	192.5	18 199	350	87.5
	NPP	18 825	13 788	26 000	6 500
	GPP	119 970	2 602	26 000	6 500
	主要自然资产				合计：26 036.8
	活生物量	37 650	27 576	103 537	25 884
	草地水分含量	333	18 199	611	152.8
退化草地	功能：生态服务				合计：125.5
	水分蒸发（用水量）	204.5	18 199	371.7	92.9
	NPP	188.25	13 788	65	16.3
	GPP	1 330	2 602	65	16.3
	主要自然资产				合计：340
	活生物量	376.5	27 576	752	188
	草地水分含量	334.7	18 199	608	152

建植人工草地，能够提高草地植被盖度，使区域局部生态环境得到改善。同时，生产的草产品为舍饲畜牧业提供了饲草保障，可减轻天然草地压力，产生巨大的间接生态效益。

第二节　高寒人工草地畜牧业优化模式

三江源区草地生产力及家畜分布基本情况见表 14.10。三江源区除格尔木市的唐古拉山乡外，各州均出现家畜超载现象。因此应根据各州具体情况，因地制宜，采取不同的生产模式，充分利用人工草地，缓解草畜矛盾，减轻天然草地压力，为草地资源的可持续发展寻求新的途径。

表 14.10　三江源区草地生产力及家畜分布基本情况

地点	天然草地产量 /（kg/ 亩）	可利用草地 / 万亩	人工草地 / 万亩	家畜羊单位 / 万只	理论载畜量 / 万只	超载数 / 万只
玉树藏族自治州（俗称玉树州）	90.87	14 354.73	47.74	748.81	571.78	177.02
果洛州	119.19	9 382.89	68.11	759.9	490.22	269.68
海南州	135.17	4 042.79	125.42	552	239.54	312.45
黄南州	230.04	2 120.72	11.3	457.23	213.85	243.38
格尔木市	30.28	1 257.9	0.27	14.73	16.94	−2.21

由表 14.11 可知，黄南州天然草地产草量是人工草地的 32.36 倍，果洛州是 12.31 倍，格尔木市是 105.75 倍。可根据此比例及不同地区人工草地的坡度和交通状况，来确定人工草地适合放牧、刈割青贮还是放牧＋刈割。

表 14.11　三江源区人工草地与天然草地产草量比较

地点	天然总产草量 /（10^4kg）	人工总产草量 /（10^4kg）	天然 / 人工
玉树州	1 304 414.315	63 685.16	20.48
果洛州	1 118 346.659	90 858.74	12.31
海南州	546 463.9243	167 310.28	3.27
黄南州	487 850.4288	15 074.2	32.36
格尔木市	38 089.212	360.18	105.75

一、天然草地放牧＋舍饲育肥（5∶1 模式）

建立人工、半人工饲草料基地或者通过农牧耦合可对人工草地牧草进行刈割青贮。玉树州的玉树市、囊谦县，黄南州和格尔木市农牧交错区的人工草地地势较为平缓，有利于机械作业，可对人工草地牧草进行刈割青贮。因此，夏秋季节对未选育的公犊牛（羔羊）、淘汰母牛（羊）在天然草地上进行放牧育肥，10 月下旬转场之前进行暖棚育肥，淘汰母牛（羊）12 月底出栏，公犊牛（羔羊）第 2 年继续在夏季草场育肥，转场之前（10 月下旬）出栏。天然草地放牧＋舍饲育肥模式见图 14.1。

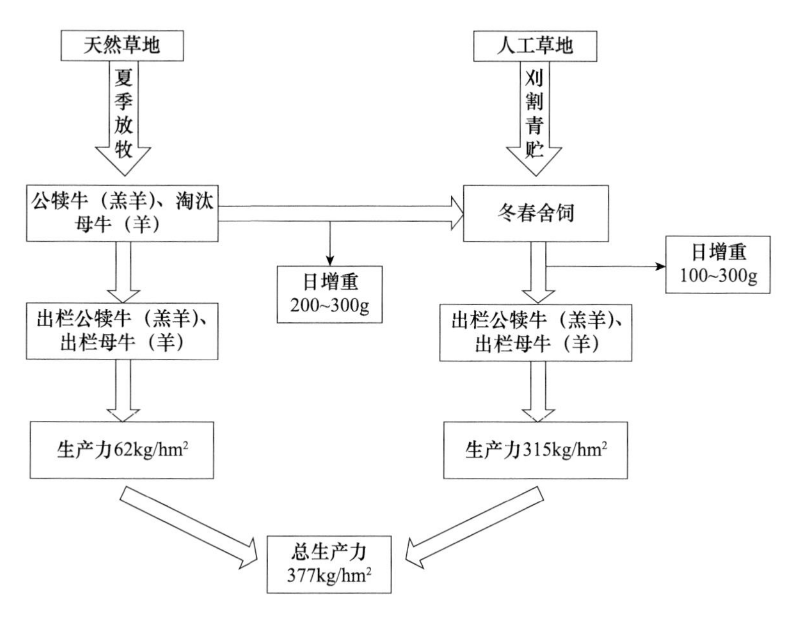

图 14.1 天然草地放牧＋舍饲育肥模式

这种生产模式的草地生产力折合成牛羊增重是 377kg/hm^2，与传统生产模式的生产力之比为 5∶1。根据这一模式，玉树市、囊谦县每年可育肥出栏未选育公犊牛（羔羊）和淘汰母牛各 4.78 万头（只），折合羊单位 38.24 万个，可使 38.03 万 hm^2 天然草地得到休养生息；黄南州每年可育肥出栏选育公犊牛和淘汰母牛各 2.5 万头，折合羊单位 20 万个，可使 7.9 万 hm^2 天然草地得到休养生息；格尔木市每年可育肥出栏未选育公犊牛和淘汰母牛各 600 头，折合羊单位 4800 个，可使 1.46 万 hm^2 天然草地得到休养生息。

二、人工草地放牧＋舍饲育肥（7∶1 模式）

玉树州（称多县、杂多县、治多县、曲麻莱县）和果洛州是三江源区的重要行政区域，也是以藏族为主的纯牧业区。该地区的部分人工草地不利于大型机械作业，因此可通过采用夏季放牧的方式来进行家畜育肥；而另一部分适于机械作业的人工草地区域，可对其进行刈割青贮。因此，该类型区域可采用人工草地放牧＋刈割青贮生产模式。对未选育的公犊牛（羔羊）、淘汰母牛（羊）在人工草地进行夏秋季节放牧育肥，10 月下旬进行暖棚育肥，淘汰母牛（羊）12 月下旬出栏，公犊牛（羔羊）第 2 年 4 月下旬出栏。人工草地放牧＋舍饲育肥模式见图 14.2。

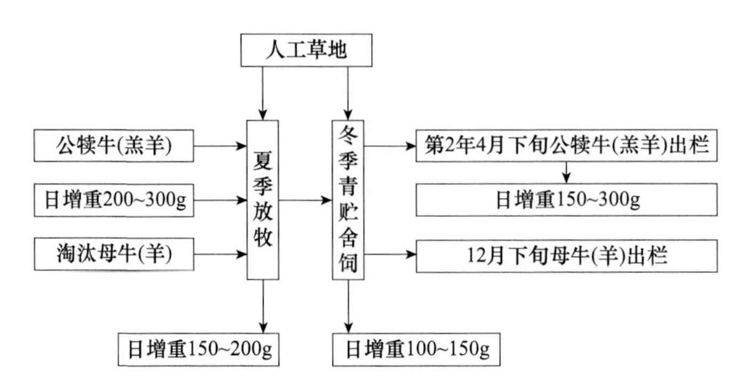

图 14.2　人工草地放牧＋舍饲育肥模式

这种生产模式的草地生产力折合成牛羊增重是 410kg/hm^2，与传统生产模式的生产力之比为 7∶1。根据这一模式，玉树州的称多县、杂多县、治多县、曲麻莱县人工草地的载畜量可达 20 万个羊单位，每年可育肥出栏未选育公犊牛（羔羊）和淘汰母牛（羊）各 5 万头，折合羊单位 40 万个，可使 39.60 万 hm^2 天然草地得到休养生息；果洛州人工草地的载畜量可达 50 万个羊单位，每年可育肥出栏未选育公犊牛（羔羊）和淘汰母牛（羊）各 7.8 万头，折合羊单位 62.3 万个，可使 46.31 万 hm^2 天然草地得到休养生息。

三、人工草地刈割青贮＋人工草地放牧＋舍饲育肥（8∶1 模式）

海南州的兴海、同德、共和、贵南 4 县及贵德县常牧镇农牧交错区，人工草地地势平缓，交通便利，便于机械操作，7 月下旬可对全部人工草地牧草进行刈割青贮，然后将 15～18 月龄未选育的公犊牛（羔羊）和淘汰母牛（羊）在刈割后的人工草地上集中育肥 3 个月，膘情和体重达到出栏标准的牛羊尽快出栏，膘情和体重未达到出栏标准的进行舍饲育肥，12 月下旬和 4 月中下旬以前全部出栏。人工草地刈割青贮＋人工草地放牧＋舍饲育肥模式见图 14.3。

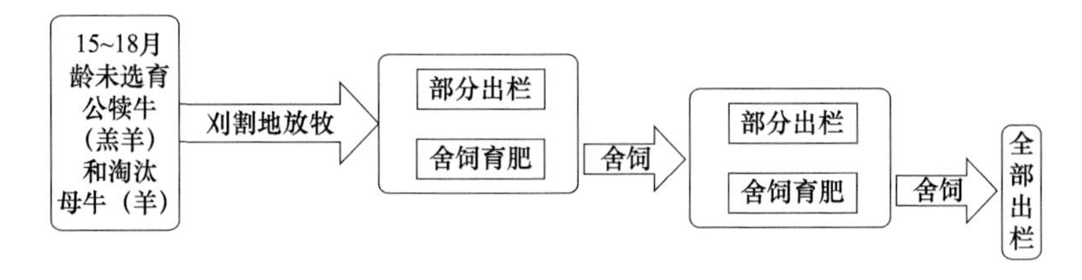

图 14.3　人工草地刈割青贮＋人工草地放牧＋舍饲育肥模式

这种生产模式的草地生产力折合成牛羊增重是500kg/hm^2，与传统生产模式的生产力之比为8：1。根据这一模式，海南州的兴海、同德、共和、贵南4县及贵德县常牧镇农牧交错区人工草地的载畜量可达13.77万个羊单位，每年可育肥出栏未选育公犊牛（羔羊）和淘汰母牛（羊）折合羊单位27.53万个，可使18.57万hm^{2}天然草地得到休养生息。

总之，在三江源区草地治理过程中因地制宜地建设人工、半人工草地，或者利用农区的秸秆农牧互补，提供冬春季天然草地以外的饲草料，采用太阳能暖棚合理补饲育肥，夏秋季均衡地利用天然草地，优化畜群结构等综合技术措施发展生态畜牧业，既能保护天然草地又能提高畜牧业经济效益。

第三节　不同生产系统效益分析

一、育肥和放牧＋补饲生产系统

由表14.12和表14.13可以看出，30月龄牦牛完全舍饲育肥比放牧＋舍饲生产系统的生产效益（采食量/相对增重）高：育肥处理组C、D和E的生产效益依次为5.59：1、5.60：1和4.59：1，即100%青贮垂穗披碱草的生产效益最高，而精粗比为4：6和6：4时基本一样；30月龄放牧＋舍饲处理组A、B和C生产效益依次为5.27：1、7.78：1和8.38：1，100%青贮垂穗披碱草（E）的生产效益最低，而完全用精饲料补饲的效益最高，精粗比为5：5的处理组位于二者之间。充分利用已建人工草地青贮牧草育肥牦牛不但可获得良好的经济效益，还可充分利用人工草地牧草资源，减轻天然草地压力，使部分人工草地得到休养生息。

表14.12　不同育肥日粮牦牛的生产和经济效益

项目	处理组			
	C	D	E	CK
总增重/（kg/头）	13.62	12.14	9.98	−6.81
比对照相对增重/（kg/头）	20.43	18.95	16.79	
比对照相对提高/%	300	278.27	246.55	
采食总量/（kg/头）	114.20	106.10	77.00	
采食量/相对个体增重	5.59：1	5.60：1	4.59：1	

续表

项目	处理组			
	C	D	E	CK
相对收入 /（元 / 头）	163.44	151.6	134.32	
总成本 /（元 / 头）	82.22	57.29	15.40	
产出 / 投入	1.99 : 1	2.65 : 1	8.72 : 1	

注：处理 C、D、E、CK 详见第十二章第一节。

表 14.13　不同补饲日粮下牦牛的生产和经济效益

项目	处理组			
	A	B	C	CK
总增重（kg/ 头）	−0.78	−5.75	−6.49	−16.16
比对照相对增重（kg/ 头）	15.36	10.41	9.67	
比对照相对提高 /%	95.05	64.42	59.84	
采食总量 /（kg/ 头）	81.00	81.00	81.00	
采食量 / 相对个体增重	5.27 : 1	7.78 : 1	8.38 : 1	
相对收入 /（元 / 头）	122.88	83.28	77.36	
总成本 /（元 / 头）	69.66	46.98	24.30	
产出 / 投入	1.76 : 1	1.77 : 1	3.18 : 1	

注：处理 A、B、C、CK 详见第十三章第一节。

二、天然草地和人工草地放牧生产系统

由表 14.14 可以看出，天然草地夏季放牧 5 个月（6 月 1 日～10 月 31 日）、人工草地放牧 3 个月（6 月 20 日～9 月 20 日）的最佳放牧强度、牦牛最大生产力、最大载畜量的差异较大，人工草地最佳放牧强度（单位面积生产力达到最大时的放牧强度）比天然草地高 4.71 头 /hm^2、最大载畜量比天然草地高 9.42 头 /hm^2，而单位面积牦牛最大生产力比天然草地高 312.77kg/hm^2。每公顷人工草地的牦牛最大生产力是天然草地的 6.13 倍，最大载畜量是人工草地的 2.87 倍。

表 14.14　天然草地和人工草地夏季放牧生产系统生产力比较

草地类型	最佳放牧强度 /（头 /hm^2）	牦牛最大生产力 /（kg/hm^2）	最大载畜量 /（头 /hm^2）
人工草地	7.23	373.73	14.46
天然草地	2.52	60.96	5.04
差值	4.71	312.77	9.42

第四节　高寒人工草地畜牧业系统优化

畜牧业是三江源地区经济发展的支柱性产业，也是青海省经济收入的重要组成部分，而畜牧业发展中面临的核心问题就是草畜不平衡，即草地生产不能一直满足家畜的需求。三江源地区自然条件严酷，天然草地牧草生长期极短，仅有90～120d（董全民　等，2007）。牧草的生物量和营养含量存在极大的季节性差异，一般而言：三江源地区草地在每年的5月进入返青期；7月或者8月进入生长盛期，此时地上生物量最高；9月中下旬开始枯萎，不再有生物量的积累；漫长的冬季（10月～第2年4月）可供家畜采食的只有枯草；牧草蛋白含量最高的时期一般出现在6月底到7月初，可达12%以上；在4月草地蛋白含量降到最低，意味着每年4月三江源地区的牧草不仅营养含量低，而且数量少，可提供的能量处于全年最低值。此外，牦牛和藏羊的妊娠后期及哺乳期又恰恰处在冬春季节，此时妊娠家畜对蛋白的需求远高于秋季妊娠初期和中期，但是可从牧草采食中得到的蛋白质却日趋减少，母畜和幼畜因严重缺草和牧草营养价值大幅度下降导致营养不足，降低了仔畜繁活率。

在历史上由于这里相对封闭，人口规模小，所以草畜不平衡的问题并没有凸显，但是随着经济的发展、人口的增加，对畜产品的需求量急剧提升，牧民为了提高经济收入，会根据自己的劳动力状况和经济条件不断扩大放牧家畜的规模和数量，而忽略了草地的生态状况，使草地发生退化。20世纪七八十年代以来，草畜不平衡的问题初见端倪。随着西部大开发、青海省三江源生态建设和保护，三江源国家公园建设等多项工程的实施，草地生态系统得以缓慢恢复。2019年，青海省开启绿色有机农畜产品示范省和全国草地生态畜牧业试验区建设。2019年12月7日，青海牦牛公用品牌发布会在人民大会堂举行，青海牦牛成功地进入全国人民的视野。这对于青海省大力发展生态畜牧业、积极推进畜牧业供给侧结构改革、促进三产融合发展、带动传统产业提档升级，无疑是巨大的机遇。但是牦牛产品的推广必须以全年均衡供应为基础，形成稳定的产业链，这又是青海省畜牧业发展的巨大挑战。

要实现畜产品的全年均衡供应，就要解决草产品的均衡供应。与过去相比，在国家和地方政府的草原生态保护等一系列政策支持下，通过三江源生态保护建设等工程，草畜矛盾在一定程度上得到了缓解，但是在全省草地生态畜牧业试验区建设和绿色有机农畜产品示范省建设的时代新阶段，又面临了新的严峻挑战：既要提供足够多的畜产品，又要保证三江源地区草地不退化，生态不被破坏。所以人工草地作为天然草地的重要补充，将在实现畜产品的全年均衡供应中发挥重要的作用。

当前，人工草地在畜牧业发达国家的草地畜牧业中所占比重越来越大，形成了专业化、集约化的生产链。这些国家的成功经验证实了在畜牧业发展中发展人工草地的重要性，但他们的具体经验对于发展高寒草地畜牧业却无多大的借鉴意义。第一，在这些国家人工草地的面积占草地面积的一半甚至一半以上，比如，在美国，人工草地占草地面积的 56%，澳大利亚是 60%，新西兰则达到了 80% 以上，而在青藏高原畜牧业中，人工草地面积不足草地总面积的 2%，在三江源人工草地面积占比更低，不足 1%；第二，三江源地区海拔高、气温低、光照强、生长季短等特征，使这里的人工草地建植与管理技术必须要适应当地的气候和土壤，因此如果照搬国外人工草地的管理经验，在青藏高原无疑是行不通的。要以生态保护为先，尊重自然，顺应自然，保护自然，实现青藏高原高寒草地生态畜牧业的可持续发展，依据局域地理和气候特征，探索出适于此地的、规范化的、实用性高的综合技术及模式，发挥人工草地的巨大潜力，提高畜产品的产量质量及抗灾保畜能力，减轻天然草地压力，解决草畜矛盾。

草地畜牧业生产是以牧草为第一性生产、家畜为第二性生产的物质和能量的转化过程，而牧草的生产到畜产品的收获需要经过多次转化流程，且每一环节均与草地畜牧业经济效益直接相关。人工草地畜牧业的发展从过去单项技术的研发和优化向技术的组装配套、新技术的综合化和整体化转变。持续发展的战略思想强调维持生态系统高额输出的物质基础是生态与环境的保护和建设，作为一种协调畜牧业全局发展的生态工程，必须按照生态学原理和系统、科学的方法，综合应用生物科学与畜牧业科技成果，将层次优化设计与区域整体优化相结合，并根据当地草地畜牧业现状及经济发展水平建立示范区，形成整体化、系统化的人工草地畜牧业生产发展模式。

一、草地农业结构

20 世纪 90 年代，任继周（1995）提出了草地农业生态系统理论，认为草地农业系统是一个满足现代人的食物结构，生产和生态两者兼顾，而且能持续发展的现代农业系统。草地农业系统包括 4 个生产层、3 个界面。后又进一步优化，根据草地农业生态系统的产业特征和产品属性，任继周将草地农业生态系统归纳为 4 个生产层（任继周 等，2004；任继周，2012）：前植物生产层、植物生产层、动物生产层和后生物生产层（图 14.4）。

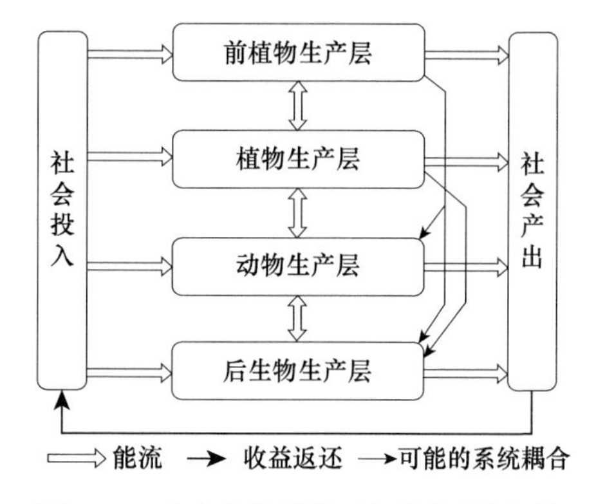

图 14.4 草地农业结构（根据任继周 等，2004 重绘）

（一）前植物生产层

前植物生产层是不以生产动物产品为主要目的，而以景观和环境效应为主要社会产品的生产部分，如自然保护区、水土保持区、防风固沙、净化空气、草坪绿化、狩猎地、风景旅游、陶冶情操等，既有经济价值，也有环境效益和生态服务功能。这些前初级生产的经济价值都源于草地植物和草地景观。草地植物在前植物生产层中的作用是多方面的，随着经济、文化、社会文明的发展，草地植物的这种非传统的物质生产作用将进一步得到重视和发展，并能提供巨大的经济效益和生态效益。

（二）植物生产层

植物生产层是草地的初级生产部分，包括牧草生产、农作物生产等各类植物性产品的生产。牧草除了可供家畜和野生动物采食外，还可生产牧草种子，生产和制作各种草产品。植物生产层是草地农业生态系统的主体和基础。

（三）动物生产层

动物生产层是以家畜、家禽和野生动物及其产品为主要生产目标的生产部分，是对植物生产层的利用与转化，为次级生产力。对动物生产的投入和管理水平不同，产生的效益不同。在同样环境、同样类型的草地上，仅因管理措施和管理水平的不同，获得的畜产品可以相差很多。管理得好，可以获得许多畜产品；管理得不好，则畜产品很少，畜产品输出为零，甚至会出现冬春季节饲料严重短缺，家畜大量乏弱死亡，生产效益为负值的现象。

（四）后生物生产层

后生物生产层也叫加工贸易层，是将前两个生产层（植物生产层和动物生产层）产出的草畜产品，经过加工、流通、交换和增值一系列过程创造效益。这一部分效益的大小随着科学技术水平和社会文化发展的程度而不断进步，具有巨大的潜力。把牧草转化为草产品、粗畜产品、加工畜产品、精深加工畜产品，可以使其经济效益逐级增加，即在草、畜产品的加工、流通和交换过程中，都创造价值和增加财富。因此，后生物生产层是实现草地农业生态系统价值的最终环节和关键环节。若不注意后生物生产层的发展，则初级生产和次级生产的效益潜力就不能得到很好的发挥（柴永青 等，2009）。

草地农业生态系统是一个复杂的系统，既包括自然生态系统，又包括人工复合生态系统，既包括自然科学，又包括社会科学，必须以系统工程理论和生态学原理为指导，将系统中的各种因素条理化、系统化、高效化，实现草地农业系统生态效益和生产效益的持续输出。

二、4 个生产层理论对畜牧业发展的指导作用

以 4 个生产层建设为基础的草业，被著名科学家钱学森称为“知识密集型草业产业”。他在 1985 年 6 月提到，知识密集型草业产业就是“以草原为基础，利用日光能量合成牧草，然后用牧草通过兽畜、生物，再通过化工、机械手段，创造物质财富的产业”，即应用草业系统工程理论和现代科技手段开发草地资源，在种植优良牧草、改良土壤、建立和优化生态系统的基础上，发展草、牧、林、农、副、渔、工、商、旅等连锁产业，建立高度综合的、能量循环的、科学管理的、生态优化的多层次、高效益的产业巨系统。草地资源的开发优化具有巨大的潜力。知识密集型草业产业是一个庞大复杂的生产经营体系，需要运用生物、机械、化工、信息等一切可利用的现代科技手段。因此草原牧区应加强与高等院校和科研院所的密切联系，依靠现代科技来发展草产业。

在 4 个生产层中，后生物生产层是通过动植物产品的加工与流通创造效益，这一层次做好了，可以输出很高的经济效益和价值。因此按照高产、优质、高效、生态、安全的要求，要调整和优化草地农业结构，大力发展以禾本科牧草和豆科牧草为主的草产业及草产品的深加工。

要建立区域化、专业化、标准化的草产品、畜产品生产加工体系。开发草捆、草粉、草块和颗粒饲料等草产品，建立草产品规模经营生产基地。制定技术规范，重视草产品的生产和质量管理，推行标准化生产，实现草畜产品的标准化和优质化。从肉、乳、皮、毛等优势资源出发，进行深入开发利用。发展畜产品的深加工，实现畜产品的增值转化，如肉食品、奶食品的深加工等。开发鲜美肉食品、奶食品等绿色食品的加工和餐饮服务业、提供绿色、天然、至鲜至纯的高质量产品，形成区域特色的鲜美奶食品、肉制品生产体系，不断提升产品质量，培育品牌产品或名牌产品。

第五节　青海生态畜牧业现状与发展对策

2015 年 11 月，习近平在中央财经领导小组 11 次会议上强调，在适度扩大

总需求的同时，着力加强供给侧结构性改革；同年12月，中央农村工作会议提出着力加强农业供给侧结构改革；2016～2019年中央一号文件、《创新驱动乡村振兴发展专项规划（2018—2022年）》、《国家质量兴农战略规划（2018—2022年）》等重要战略部署，先后阐明要通过农业供给侧结构性改革、现代牧场科技创新工作、质量兴农等手段解决“三农”问题，实现乡村振兴。之所以进行农业供给侧结构改革，关键原因在于农业生产的主要矛盾已经由总量不足转变为结构性矛盾，农业效益不高，农产品价格国际竞争力弱（陈锡文，2017；杨建利 等，2016）。农业供给侧结构性改革，不是简单的适应性农业结构调整，而是着眼于需求结构变化及供给结构对需求结构变化动态的反应能力，触及体制机制和制度创新的改革（姜长云 等，2017），必须要和现代农业建设紧密结合起来（钱津，2017）。要发展生态农业（于法稳，2016），要转变现有的农业经营方式（张海鹏，2016）。

青海省是中国畜牧业传统大省，草地畜牧业是青海省牧区特别是三江源地区的支柱产业，但青海省畜牧业存在着农业现代化进程缓慢、耕地质量不高、农产品单位产量低等问题（马起雄 等，2017；赵生祥，2018）。目前，发展具有高原特色的现代畜牧业已经是全省发展的共识。如何在农业供给侧结构性改革的思想指导下，实现青海省现代草地畜牧业产业的结构性改革，取得永续发展，是值得深入研究的问题。

一、青海省畜牧业生产水平

（一）能量转化和物质循环

能量转化和物质循环是生态系统的基本功能，能量是生态系统的基础，一切生命活动都存在着能量的流动和转化，没有能量流动就没有生命，也就没有生态系统。在生态系统中能量流动开始于太阳辐射能的固定，结束于生物体的完全分解。草地畜牧业的能量流动可用草原生产流程表来表示，以植物生长量的能为100%计，到可用畜产品，能量的转化率为0～16.3%（表14.15）。

表14.15 草原生产流程表 （单位：%）

能量形态及转化阶	转化率	低产	高产
日光能+无机物			
*R*1	×（1～2）	—	—
植物生长量			
*R*2	×（50～60）	50	60

续表

能量形态及转化阶	转化率	低产	高产
可食牧草			
*R*3	×（30～80）	15	48
采食牧草			
*R*4	×（30～80）	4.5	38.4
消化营养物质			
*R*5	×（60～85）	0～2.7	32.6
动物生长量			
*R*6	×（0～50）	0～1.35	16.3
可用畜产品			

以贵南县过马营的草地为例，其太阳辐射量约为 439.5MJ/m^2。

（1）围栏封育下草地能量。围栏封育下高寒草地 8 月中旬的产量和能量最高，利用相关资料测算，草地总能量为 1.75×10^{6}MJ/hm^2。到冬季开始放牧时（11 月），草地总能量只有 0.98×10^{6}MJ/hm^2，只有 8 月的 56%。至牧草返青时（5 月），草地总能量降至 0.42×10^{6}MJ/hm^2，只有最高时的 24%。

（2）放牧家畜的能量消耗与产出。放牧家畜不同年龄段的能量消耗，随着家畜的生长，其草肉比逐渐增大。1 龄藏羊每增加 1kg 体重，消耗牧草 11～12kg。2 龄藏羊每增加 1kg 体重，消耗牧草 21～23kg。到 5 龄时，每增加 1kg 体重，消耗牧草达 60～62kg。牦牛的生长也有同样的规律，1 龄牦牛每增加 1kg 体重，消耗牧草折合能量为 228～233MJ，而 7 龄牦牛已达 1176～1204MJ。也就是说，从资源消耗角度看，藏羊和牦牛放牧饲养时间越长越不经济。同时，冬春季牦牛和藏羊掉膘所产生的能量和物质损失表明，家畜出生后第 2 年夏秋季所积累的能量约有一半以上在冬春季被消耗，体重下降 1kg，畜体能量损失 14～15MJ。因此，放牧体系下经济合理的家畜出栏年龄应为 1 岁半左右，即第 2 年 10 月。

（3）放牧和冬季补饲下家畜能量消耗与产出。对当年生产的春羔（犊），在随群放牧后于 10 月进行舍饲育肥，育肥 2 个月后出售。研究结果表明：该系统下牦牛获得的太阳能总量是 5.64×10^{6}MJ，藏羊获得的太阳能总量是 1.98×10^{6}MJ。牦牛在舍饲条件下投入的耕作能量约为 932MJ，藏羊投入的耕作能量是 465MJ。通过以上两项计算，该系统中牦牛和藏羊的体能量产出分别是 165MJ 和 81MJ，能量消耗的产出率为 17.70% 和 17.42% 左右，对太阳能的转换效率为 0.0029% 和 0.0041%。

（4）不同生产模式下家畜生产的能量消耗和物质消耗。对传统放牧条件下 5 岁出栏和短期放牧 1 岁半出栏进行比较，传统放牧条件下牦牛获得的太阳能总量、投入的耕作能、体能量产出、日增重、料肉比、能量消耗的产出率和太阳能转化效率分别是短期放牧的 7.3 倍、3.3 倍、5.3 倍、0.8 倍、3.7 倍、0.44 倍和 0.44 倍。藏羊获得的太阳能总量、投入的耕作能、体能量产出、日增重、料肉比、能量消耗的产出率和太阳能转化效率分别是短期放牧的 10 倍、3.3 倍、4.7 倍、0.6 倍、4.3 倍、0.45 倍和 0.45 倍。

对传统放牧条件下 5 岁出栏和舍饲育肥 8 月龄出栏进行比较，传统放牧条件下牦牛获得的太阳能总量、投入的耕作能、体能量产出、日增重、料肉比、能量消耗的产出率和太阳能转化效率分别是舍饲育肥的 87.5 倍、0.88 倍、11.5 倍、0.52 倍、5.8 倍、0.27 倍和 0.13 倍。藏羊获得的太阳能总量、投入的耕作能、体能量产出、日增重、料肉比、能量消耗的产出率和太阳能转化效率分别是舍饲育肥的 67.8 倍、0.88 倍、4.1 倍、0.16 倍、13.6 倍、0.14 倍和 0.06 倍。

对 3 种生产系统进行综合评价发现，舍饲育肥快速出栏的粗蛋白转化效率、太阳能转化效率、饲料总能转化效率均最高，短期放牧出栏次之，而传统放牧仅耕作能转化为体能量的效率最高。牦牛在舍饲育肥生产系统下能量转化效率最高，而体能量和体蛋白的产量却最低，而短期放牧能量转化效率、体蛋白和体能量产出均处于较高水平，更符合可持续发展的要求。因而对牦牛而言，从能量转化效率和产出的角度考虑，在放牧条件下早期出栏能够获得适合的经济效益。藏羊在舍饲育肥下对资源利用效率最高，经济效益也最高，是适合藏羊的生产方式。现行的传统放牧方式饲料报酬最低，获利最慢，资源消耗最大，能量转化和产出低。

（5）不同草地的能量转化和产出。高寒草甸对太阳总辐射的能量转化效率为 0.020% 左右，对生理辐射的转化效率为 0.043% 左右。高寒草甸 8 月的草地总能量为（2.38×10^6）～（6.70×10^6）MJ/hm^2，中度退化高寒草甸的草地总能量只有原始植被的 60% 左右，重度退化高寒草甸的草地总能量仅占原生植被的 30% 以下。

高寒单播垂穗披碱草人工草地第 2 年 8 月的草地总能量均值为（9.40×10^6）～（14.03×10^6）MJ/hm^2，混播人工草地的总能量均值为（10.83×10^6）～（16.17×10^6）MJ/hm^2，燕麦人工草地的总能量均值为（38.30×10^6）～（79.30×10^6）MJ/hm^2。不计算放牧和饲草运输的耕作能，只计算草地生产投入的能量，折算人工草地的初级净产出能量。依据青南地区人工草地建植和管护的平均水平，建设 1hm^2 多年生人工草地的耕作能投入约为 13 216MJ/hm^2，1hm^2 燕麦人工草地的耕作能投入约为 26 601MJ/hm^2。以上各类人工草地产出总能量分别是高寒草甸的 2.1～3.9 倍、2.4～4.5 倍和 11.8～16.1 倍，更是重度退化草地的 6 倍以上。

从能量转化的角度看，从事种草、养畜的草地生态畜牧业优于传统畜牧业。通过建设人工草地，不仅改善了退化草地的生态系统，而且生产的能量是退化草地的 6 倍以上。通过早期出栏和舍饲育肥，可大大提高畜产品的能量转化效率和物质转化效率，能量损耗只有传统天然放牧的 1/7～1/4。

（二）产值分析

（1）青海省畜牧业产值分析。2008～2018 年数据显示（表 14.16），青海省畜牧业产值基本呈稳定上升趋势，2010 年突破百亿，2010～2013 年发展迅速。受自然气候因素影响，仅在 2015 年出现产值负增长，2017 年增速恢复两位数。但是畜牧业产值占总产值比重始终不足 10%，最高为 2008 年的 9.27%，之后占比持续下降，2013 年略有回升，2016 年降至最低 6.44%，之后 2017 年恢复至近 7%。畜牧业作为青海省牧区的支柱产业，青海省重点产业，其产值在总产值中的占比较低，说明畜牧业产业整体实力较弱，创收创效能力不强。从农牧业增加值角度分析可得，畜牧业增加值在农牧业增加值中所占比重保持在 50% 以上，最高达到 62.5%，最低为 54.25%，说明畜牧业是青海省农牧业的核心产业，畜牧业产业的良好发展，能极大程度地带动青海省农牧业的发展。2018 年青海省畜牧业发展各项经济指标都呈现出较好的活力，证明了青海省生态立省，大力推行生态畜牧业产业发展取得了一定的成效。

表 14.16　青海省 2008～2018 年畜牧业产值及增加值

年份	总产值 / 亿元	畜牧业产值 / 亿元	畜牧业产值占比 /%	畜牧业增加值 / 亿元	农林牧渔业增加值 / 亿元	畜牧业增加值占比 /%
2008	961.53	89.2	9.27	65.98	105.6	62.5
2009	1081.27	90.1	8.33	66.9	107.4	62.29
2010	1350.43	101.5	7.52	74.9	134.9	55.52
2011	1634.72	119.3	7.30	88.4	155.1	57.00
2012	1884.54	137.1	7.27	101.3	176.8	57.30
2013	2101.05	160.1	7.62	118.3	207.6	56.98
2014	2301.12	169.1	7.35	124.8	219.0	56.99
2015	2417.05	158.4	6.55	116.6	212.2	54.95
2016	2572.49	165.7	6.44	121.9	224.7	54.25
2017	2624.83	183.0	6.97	134.5	242.1	55.56
2018	2865.23	216	7.54	159.2	272	58.52

数据来源：2009～2013 年《中国畜牧业年鉴》，2014～2016 年《中国畜牧兽医年鉴》，2009～2019 年《青海省统计年鉴》。

（2）五大牧区对比分析。由 2014～2016 年中国五大牧区（青海、西藏、新疆、内蒙古、甘肃）（魏虹 等，2005）畜牧业产值及其占比可知（表 14.17），青海省畜牧业产值在五大牧区中排第 4 位，仅高于西藏自治区，产值最高的内蒙古自治区畜牧业产值同期基本为青海省畜牧业产值的 7.24 倍，说明青海省畜牧业总产值较低、产业规模偏小、产业创收能力不强。通过畜牧业产值在总产值中占比分析，五大牧区畜牧业占比 3 年间均不足 8%，最高的为 2014 年西藏自治区的 7.53%。分析 3 年平均占比数据，青海省在五大牧区中排行第 3，与甘肃省、内蒙古自治区相比，青海省畜牧业在国民经济生产中所占地位更高，这也意味着畜牧业产业发展与青海省地方经济发展的相互依存度更高。从畜牧业产值占农林牧渔业总产值比例角度分析，青海省、新疆维吾尔自治区 3 年间呈现逐年下降趋势，其余 3 个地区呈现小幅上升或小范围波动趋势。畜牧业产值占比的波动情况，与近年来供给侧结构性改革、生态保护、农牧业产业结构调整、草牧业发展等政策带来的系列影响密切相关。

表 14.17　2014～2016 年中国五大牧区畜牧业产值及占比

类别	畜牧业产值 / 亿元			畜牧业产值占总产值比例 /%			畜牧业产值占农林牧渔产值比例 /%		
	2014 年	2015 年	2016 年	2014 年	2015 年	2016 年	2014 年	2015 年	2016 年
青海	169.1	158.4	165.7	7.35	6.55	6.44	51.64	49.61	48.91
西藏	69.3	75.3	82.7	7.53	7.34	7.19	49.98	50.38	50.91
新疆	651.2	649.5	653.2	6.99	6.97	6.77	23.73	23.16	21.99
内蒙古	1205.7	1160.9	1202.9	6.78	6.51	6.46	43.37	42.19	43.04
甘肃	268.4	279.4	299.74	3.93	4.11	4.16	16.58	16.22	16.86

数据来源：2016 年《中国畜牧兽医年鉴》，2016 年《中国统计年鉴》。

总结可知，畜牧业是青海省农牧业的核心产业，青海省重点产业，青海省牧区的支柱产业，能对国民经济发展起到一定的拉动作用，同时对经济波动较为敏感。但是青海省畜牧业产业规模偏小、实际带动能力弱、经济效益较弱，与省内其他产业相比，抗风险能力弱，产业实力不强。因此，需要对青海省畜牧业进行产业结构升级，用供给侧结构性改革的思路和措施，发展现代草地畜牧业。

（三）区位商分析

区位商（location quotient，LQ）又称为专门化率或地方专业化指数，反映某地区产业的集聚程度和规模优势程度，广泛应用于产业经济与区域经济研究当中，能够为地区产业结构、产业布局的评价和政策制定提供依据（Billings et al.，2012；肖黎姗 等，2015）。其计算公式为

$$\mathrm{LQ}_i = \frac{e_i/e_t}{E_i/E_t}$$

式中，LQ_i 为产业 i 的区位商；e_i 为研究区域产业 i 的总产值或从业人口；e_t 为研究区域的总产值或从业人口；E_i 为全国产业 i 的总产值或从业人口；E_t 为全国总

产值或从业人口。LQ_i 值越大，通常表示该产业在该地区的专业化程度越高，所具备的产业优势也就越大。通常区位商以 1 为衡量基数，当 $LQ_i<1$ 时，表示该产业在当地属于劣势产业；当 $LQ_i=1$ 时，表示该产业在当地处于一般水平；当 $LQ_i>1$ 时，表示该产业在当地专业化程度较高，属于优势产业。

取 e_i 为青海省畜牧业产值，e_t 为青海省总产值，E_i 为全国畜牧业产值，E_t 为全国总产值，计算 1994～2017 年共 24 年间青海省畜牧业区位商见表 14.18。表 14.18 数据显示，24 年间，青海省畜牧业产业区位商始终保持在 1 以上，最大达到 2002 年的 2.39，最小为 2004 年的 1.12。这表明，青海省畜牧业产业集聚程度高于全国水平，表现出高度的产业集中现象，并且产业稳定性极强。2012 年开始青海省畜牧业产业区位商持续升高（2015 年因为自然气候原因青海省畜牧业产值负增长除外），2017 年出现较大幅度增长，表明近年来青海省生态畜牧业发展道路已经切实产生了良好效果。

表 14.18　1994～2017 年青海省畜牧业区位商

年份	LQ_i	年份	LQ_i	年份	LQ_i	年份	LQ_i
1994	1.67	2000	1.40	2006	1.60	2012	1.45
1995	1.67	2001	1.32	2007	1.43	2013	1.60
1996	1.53	2002	2.39	2008	1.44	2014	1.63
1997	1.41	2003	1.37	2009	1.49	2015	1.51
1998	1.41	2004	1.12	2010	1.49	2016	1.57
1999	1.38	2005	1.34	2011	1.39	2017	1.96

数据来源：根据 1995～2018 年《中国统计年鉴》。

总结可知，畜牧业在青海省具有稳定的产业优势，是典型的优势产业，虽然由产值分析可知畜牧业产业实力较弱，但完全可以作为支柱产业进行培养和扶持。在供给侧结构性改革的大潮下，青海省要将传统畜牧业发展为具有强烈自身特色的现代草地畜牧业，才是保持畜牧业产业优势和稳定性的唯一办法。

（四）投入产出分析

投入产出分析法（input-output analysis）是由美国经济学家里昂惕夫（Wassily Leontief）提出的，用于研究经济体系中各产业部门之间投入与产出相互依存关系的数量分析方法，通常使用投入产出表或投入产出模型进行分析（沙景华，2011）。直接消耗系数 a_{ij} 用以反映某产业部门在单位产品生产过程中对各产业部门的产品直接消耗量。直接消耗系数 a_{ij} 数值越大，说明第 j 产业部门与第 i 产业部门联系越紧密，反之联系越松散；若 $a_{ij}=0$，则说明两产业部门没有直接分配关系。其计算公式为

$$a_{ij}=\frac{x_{ij}}{X_j}$$

式中，x_{ij} 为第 j 产业部门生产经营中对第 i 部门的直接消耗价值量；X_j 为第 j 产业部门的总投入。

直接消耗系数 a_{ij} 反映产业部门间生产经营中的直接消耗，而实际生产经营中，某产业部门还可能通过对其他产业部门的直接消耗而对某部门产生间接消耗，通常用完全消耗系数 b_{ij} 表示，其数值越大，说明第 j 产业部门与第 i 部门联系越紧密，其计算公式为

$$b_{ij}=（I-a_{ij}）^{-1}-I$$

式中，b_{ij} 为完全消耗系数矩阵；a_{ij} 为直接消耗系数矩阵；I 为单位矩阵。

根据《青海省投入产出表 2007》，只考虑青海省畜牧业对其他行业的消耗情况，在 144 个产业部门中选择 a_{ij} 及 b_{ij} 非零的产业部门，并剔除系数小于 0.0001 的产业部门，可得表 14.19。对反映某产业部门与其他产业部门之间依赖关系的直接消耗系数和完全消耗系数进行分析表明，青海省畜牧业与煤炭开采和洗选业、石油及核燃料加工业、饲料加工业、农林牧渔专用机械制造业、电力、热力的生产和供应业、水的生产和供应业、铁路运输业、道路运输业、城市公共交通业、航空运输业、环境管理业、银行业、居民服务业、教育等行业相关性较强。

表 14.19　青海省畜牧业产业发展消耗较高行业部分表

产业部门	直接消耗系数	完全消耗系数	产业部门	直接消耗系数	完全消耗系数
农业	0	0.001 493	水的生产和供应业	0.004 594	0.005 884
畜牧业	0.002 372	0.091 527	铁路运输业	0.000 731	0.002 242
煤炭开采和洗选业	0.004 600	0.003 128	道路运输业	0.008 388	0.011 331
饲料加工业	0.191 506	0.209 131	城市公共交通业	0.000 18	0.000 377
石油及核燃料加工业	0.012 572	0.018 175	航空运输业	0.001 001	0.002 763
医药制造业	0.012 622	0.013 808	环境管理业	0.001 732	0.001 942
农林牧渔专用机械制造业	0.008 738	0.009 561	住宿业	0.000 871	0.002 011
其他专用设备制造业	0	0.000 244	银行业	0	0.004 272
特路运输设备制造业	0	0.000 341	保险业	0.000 037	0
汽车制造业	0	0.000 782	商务服务业	0.001 962	0
电线、电缆、光缆及电工器材制造业	0	0.000 419	电信和其他信息传输服务业	0	0.002 542
其他电气机械及器材制造业	0	0.000 266	居民服务业	0.008 819	0.009 684
电力、热力的生产和供应业	0.001 812	0.013 097	教育	0.000 23	0.000 516

数据来源：《青海省投入产出表 2007》。

综上可知，将 144 产业部门对比归类到 42 产业部门，饲料加工业、通用专用设备制造业、交通运输设备制造业、交通运输及仓储业、金融业、教育业是青海省畜牧业的关联产业，对青海省畜牧业发展的制约性较强，青海省畜牧业发展对以上产业依赖性大。

二、青海省现代草地畜牧业发展基础及问题

（一）发展基础

青海省经过长时间实践后，形成了以生态畜牧业为核心理念的具有高原特色的现代畜牧业，通过建立各类试验区，逐步从传统畜牧业向现代生态畜牧业转型。截至 2016 年，青海省逐步形成股份制联户经营为主体的合作社经营模式，全省生态畜牧业合作社共 961 个，入社牧户达 11.5 万户，入社率为 72.5%；整合牲畜 1051 万头（只），整合率为 67.8%；整合草场 2.56 亿亩，整合率为 66.9%（张黄元，2016）。在改变组织经营方式的同时，育种、高效养殖、防疫监测、分群管理等多项科技含量高的畜牧业科研技术被应用到生产实践中；牛羊粪便无害化处理技术、草畜平衡、退牧还草等生态保护措施及政策同步跟进；半数以上的合作社具备简单的畜牧业产品初加工工艺；20 多万人次农牧民接受了不同内容的畜牧业相关科技培训。较为成熟的生态畜牧业产业体系在青海逐步形成。

青海省以生态立省，提倡“一优两高”的发展战略，草地资源作为青海省最重要的资源之一，在生态保护和经济建设当中至关重要。青海省草产业在“十三五”期间发展迅速，政策扶持力度大，建设投入多，强力地推动了全省畜牧业发展。截至 2015 年底，青海省人工草地建设面积 779 万亩，年产鲜草 42.46 亿 kg；改良草场 3524.1 万亩，年产鲜草 21.2 万 t；建成饲料加工企业 50 家，年产饲料 46.6 万 t；建成饲草加工企业 13 家，年加工饲草 15 万 t（张黄元，2016）。青海省的省、州、县、乡（村）、牧户的 5 级饲草料储备体系已经建成，“贵南模式”“泽库模式”等多种因地制宜的草产业发展模式在保护草原生态的同时，为畜牧业发展提供保障。

（二）存在问题

青海省畜牧业和草产业发展都取得了较好的成果，但通过上文分析可知，青海省畜牧业虽然发展稳定，但总体规模小，抗风险能力弱，关联产业实力不强。青海省草地畜牧业产业发展主要存在以下问题。第一，生产方式较落后。省内靠天养畜的局面尚未从根本上得到解决，饲草料产业的发展和现代技术装备不足问题使牲畜出现温饱问题，制约草地畜牧业的发展。第二，产业融合程度不高。畜牧业、草产业、物流业等关联产业配套融合能力较弱，各自为营的产业格局使草

地畜牧业产业发展规模扩张乏力，产业链延伸受阻。第三，产业结构单一，产品附加值低。青海省最大的财富在生态，高寒净土使草畜产品具备天然的优势，然而现阶段青海省草地畜牧业产品多数只停留在简单的初级加工阶段，以生肉、低阶奶产品、饲草料为主，产品附加值低，资源优势难以体现。第四，相关基础设施建设不足。青海省草地畜牧业产业缺乏科学先进的养殖设备、加工工厂、运输设备等一系列基础设施，部分农牧民居住和放牧的地点偏远难行，道路受阻。相关基础设施欠缺使草地畜牧业产品在加工、销售、推广过程中时间滞后、成本高，阻碍了产品价值实现。第五，牧民观念落后，先进技术落地实施难。青海省草地畜牧业产业发展地区多数为藏族、蒙古族等少数民族的聚集区，语言不通、教育水平有限、文化差异等因素使牧民缺乏现代化的草地畜牧业经营理念，先进的科学技术在牧区推广和实施过程中受到不同程度的阻力，极大程度上制约了现代草地畜牧业的发展。第六，生态环境制约力度大。青海省在发展现代草地畜牧业的过程中坚守生态红线，但草地生态系统脆弱、自然环境严酷、自然灾害频繁等因素为现代草地畜牧业的发展带来不小压力。

三、青海省现代草地畜牧业发展路径

（一）遵守生态至上原则

青海省地处青藏高原东部，生态安全战略意义重大，环境脆弱，破坏后修复难度大，区内有三江源国家级自然保护区、祁连山国家级自然保护区、青海湖国家级自然保护区等多个生态保护区。20 世纪 90 年代，由于不合理利用，仅三江源区域就有 63.3% 的草场遭到破坏，近 1/3 的土地沦为丧失经济生态价值的黑土滩（董全民　等，2015），而草地畜牧业发展的地区，如海北州、海南州等多处于生态保护区内。依照青海省“生态立省”的基本原则，现代草地畜牧业的发展，应当遵守生态至上原则，在草地资源利用、放牧方式、家畜养殖、相关产业设计、基础设施建设等方面，渗透并执行生态保护原则。

（二）依照农业伦理学理念

2017 年 9 月 23 日，在中国草学会农业伦理学会上，任继周院士讲到，我国‘三农’问题得不到解决，根本原因在于农业伦理学观念的缺失。农业伦理学是探讨人类对自然生态系统农业化过程中发生的伦理关联的认知，即对这种关联的道义诠释，判断其合理性与正义性（任继周　等，2015；任继周，2016；邱仁宗，2015）。依照农业伦理学的解释，草地畜牧业是人们利用草地生态系统，通过放牧、家畜养殖等手段，在保证草地生态系统健康的基础下，获得农畜产品的过程。这是一个人与自然交错的系统，人、土壤、草地、家畜（包括畜产品）相互耦合、相互影响，人作为施力者在其中扮演重要的角色，但必然是系统中的一员。因此，在现代草地畜牧业产业发展过程中，要遵循农业伦理学的理念，尊重草地－牲畜－人系统，在追求经济效益和生态效益的同时，对自然秉持感恩与敬畏之心；在使用科技手段的同时，遵照自然规律；在获得畜产品的同时，保证动物福利；在整个生产经营的过程中，重视系统阈值，严格把握“度”的概念，保证现代草地畜牧业赖以发展的草地生态系统健康、永续发展。

（三）建设现代牧场体系

青海省现代草地畜牧业的发展，核心是摒弃传统畜牧业草－畜分隔的局面，建成草－畜一体化的现代牧场体系。现有的家庭牧场、联户经营牧场和国有大牧场，依照资源禀赋的差异，建成不同规模的现代牧场以发展现代草地畜牧业。不同于牧场的现代化，现代牧场体系从制度体制层面进行改革，依照供给侧结构性改革的理念，重组资源，将现有的草－畜技术依条件需要组合，同时研发配合不同规模牧场的草－畜一体化技术，建成全产业链的流程化经营管理体系，力求农畜产品在生产、加工、销售阶段都保证其标准化。

（四）着力产品差异化设计

青海省现代草地畜牧业的产业发展归结于自然环境的得天独厚，使产品天然具备差异性。这种差异性主要来自青藏高原净土区生产的天然无污染的绿色农畜产品。这种差异性应当成为青海现代草地畜牧业产品的核心竞争力，因此，青海省现代草地畜牧业的产业发展，要紧抓产品差异化设计。第一，依照供给侧结构性改革的思维，对市场进行调研，抓住市场需求，根据需求选择产品输出，减少库存，通过核心竞争力打开国内、国际市场。第二，创造品牌差异化。打造青海省草地畜牧业的特有品牌，并通过买方主观差异构建、附带服务差异构建等手段实现特有品牌价值的不断提升。第三，设计价格差异化。高原特有的绿色产品在生产、加工、运输过程中成本较高，使其产品价格通常高于市场价格，但不可一味追求高价格以获得高收益，将产品种类细化并多元化，针对不同市场进行投放，同时设置差异价格。第四，服务差异化，青海省现代草地畜牧业的特有产品，应当附有高品质的产品服务。例如，在牲畜喂养阶段，利用信息技术，顾客可以实现对牲畜的可视化监测；在产品生产阶段，可以根据大客户要求进行个性化产品的生产；在销售阶段，可将特色产品的营养参数、精确产地、使用方法等包装在内。差异化服务使青海现代草地畜牧业的特色产品能够带来独特的体验以增强竞争力。

（五）同步发展关联产业

通过前文分析可知，与青海省现代草地畜牧业高度相关的产业有饲料加工业、通用专用设备制造业、交通运输设备制造业、交通运输及仓储业、金融业、教育业，只有关联产业得到长足的发展，才能保证青海省现代草地畜牧业健康发展。饲草料加工业、草畜产品专业设备制造业作为现代牧场产业链内的一环，承担着家畜健康养殖和安全生产的职责；为保证特色产品安全低成本的到达销售环节，配合高原地区区域特色和产品特色的仓储业及交通运输业，为产品的价值实现提供保障；金融和财政部门，在青海省现代草地畜牧业产业发展的初期，即幼稚产业时期，应当提供优惠实在的金融及财政政策；在产业发展的集中地区，可以开设专业职业技术学校，培养农牧区年轻人，定向学习现代畜牧业生产经营技术。

参考文献

白永飞，玉柱，杨青川，等，2018．人工草地生产力和稳定性的调控机理研究：问题、进展与展望［J］．科学通报，63（5）：511-520．

鲍根生，王宏生，王玉琴，等，2016b．高原鼢鼠造丘活动对高寒草地土壤养分空间异质性的影响［J］．草业学报，25（7）：95-103．

鲍根生，王宏生，曾辉，等，2016a．不同形成时间高原鼢鼠鼠丘土壤养分分配规律［J］．生态学报，36（7）：1824-1831．

曹致中，2005．草产品学［M］．北京：中国农业出版社．

柴永青，曹致中，2009．草地农业生态系统四个生产层理论对草原牧区可持续发展的指导作用［N］．中国草原发展论坛论文集，436-441．

车敦仁，郎百宁，王大明，等，1985．无芒雀麦在青海的表现及优质高产栽培技术［J］．青海畜牧兽医杂志，1：45-48．

陈波，周兴民，1995a．三种嵩草群落中若干植物种的生态位宽度与重叠分析［J］．植物生态学报，19（2）：158-169．

陈波，周兴民，王启基，等，1995b．高寒草甸植物种群的生态位研究［M］．北京：科学出版社，73-90．

陈功，2001．牧草捆裹青贮技术及其在我国的应用前景［J］．中国草地，23（1）：72-74．

陈锡文，2017．论农业供给侧结构性改革［J］．中国农业大学学报（社会科学版），34（2）：5-13．

陈玉华，田富洋，闫银发，等，2017．国内外 TMR 饲喂技术及其制备机的研究进展［J］．中国农机化学报，38（12）：19-29．

陈子萱，2008．人工扰动对玛曲高寒沙化草地植物多样性和生产力的影响［D］．兰州：甘肃农业大学．

董全民，丁路明，杨晓霞，等，2020．高山嵩草草甸－牦牛放牧生态系统研究［M］．北京：科学出版社．

董全民，蒋卫平，赵新全，等，2007．放牧强度对高寒混播人工草地土壤氮、磷、钾含量的影响［J］．青海畜牧兽医杂志，5：4-6．

董全民，李青云，2003e．世界牦牛的分布及生产现状［J］．青海草业，12（4）：32-35．

董全民，李青云，马玉涛，等，2003a．牦牛放牧率对小嵩草高寒草甸不同植物类群地上生物量生产率的影响［J］．四川草原，6：21-24．

董全民，李青云，马玉寿，等，2004c．牦牛放牧强度对高寒草甸暖季草场植被的影响［J］．草业科学，21（2）：48-53．

董全民，马玉寿，2007．三江源区“黑土型”退化草地生态系统恢复研究［J］．青海农牧业，3：21．

董全民，马玉寿，许长军，等，2015．三江源区黑土滩退化草地分类分级体系及分类恢复研究［J］．草地学报，23（3）：441-447．

董全民，尚占环，杨晓霞，等，2017．三江源区退化高寒草地生产生态功能提升与可持续管理［M］．西宁：青海人民出版社．

董全民，施建军，马玉寿，等，2011．人工调控措施下黑土滩人工草地的经济及生态效益分析［J］．草地学报，19（2）：195-201．

董全民，赵新全，李青云，等，2004b．小嵩草高寒草甸土壤营养因子及水分含量对牦牛放牧率的响应Ⅰ夏季草场土壤营养因子及水分含量的变化［J］．西北植物学报，24（12）：2228-2236．

董全民，赵新全，李青云，等，2005a．小嵩草高寒草甸的土壤养分因子及水分含量对牦牛放牧率的响应Ⅱ冬季草场土壤营养因子及水分含量的变化［J］．土壤通报，36（4）：493-500．

董全民，赵新全，马有泉，等，2008. 日粮组成对生长牦牛消化和能量代谢的影响［J］. 中国畜牧杂志，44（5）：43-45.

董全民，赵新全，马玉寿，2007. 江河源区高寒草地畜牧业现状及可持续发展策略［J］. 农业现代化研究，28（4）：438-442.

董全民，赵新全，马玉寿，等，2005b. 牦牛放牧率和放牧季节对小嵩草高寒草甸土壤养分的影响［J］. 生态学杂志，24（7）：729-735.

董全民，赵新全，马玉寿，等，2005c. 江河源区披碱草和同德小花碱茅混播草地土壤物理性状对牦牛放牧强度的响应［J］. 草业科学，22（6）：65-70.

董全民，赵新全，马玉寿，等，2005d. 江河源区披碱草和星星草混播草地土壤物理性状对牦牛放牧率的响应［J］. 草业科学，22（6）：65-70.

董全民，赵新全，马玉寿，等，2005e. 牦牛放牧率对江河源区混播禾草种间竞争力及地上初级生产量的影响［J］. 中国草地，27（2）：1-8.

董全民，赵新全，马玉寿，等，2006. 不同牦牛放牧率下江河源区垂穗披碱草 / 同德小花碱茅混播草地第一性生产力及其动态变化［J］. 中国草地学报，28（3）：5-15.

董全民，赵新全，徐世晓，等，2003b. 高寒牧区牦牛冬季暖棚育肥试验研究［J］. 青海畜牧兽医杂志，2：5-7.

董全民，赵新全，徐世晓，等，2003c. 高寒牧区藏系绵羊（1 岁）冬季暖棚育肥试验［J］. 青海畜牧兽医杂志，5：3-6.

董全民，赵新全，徐世晓，等，2004a. 高寒牧区牦牛育肥试验研究［J］. 中国草食动物，24（5）：8-10.

董世魁，1998. 舍饲条件下泌乳牦牛，干奶空怀牦牛能量，蛋白质，钙，磷消化代谢的研究［D］. 兰州：甘肃农业大学.

董世魁，丁路明，徐敏云，等，2004. 放牧强度对高寒地区多年生混播禾草叶片特征及草地初级生产力的影响［J］. 中国农业科学，37（1）：136-142.

董世魁，胡自治，龙瑞军，等，2002. 高寒地区混播多年生禾草对草地植被状况和土壤肥力的影响及其经济价值分析［J］. 水土保持学报，16（3）：98-101.

董世魁，任继周，方锡良，等，2018. 养殖业的农业伦理学之度［J］. 草业科学，35（9）：2059-2067.

杜国祯，王刚，1995. 甘南亚高山草甸人工草地的演替和质量变化［J］. 植物学报，37（4）：306.

樊金富，2009. 农牧交错区半舍饲奶牛牧草采食量预测模型及优化补饲的研究［D］. 呼和浩特：内蒙古农业大学.

冯仰廉，1981. 反刍动物能量代谢［M］. 北京：北京农业大学出版社.

高丽，侯向阳，王珍，等，2019. 重度放牧对欧亚温带草原东缘生态样带土壤氮矿化及其温度敏感性的影响［J］. 生态学报，39（14）：5095-5105.

高露，张圣微，朱仲元，等，2019. 放牧对干旱半干旱草原植物群落结构和生态功能的影响［J］. 水土保持研究，26（6）：205-211.

顾振宽，2012. 青藏高原东缘不同植被类型及放牧管理下土壤养分的分布研究［D］. 兰州：兰州大学.

关世英，常金宝，贾树海，等，1997. 草原暗栗钙土退化过程中的土壤性状及其变化规律的研究［J］. 中国草地，3：40-44.

郭建英，董智，李锦荣，等，2019. 放牧强度对荒漠草原土壤物理性质及其侵蚀产沙的影响［J］. 中国草地学报，41（3）：74-82.

郭平平，税伟，江聪，等，2019. 退化天坑倒石坡林下优势物种生态位特征［J］. 应用生态学报，30（11）：3635-3645.

郭树栋，2006. 几种多年生禾草在高寒地区的引种栽培试验［J］. 草业与畜牧，131（10）：13-15，23.

韩兴泰，胡令浩，谢敖云，等，1997. 粗饲条件下生长牦牛能量代谢的估测［A］// 胡令浩. 牦牛营养研究论文集. 西宁：青海人民出版社.

红梅，韩国栋，赵萌莉，等，2004. 放牧强度对浑善达克沙地土壤物理性质的影响［J］. 草业科学，21（12）：108-111.

胡令浩，谢敖云，韩兴泰，等，1997. 生长期牦牛能量代谢和瘤胃代谢的研究［C］. 牦牛营养研究论文集. 西宁：青海人民出版社：3-10.
胡民强，陈宗玉，王淑强，等，1990. 红池坝人工草地放牧强度试验［J］. 农业现代化研究，11（5）：44-49.
黄宏文，段子渊，廖景平，等，2015. 植物引种驯化对近500年人类文明史的影响及其科学意义［J］. 植物学报，50（3）：280-294.
贾丽欣，杨阳，乔荠瑢，等，2018. 荒漠草原短花针茅表型特征可塑性对放牧的响应［J］. 中国草地学报，40（5）：64-69.
贾树海，王春枝，孙振涛，等，1999. 放牧强度和时期对内蒙古草原土壤压实效应的研究［J］. 草地学报，7（3）：217-222.
姜长云，杜志雄，2017. 关于推进农业供给侧结构性改革的思考［J］. 南京农业大学学报（社会科学版）. 17（1）：1-10.
姜勇，徐柱文，王汝振，等，2019. 长期施肥和增水对半干旱草地土壤性质和植物性状的影响［J］. 应用生态学报，30（7）：2470-2480.
靳瑰丽，2009. 伊犁绢蒿荒漠退化草地植物生态适应对策的研究［D］. 乌鲁木齐：新疆农业大学.
康海军，杜铁瑛，严振英，等，2000. 青南牧区不同燕麦品种种植试验报告［J］. 青海畜牧兽医杂志，30（2）：7-10.
康萨如拉，2016. 羊草草原退化演替过程中的群落构建与稳定性研究［D］. 呼和浩特：内蒙古大学.
蒯晓妍，邢鹏飞，张晓琳，等，2018. 短期放牧强度对半干旱草地植物群落多样性和生产力的影响［J］. 草地学报，26（6）：1283-1289.
勒佳佳，苏原，罗艳，等，2020. 围封对天山高寒草原4种植物叶片和土壤化学计量学特征的影响［J］. 生态学报，40（5）：1621-1628.
李建龙，许鹏，李正春，等，1993. 天山北坡蒿属荒漠春秋场封育与放牧演替的研究［J］. 草业科学，10（5）：35-39.
李林栖，2018. 返青期休牧对大通河上游高寒草地植被群落的影响［D］. 西宁：青海大学.
李世雄，董全民，马玉寿，等，2012. 放牧型黑土滩人工草地建植与利用技术规范［J］. 青海畜牧兽医杂志，42（1）：13-14.
李希来，1996. 补播禾草恢复"黑土滩"植被的效果［J］. 草业科学，13（5）：19-21.
李希来，黄葆宁，乔有明，等，1996. 青藏高原几种嵩草的生物量及其幼苗生长发育的初步研究［J］. 草业学报，5（4）：48-54.
李香真，陈佐忠，1998. 不同放牧率对草原植物与土壤C、N、P含量的影响［J］. 草地学报，6（2）：90-98.
李怡，韩国栋，2011. 放牧强度对内蒙古大针茅典型草原地下生物量及其垂直分布的影响［J］. 内蒙古农业大学学报（自然科学版），32（2）：89-92.
李永宏，陈佐忠，汪诗平，等，1999. 草原放牧系统持续管理试验研究：试验设计及放牧率对草－畜系统影响分析［J］. 草地学报 7（3）：173-182.
李直强，2019. 草地退化和放牧时期对牛羊采食行为及采食互作关系的影响［D］. 长春：东北师范大学.
李忠佩，刘明，江春玉，2015. 红壤典型区土壤中有机质的分解、积累与分布特征研究进展［J］. 土壤，47（2）：220-228.
栗文瀚，2018. 气候变化对中国主要草地生产力和土壤有机碳影响的模拟研究［D］. 北京：中国农业科学院.
梁茂伟，2019. 放牧对草原群落构建和生态系统功能影响的研究［D］. 呼和浩特：内蒙古大学.
梁正文，2017. 青贮饲料的制作及利用技术［J］. 畜牧与饲料科学，38（10）：43-46.
林慧龙，董世魁，2003. 高寒地区多年生禾草混播草地种间竞争效应分析［J］. 草业学报，12（3）：79-82.
林玥霏，巫志龙，周成军，等，2020. 采伐干扰下次生林灌木层主要树种的生态位动态［J］. 森林与环境学报，40（1）：1-8.
刘书杰，王万邦，薛白柴，等，1997. 不同物候期放牧牦牛采食量的研究［J］. 青海畜牧兽医杂志 27（2）：4-8.

刘迎春，2005．人工草地放牧利用研究现状［J］．四川草原，114（5）：8-11．
刘迎春，林柏克·E，马玉寿，2002．青海省果洛地区牧草引种试验报告［J］．中国草地，24（2）：20-24．
柳妍妍，2018．巴音布鲁克草原甘肃马先蒿种群扩张的生态因子研究［D］．乌鲁木齐：新疆大学．
马起雄，杨军，甘晓莹，2017．推进青海农牧区生产生活方式转变研究［J］．青海社会科学，2：34-40．
马玉寿，郎百宁，王启基，1999．“黑土型”退化草地研究工作的回顾与展望［J］．草业科学，16（2）：5-8．
马玉寿，郎百宁，李青云，等，2002．江河源区高寒草甸退化草地恢复与重建技术研［J］．草业科学，19（9）：1-4．
马玉寿，徐海峰，2013．三江源区饲用植物志［M］．北京：科学出版社．
马玉寿，张自和，董全民，等，2007．恢复生态学在“黑土型”退化草地植被改建中的应用［J］．甘肃农业大学学报，42（2）：91-97．
闵星星，马玉寿，李世雄，等，2013．施肥对青海草地早熟禾人工草地种群结构的影响［J］．青海畜牧兽医杂志，43：18-19．
牛克昌，2008．青藏高原高寒草甸群落主要组分种繁殖特征对施肥和放牧的响应［D］．兰州：兰州大学．
牛钰杰，杨思维，王贵珍，等，2018．放牧强度对高寒草甸土壤理化性状和植物功能群的影响［J］．生态学报，38（14）：5006-5016．
欧阳克蕙，王文君，瞿明仁，2003．一种新的牧草青贮技术——捆裹青贮［J］．江西饲料，3：19-20．
皮祖坤，吴跃明，刘建新，2004．反刍动物颗粒化全混合日粮研究进展［J］．中国畜牧杂志，40（5）：43-44．
蒲小鹏，徐长林，刘晓静，2004．放牧利用对金露梅灌丛土壤理化性质的影响［J］．甘肃农业大学学报，39（1）：39-41．
钱津，2017．农业供给侧结构性改革战略要点探究［J］．经济纵横，5：14-19．
秦洁，韩国栋，王忠武，等，2016．内蒙古不同草地类型隐子草种群对放牧强度的响应［J］．生态环境学报，25（1）：36-42．
秦金萍，马玉寿，李世雄，等，2019．春季放牧强度对祁连山区青海草地早熟禾人工草地牧草生长的影响［J］．青海大学学报，37（4）：1-6．
青海省统计局，2010．青海省投入产出表 2007［M］．西宁：青海省统计局．
青海省统计局，2009-2019．青海省统计年鉴 2009-2019 年［M］．北京：中国统计出版社．
邱仁宗，2015．农业伦理学的兴起［J］．伦理学研究，75（1）：86-92．
任继周，1995．草地农业生态学［M］．北京：中国农业出版社．
任继周，1998．草业科学研究方法［M］．北京：中国农业出版社．
任继周，2012．草业科学论纲［M］．南京：江苏科学技术出版社．
任继周，2016．“时”的农业伦理学诠释［J］．兰州大学学报（社会科学版），144（4）：1-8．
任继周，侯扶江，2004．草业科学框架纲要［J］．草业学报，13（4）：1-6．
任继周，林慧龙，胥刚，2015．中国农业伦理学的系统特征与多维结构刍议［J］．伦理学研究，（1）：92-96．
戎郁萍，韩建国，王培，等，2001．放牧强度对草地土壤理化性质的影响［J］．中国草地，23（4）：42-48．
沙景华，2011．产业经济学与区域经济分析方法及应用［M］．北京：地质出版社．
单贵莲，2009．内蒙古锡林郭勒典型草原恢复演替研究与健康评价［D］．北京：中国农业科学院．
单玉梅，温超，常虹，等，2019．不同放牧强度下荒漠草原土壤氮矿化季节性动态研究［J］．生态环境学报，28（4）：723-731．
尚占环，龙瑞军，马玉寿，2006．江河源区“黑土滩”退化草地特征、危害及治理思路探讨［J］．中国草地学报，28（1）：69-74．
施建军，2002．高寒牧区牧草引种及混播技术的研究［J］．青海畜牧兽医杂志，32（5）：5-7．
施建军，李青云，董全民，等，1999b．高寒牧区多年生禾草混播试验初报［J］．青海草业，8（2）：5-8．
施建军，李青云，李发吉，等，1999a．青南地区良种燕麦品种比较试验［J］．青海畜牧兽医杂志，29（4）：13-15．
施建军，李青云，李发吉，等，2003a．高寒牧区多年生禾草引种试验初报［J］．青海畜牧兽医杂志，165（3）：

12-13.
施建军，马玉寿，董全民，等，2007a．“黑土型”退化草地人工植被施肥试验研究［J］．草业学报，16（2）：25-31．
施建军，马玉寿，董全民，等，2007b．“黑土型”退化草地优良牧草筛选试验［J］．草地学报，15（6）：543-549，555．
施建军，马玉寿，王柳英，等，2005．“黑土型”退化草地人工植被披碱草属3种牧草的适应性评价［C］．三江源区生态保护与可持续发展高级学术研讨会，西宁．
施建军，马玉寿，王柳英，等，2006a．“黑土型”退化草地人工植被早熟禾属10种牧草的适应性评价［J］．青海畜牧兽医杂志，36（4）：14-16．
施建军，马玉寿，王柳英，等，2006b．异针茅栽培驯化初报［J］．中国草地学报，28（4）：84-86，114．
施建军，马玉寿，薛晓蓉，等，2003b．果洛地区芜菁栽培试验［J］．青海畜牧兽医杂志，33（4）：6-7．
施建军，王柳英，2005．梭椤草的引种栽培试验［J］．青海畜牧兽医杂志，35（6）：10-11．
施建军，王柳英，马玉寿，等，2006c．“黑土型”退化草地人工植被披碱草属三种牧草的适应性评价［J］．青海畜牧兽医杂志，36（1）：4-6．
施建军，王彦龙，杨时海，等，2009．三江源区牧草引种驯化概述与思考［J］．青海畜牧兽医杂志，39（3）：29-31．
史惠兰，王启基，景增春，等，2005a．江河源区人工草地及“黑土滩”退化草地群落演替与物种多样性动态［J］．西北植物学报，25（4）：655-661．
史惠兰，王启基，景增春，等，2005b．江河源区人工草地群落特征、多样性及稳定性分析［J］．草业学报，14（3）：23-30．
舒健虹，蔡一鸣，丁磊磊，等，2018．不同放牧强度对贵州人工草地土壤养分及活性有机碳的影响［J］．生态科学，37（1）：42-48．
宋金枝，谢开云，赵祥，等，2013．放牧强度对晋北盐碱化草地植物经济类群的影响［J］．草业科学，30（2）：223-230．
宋磊，2016．青海湖北岸高寒草原土壤物理性状及养分含量对放牧的响应［D］．西宁：青海大学．
苏淑兰，李洋，王立亚，等，2014．围封与放牧对青藏高原草地生物量与功能群结构的影响［J］．西北植物学报，34（8）：1652-1657．
孙秀英，2004．放牧压力对草原砂质栗钙土微生物学特性影响的研究［D］．沈阳：沈阳农业大学．
孙义，2015．高寒草甸—藏羊放牧系统土草畜互作特征［D］．兰州：兰州大学．
孙英，2012．放牧对高寒草甸4种优势植物光响应和荧光特性的影响［D］．兰州：甘肃农业大学．
孙宗玖，朱进忠，张鲜花，等，2013．短期放牧强度对昭苏草甸草原土壤全量氮磷钾的影响［J］．草地学报，21（5）：895-901．
汪诗平，李永宏，陈佐忠，1999．内蒙古典型草原草畜系统适宜放牧率的研究Ⅰ．以绵羊增重及经济效益为管理目标［J］．草地学报，7（3）：183-191．
汪诗平，王艳芬，陈佐忠，2003．放牧生态系统管理［M］．北京：科学出版社．
王德利，滕星，王涌鑫，等，2003．放牧条件下人工草地植物高度的异质性变化［J］．东北师大学报（自然科学版），35（1）：102-109．
王刚，吴明强，蒋文兰，1995．人工草地杂草生态学研究Ⅰ杂草入侵与放牧强度之间的关系［J］．草业学报，4（3）：75-80．
王吉峰，2004．日粮精粗比对奶牛消化代谢及乳脂肪酸成分影响的研究［D］．北京：中国农业科学院．
王黎黎，2016．盐池县封育条件下草地生态环境演变态势及草场管理［D］．北京：北京林业大学．
王岭，2010．大型草食动物采食对植物多样性与空间格局的响应及行为适应机制［D］．长春：东北师范大学．
王普昶，王志伟，丁磊磊，等，2016．贵州喀斯特人工草地土壤水分空间异质性对放牧强度的响应［J］．水土保持学报，30（3）：291-296，304．

王启基，周立，王发刚，等，1995. 放牧率对冬春草场植物群落结构及功能的效应分析［A］// 中国科学院海北高寒草甸生态系统定位站. 高寒草甸生态系统. 北京：科学出版社.

王仁忠，1996. 放牧干扰对松嫩平原羊草草地的影响［J］. 东北师大学报（自然科学版），(4)：77-82.

王淑强，胡直友，李兆方，1996. 不同放牧强度对红三叶、黑麦草草地植被和土壤养分的影响［J］. 自然资源学报，11（3）：280-287.

王万邦，董国战，1997. 补饲精料对放牧牦牛藏羊的增重影响［J］. 甘肃畜牧兽医，27（3）：11-13.

王文奇，侯广田，罗永明，等，2014. 不同精粗比全混合颗粒饲粮对母羊营养物质表观消化率、氮代谢和能量代谢的影响［J］. 动物营养学报，26（11）：3316-3324.

王晓亚，2013. 典型草原草畜系统甲烷排放的研究［D］. 北京：中国农业大学.

王新谋，1997. 家畜粪便学［M］. 上海：上海交通大学出版社.

王星凌，赵洪波，胡明，等，2010. 牧草青贮质量评定和青贮潜在问题［J］. 草食家畜，1：38-44.

王艳芬，汪诗平，1999a. 不同放牧率对内蒙古典型草原牧草地上现存量和净初级生产力及品质的影响［J］. 草业学报，11（4）：15-20.

王艳芬，汪诗平，1999b. 不同放牧率对内蒙古典型草原地下生物量的影响［J］. 草地学报，7（3）：198-203.

王元素，蒋文兰，洪绂曾，等，2005. 人工混播草地群落稳定性研究进展［J］. 中国草地，27（4）：58-63，73.

魏虹，汪飞杰，2005. 五大牧区草业发展与水资源关系研究［J］. 中国农学通报，21（4）：300-305.

乌仁苏都，2012. 克鲁伦河下游地区草场不同利用方式下土壤养分特性及植被特征对比研究［D］. 呼和浩特：内蒙古农业大学.

吴海艳，马玉寿，董全民，等，2009. 黄河源区藏嵩草沼泽化草甸地上生物量及营养季节动态研究［J］. 草业科学，26（1）：8-12.

吴克选，徐惊涛，杨荣珍，等，1997. 不同类型野血牦牛冷季暖棚补饲效果［J］. 草食家畜，1：27-31.

吴晓慧，单熙凯，董世魁，等，2019. 基于改进的 Lotka-Volterra 种间竞争模型预测退化高寒草地人工恢复演替结果［J］. 生态学报，39（9）：3187-3198.

吴玉虎，1983. 多年生牧草引种试验［J］. 中国草原，(2) 67-69，42.

吴玉虎，1984. 垂穗披碱草高寒品种栽培驯化研究［J］. 青海畜牧兽医杂志，6：1-4.

吴玉虎，1985. 梭罗草引种试验简报［J］. 中国草原与牧草，2（3）：41-42.

吴玉虎，1986. 垂穗披碱草在高寒牧区栽培驯化实验报告［J］. 中国草原，46-47.

夏景新，1993. 放牧生态系统中的组织物质循环及其在牧场管理中的应用［J］. 草业学报，2（2）：35-41.

香艳，2014. 莫能菌素和吐温 80 对生长期草原红牛营养代谢的影响［D］. 长春：吉林农业大学.

肖黎姗，余兆武，叶红，等，2015. 福建省乡村发展与农村经济聚集耦合分析［J］. 地理学报，70（4）：615-624.

谢敖云，张美珍，毕西潮，1997. 牦牛瘤胃对几种蛋白质饲料的降解率［C］// 胡令浩. 牦牛营养研究论文集，西宁：青海人民出版社.

谢高地，鲁春霞，冷允法，等，2003. 青藏高原生态资产的价值评估［J］. 自然资源学报，18（2）：189-196.

谢高地，张钇锂，鲁春霞，等，2001. 中国自然草地生态系统服务价值［J］. 自然资源学报，16（1）：47-53.

徐智超，祁瑜，梅宝玲，等，2018. 放牧方式对人工草地植被生物量及碳密度的影响［J］. 北方农业学报，46（4）：110-117.

许贵善，刁其玉，纪守坤，等，2012. 不同饲喂水平对肉用绵羊能量与蛋白质消化代谢的影响［J］. 中国畜牧杂志，48（17）：40-44.

薛白，2001. 环青海湖地区天然草场牦牛的环境容纳量［J］. 中国草食动物，(2)：5-7.

薛白，韩兴泰，1997. 牦牛瘤胃内饲料蛋白质降解率的研究［A］// 胡令浩. 牦牛营养研究论文集. 西宁：青海人民出版社.

杨超，丁学智，钱娇玲，等，2017. 牦牛适应青藏高原环境的组织解剖学研究进展［J］. 中国畜牧杂志，53（3）：18-24.

杨建利，邢娇阳，2016．我国农业供给侧结构性改革研究［J］．农业现代化研究，37（4）：613-620．
杨晶晶，吐尔逊娜依·热依木，张青青，等，2019．放牧强度对天山北坡中段山地草甸植被群落特征的影响［J］．草业科学，36（8）：1953-1961．
杨俊，2013．精料补充料能量水平对早期断奶舍饲犊牦牛生产性能和营养物质表观消化率的影响［D］．成都：四川农业大学．
杨力军，赵志刚，范青慈，2002．几种燕麦引种栽培及品种比较试验研究［J］．青海草业，11（2）：1-4．
杨曙明，1997．测定反刍动物饲料消化率体外方法的研究进展［J］．中国饲料，20：33-35．
杨树晶，郑群英，干友民，等，2015．川西北地区老芒麦人工草地生长季种群数量和构件对不同放牧强度的响应［J］．中国草地学报，37（2）：14-18．
杨树晶，郑群英，干友民，等，2016．不同放牧强度下草地植物生理变化的研究［J］．草业与畜牧，3：1-4，17．
杨文正，1996．动物矿物质营养［M］．北京：中国农业出版社．
杨占山，2010．SF_6 示踪法测定荷斯坦奶牛能量代谢的研究［D］．泰安：山东农业大学．
姚爱兴，李平，王培，等，1998a．不同放牧制度下奶牛对多年生黑麦草 / 白三叶草地土壤特性的影响［J］．草地学报，4（2）：95-102．
姚爱兴，王培，樊奋成，等，1998b．不同放牧处理下多年生黑麦草 / 白三叶草地第一性生产力研究［J］．中国草地，2：12-16，24．
姚喜喜，宫旭胤，张利平，等，2018．不同强度放牧对祁连山高寒草甸优势种牧草营养价值的影响［J］．草地学报，26（5）：1159-1167．
于法稳，2016．生态农业：我国农业供给侧结构性改革的有效途径［J］．企业经济，（4）：22-25．
于俊平，兰云峰，乌力吉，等，2000．草地生态系统氮素在“土 - 草 - 畜”间的流程与转化［J］．内蒙古草业，（3）：53-56．
玉柱，杨富裕，周禾，2003．饲草加工与贮藏技术［M］．北京：中国农业科学出版社．
张成霞，南志标，2010．放牧对草地土壤理化特性影响的研究进展［J］．草业学报，19（4）：204-211．
张德罡，1998．尿素糖蜜多营养舔砖补饲牦牛效果的研究［J］．草业学报，7（1）：65-69．
张福平，王虎威，朱艺文，等，2017．祁连县天然草地地上生物量及草畜平衡研究［J］．自然资源学报，32（7）：1183-1192．
张国立，贾纯良，杨维山，1996．青贮饲料的发展历史、现状及其趋势［J］．饲料与营养，6（3）：19-21．
张海鹏，2016．我国农业发展中的供给侧结构性改革［J］．政治经济学评论，7（2）：221-224．
张黄元，2016．青海省“十三五”农牧业发展规划［M］．西宁：青海省人民出版社．
张建贵，王理德，姚拓，等，2019．祁连山高寒草地不同退化程度植物群落结构与物种多样性研究［J］．草业学报，28（5）：15-25．
张静，陈先江，侯扶江，2017．家畜排泄物对牧草种子传播和萌发的作用［J］．草业科学，34（10）：2070-2079．
张谧，王慧娟，于长青，2010．珍珠草原对不同模拟放牧强度的响应［J］．草业科学，27（8）：125-128．
张淑绒，曹妮，2010．青贮饲料的加工技术要点［J］．畜牧兽医杂志，29（3）：96-97．
张晓玲，徐田伟，谭攀柱，等，2019．季节放牧对高寒草原植被群落和生物量的影响［J］．西北农业学报，28（10）：1576-1582．
张学梅，马千虎，张子龙，等，2019．施肥对高寒荒漠草原区混播人工草地产量和水分利用的影响［J］．中国农业科学，52（8）：1368-1379．
张亚亚，郭颖，刘海红，等，2018．青藏高原表土有机碳、全氮含量分布及其影响因素［J］．生态环境学报，27（5）：866-872．
张艳芬，杨晓霞，董全民，等，2019．牦牛和藏羊混合放牧对放牧家畜采食量和植物补偿性生长的影响［J］．草地学报，27（6）：1607-1614．
张蕴薇，韩建国，李志强，2002．放牧强度对土壤物理性质的影响［J］．草地学报，10（1）：74-78．
章祖同，2004．草地资源研究：章祖同文集［C］．呼和浩特：内蒙古大学出版社．

赵康，2014．季节性放牧对典型草原群落生产力的影响［D］．呼和浩特：内蒙古大学．

赵亮，徐世晓，周华坤，等，2013．高寒草地管理手册［M］．成都：四川出版社．

赵若含，李莲，韩兆玉，等，2019．低蛋白氨基酸平衡日粮对产奶牛的生产性能和粪尿氮含量的影响［J］．畜牧与兽医，51（4）：23-29．

赵生祥，2018．以农业供给侧结构改革推动青海乡村振兴战略［J］．青海社会科学，（6）：98-101．

赵新全，张耀生，周兴民，2000．高寒草甸畜牧业可持续发展：理论与实践［J］．资源科学，22（4）：50-61．

赵新全，周华坤，2005．三江源区生态环境退化、恢复治理及其可持续发展［J］．中国科学院院刊，20（6）：37-42．

赵新全，周青平，马玉寿，等，2017．三江源区草地生态恢复及可持续管理技术创新和应用［J］．青海科技，（1）：13-19，12．

赵义斌，胡令浩，1992．动物营养学［M］．兰州：甘肃民族出版社．

赵志平，吴晓莆，李果，等，2013．青海三江源区果洛藏族自治州草地退化成因分析［J］．生态学报，33（20）：6577-6586．

中国畜牧兽医年鉴编委会，2014-2016．中国畜牧兽医年鉴 2014-2016 年［M］．北京：中国农业出版社．

中国畜牧业年鉴编委会，2010-2013．中国畜牧业年鉴 2010-2013 年［M］．北京：中国农业出版社．

中华人民共和国国家统计局，1997-2018．中国统计年鉴 1997-2018 年［M］．北京：中国统计出版社．

周华坤，2004．江河源区高寒草甸退化成因、生态过程及恢复治理研究［D］．西宁：中国科学院西北高原生物研究所．

周华坤，周立，赵新全，等，2003．江河源区“黑土滩”型退化草场的形成过程与综合治理［J］．生态学杂志，22（5）：51-55．

周立，王启基，赵京，1995a．高寒草甸牧场最优放牧的研究Ⅳ．植被变化度量与草场不退化最大放牧强度［J］// 中国科学院海北高寒草甸生态系统定位站，高寒草甸生态系统，4：403-418．

周立，王启基，赵京，1995b．高寒草甸牧场最优放牧的研究Ⅰ．藏羊最大生产力放牧强度［J］．// 中国科学院海北高寒草甸生态系统定位站，高寒草甸生态系统，4：365-376．

周立，王启基，赵京，1995c．高寒草甸牧场最优放牧强度的研究［M］．北京：科学出版社．

ARTHINGTON J D, KALMBACHER R S, 2003. Effect of early weaning on the performance of three-year-old, first-calf beef heifers and calves reared in the subtropics [J]. Journal of Animal Science, 81 (5): 1136-1141.

BEAUCHEMIN K A, MCGINN S M, 2005. Methane emissions from feedlot cattle fed barley or corn diets [J]. Journal of Animal Science, 83 (3): 653-661.

BEDIA J, BUSQUÉ J, 2013. Productivity, grazing utilization, forage quality and primary production controls of species-rich alpine grasslands with N ardus stricta in northern Spain [J]. Grass and Forage Science, 68 (2): 297-312.

BELSKY A J, 1996. Does herbivory benefit plants: a review of the evidence [J]. American Naturalist, 127 (6): 870-892.

BILLINGS S B, JOHNSON E B, 2012. The location quotient as an estimator of industrial concentration [J]. Regional Science and Urban Economics, 42 (4): 642-647.

CAO G, TANG Y, MO W, et al., 2004. Grazing intensity alters soil respiration in an alpine meadow on the Tibetan Plateau [J]. Soil Biology & Biochemistry, 36 (2): 237-243.

CHAPMAN D F, MCCASKILL M R, QUIGLEY P E, et al., 2003. Effects of grazing method and fertiliser inputs on the productivity and sustainability of phalaris-based pastures in Western Victoria [J]. Australian Journal of Experimental Agriculture, 43 (7-8): 785.

CHRISTTIANSEN S O, SREJCOR T, 1998. Grazing effects on shoot and root dynamics and above and below-ground non-structure carbonhydrate in Caucasian bluestem [J]. Grass and Forage Science, 43 (2): 375-435.

CONNELL J H, 1978. Diversity in tropical rain forests and coral reefs [J]. Science, 199: 1302-1310.

CONNOLLY J, 1976. Some comments on the shape of the gain–stocking rate curve [J]. The Journal of Agricultural Science, 86 (1): 103-109.

COSTANZA R, ARGE R, GROOT R, et al., 1997. The value of the world's ecosystem services and natural capital [J]. Nature, 387 (6630): 253-260.

DAVIES H L, SOUTHEY I N, 2001. Effects of grazing management and stocking rate on pasture production, ewe liveweight, ewe fertility and lamb growth on subterranean clover-based pasture in Western Australia [J]. Australian Journal of Experimental Agriculture, 41 (2): 161-168.

DONG Q M, ZHAO X Q, MA Y S, et al., 2004a. Effects of different dietaries on digestion and liveweight gain of feedlotting yaks in areas of Yangtze and Yellow River sources [C]. Proceedings of the Fourth International Congress on Yak. Chengdu: 193-200.

DONG Q M, ZHAO X Q, MA Y S, et al., 2004b. Live-weight gain and economic benefits of yak fed with different feeding regimes in house during winter in areas of Yangtze and Yellow River sources [C]. Proceedings of the Fourth International Congress on Yak. Chengdu: 201-208.

DONG Q M, ZHAO X Q, MA Y S, et al., 2006. Live-weight gain, apparent digestibility, and economic benefits of yaks fed different diets during winter on the Tibetan plateau [J]. Livestock Science, 101 (1-3): 199-207.

DONG Q M, ZHAO X Q, WU G L, et al., 2015. Optimization yak grazing stocking rate in an alpine grassland of Qinghai-Tibetan Plateau, China [J]. Environmental Earth Sciences, 73 (5): 2497-2503.

DONG S K, DONG Q M, LONG R J, et al., 1997. Effects of feeding level on energy and nitrogen metabolism of dry, non-pregnant yaks//Recent advances in yak nutrition [M]. Xining: Qinghai People Press.

DONG S K, LONG R J, KANG M Y, et al., 2003. Effect of urea multinutritional molasses block supplementation on liveweight changes of yak calves and productive and reproductive performances of yak cows [J]. Canadian Journal of Animal Science, 83 (1): 141-145.

ELIZALDE J C, SANTINI F J, PASINATO A M, 1996. The effect of stage of harvest on the process of digestion in cattle fed winter oats indoors. II. Nitrogen digestion and microbial protein synthesis [J]. Animal Feed Science and Technology, 63 (1-4): 245-255.

ELLISON L, 1960. Influence of grazing on plant succession of rangelands [J]. Botanical Review, 26 (1): 1-78.

FINLAYSON J D, BETTERIDGE K, MACKAY A, et al., 2002. A simulation model of the effects of cattle treading on pasture production on North Island, New Zealand, hill land [J]. New Zealand Journal of Agricultural Research, 45 (4): 255-272.

HART R H, 1978. Stocking rate theory and its application to grazing on rangelands [C]. Proceedings of the First International Rangeland Congress. Society for Range Management: 547-550.

HART R H, SAMUEL M J, SMITH T M A, 1988. Cattle, vegetation, and economic responses to grazing systems and grazing pressure [J]. Journal of Range Management, 41 (4): 282-286.

HODGSON J, 1981. Variations in the surface characteristics of the sward and the short-term rate of herbage intake by calves and lambs [J]. Grass and Forage Science, 36 (1): 49-57.

HOLMES W, JOBSON M J, PARSONS A J, et al., 2010. Grass-its production and utilization [J]. New Zealand Journal of Agricultural, 33 (2): 101-102.

HOLTER J B, YOUNG A J, 1992. Methane prediction in dry and lactating Holstein cows [J]. Journal of Dairy Science, 75 (8): 2165-2175.

HUHTANEN P, 1988. The effects of barley, unmolassed sugar-beet pulp and molasses supplements on organic matter, nitrogen and fibre digestion in the rumen of cattle given a silage diet [J]. Animal Feed Science and Technology, 20 (4): 259-278.

HUSSAIN I, CHEEKE P R, 1996. Evaluation of annual ryegrass straw: Corn juice silage with cattle and water buffalo: digestibility in cattle vs. buffalo, and growth performance and subsequent lactational performance of Holstein heifers [J]. Animal Feed Science and Technology, 57 (3): 195-202.

JEFFREY J, SHORT J E, 2003. Fall grazing affects big game forage on rough fescue grasslands [J]. Journal of Range

Management, 56 (3): 213-214.

JONES R J, SANDLAND R L, 1974. The relation between animal and stocking rate: Derivation of the relation from the result of grazing of trials [J]. Journal of Agricultural Science, 83 (2): 335-342.

KAREN R H, DAVID C, HARTNETT, et al., 2004. Grazing management effects on plant species diversity in tallgrass prairie [J]. Journal of Range Management, 57 (1): 58-65.

KOBAYASHI T, HORI Y, NOMOTO N, 1997. Effects of trampling and vegetation removal on species diversity and micro-environment under different shade conditions [J]. Journal of Vegetation Science, 8 (6): 873-880.

LEFF J W, JONES S E, PROBER S M, et al., 2015. Consistent responses of soil microbial communities to elevated nutrient inputs in grasslands across the globe [J]. Proceedings of the National Academy of Sciences of the United States of America, 112 (35): 10967-10972.

LEVY D, BAR-TSUR A, HOLZER Z, et al., 1986. High grain content maize silage in fattening diets of young male cattle [J]. Animal Feed Science and Technology, 16 (1-2): 63-73.

LONG R J, APORI S O, CASTRO F B, et al., 1999. Feed value of native forages of the Tibetan Plateau of China [J]. Animal Feed Science and Technology, 80 (2): 101-113.

LONG R J, DONG S K, HU Z Z, et al., 2004. Digestibility, nutrient balance and urinary purine derivative excretion in dry yak cows fed oat hay at different levels of intake [J]. Livestock Production Science, 88 (1-2): 27-32.

LONG R J, DONG S K, SHI J J, et al., 1997. Digestive and metabolic characteristics of lactating yaks fed different diets. Yak production in Central Asian highlands [C]. Proceedings of the Second International Congress on Yak, Xining, PR China, 1-6 September: 124-126.

LWIWSKI T C, KOPER N, HENDERSON DCJRE, et al., 2015. Stocking rates and vegetation structure, heterogeneity, and community in a northern mixed-grass prairie [J]. Rangeland Ecology and Management, 68 (4): 322-331.

MARTIN D, CHAMBERS, 2002. Restoration of riparian meadows degraded by livestock grazing: Above- and belowground responses [J]. Plant Ecology, 163 (1): 77-91.

MCNAUGHTON S J, 1986. On plants and herbivores [M]. The American Naturalist, 128 (5): 765-770.

MILCHUNAS D G, LAURENROTH W K, 1993. Quantitative effects of grazing on vegetation and soils over a global range of environments [J]. Ecological Monographs, 1993, 63 (4): 327-366.

MULLIGAN F J, CAFFREY P J, RATH M, et al., 2002. An investigation of feeding level effects on digestibility in cattle for diets based on grass silage and high fibre concentrates at two forage: Concentrate ratios [J]. Livestock Production Science, 77 (2-3): 311-323.

MUNOZ A I, TELLO J I, 2017. On a mathematical model of bone marrow metastatic niche [J]. Mathematical Biosciences & Engineering Mbe, 14 (1): 289-304.

MUNYATI CJJOAE, 2018. Spatial variations in plant nutrient concentrations in tissue of a grass species as influenced by grazing intensity in a confined savannah rangeland [J]. Journal of Arid Environments, 155 (8): 46-58.

ORSKOV E R, 1992. Protein nutrition in ruminants (The Second Edition) [M]. London: Academic Press.

OSEM Y, PEREVOLOTSKY A, KIGEL J, 2004. Site productivity and plant size explain the response of annual species to grazing exclusion in a Mediterranean semi-arid rangeland [J]. Journal of Ecology, 92 (2): 297-309.

PENNING P D, PARSONS A J, ORR R J, et al., 1995. Intake and behaviour responses by sheep, in different physiological states, when grazing monocultures of grass or white clover [J]. Applied Animal Behaviour Science, 45 (1-2): 63-78.

RITTL T F, CANISARES L, SAGRILO E, et al., 2020. Temperature sensitivity of soil organic matter decomposition varies with biochar application and soil type [J]. Pedosphere, 30 (3): 334-340.

RULE D C, PRESTON R L, KOES R M, et al., 1986. Feeding value of sprouted wheat (Triticum aestivum) for beef cattle finishing diets [J]. Animal Feed Science & Technology, 15 (2): 113-121.

SCHOENER T W, 1974. Resource partitioning in ecological communities [J]. Science, 185 (4145): 27-39.

SONG X, WANG L, ZHAO X, et al., 2017. Sheep grazing and local community diversity interact to control litter decomposition of dominant species in grassland ecosystem [J]. Soil Biology and Biochemistry, 115 (1): 364-370.

THOMPSON K, GASTON K J, BAND S R, 1999. Range size, dispersal and niche breadth in the herbaceous flora of central England [J]. Ecology, 87: 155-158.

TILMAN D, KNOPS J, WEDIN D, et al., 1997. The influence of functional diversity and composition on ecosystem processes [J]. Science, 277 (5330): 1300-1302.

TYRRELL H F, MOE P W, 1975. Effect of intake on digestive efficiency [J]. Journal of Dairy Science, 58 (8): 1151-1163.

WANG X, GUO H X, et al., 2014. Effects of leaf zeatin and zeatin riboside induced by different clipping heights on the regrowth capacity of ryegrass [J]. Ecological Research, 29 (2): 167-180.

WILLIAMSON S C, DETLING J K, DODD J L, et al., 1989. Experimental evaluation of the grazing optimization hypothesis [J]. Rangeland Ecology & Management. Journal of Range Management Archives, 42 (2): 149-152.

WILSON A D, 1986. Principles of grazing management systems [C]. Rangelands: A resource under siege. proceedings of the second international rangeland congress. 221-225.

WILSON A D, MACLEOD N D, 1991. Overgrazing: Present or absent? [J]. Rangeland Ecology & Management, Journal of Range Management Archives, 44 (5): 475-482.

WILSON A D, TUPPER G J, 1982. Concepts and factors applicable to the measurement of range condition [J]. Journal of Range Management, 35 (6): 684-689.

WU G, WANG M, GAO T, et al., 2010. Effects of mowing utilization on forage yield and quality in five oat varieties in alpine area of the eastern Qinghai-Tibetan Plateau [J]. African Journal of Biotechnology, 9 (4): 461-466.

WU G L, LI W, LI X P, et al., 2011. Grazing as a mediator for maintenance of offspring diversity: Sexual and clonal recruitment in alpine grassland communities [J]. Flora - Morphology, Distribution, Functional Ecology of Plants, 206 (3): 241-245.

XUE W, BEZEMER T M, BERENDSE F, 2019. Soil heterogeneity and plant species diversity in experimental grassland communities: Contrasting effects of soil nutrients and pH at different spatial scales [J]. Plant and Soil, 442 (1-2): 497-509.

YANG X X, DONG Q M, CHU H, et al., 2019. Different responses of soil element contents and their stoichiometry to yak grazing and Tibetan sheep grazing in an alpine grassland on the eastern Qinghai Tibetan Plateau [J]. Agriculture, Ecosystems & Environment, 285: 106628.

ZHANG C, DONG Q, CHU H, et al., 2018. Grassland community composition response to grazing intensity under different grazing regimes [J]. Rangeland Ecology & Management, 71 (2): 196-204.

ZHANG Y T, GAO X L, HAO X Y, et al., 2020. Heavy grazing over 64 years reduced soil bacterial diversity in the foothills of the Rocky Mountains, Canada [J]. Applied Soil Ecology, 147: 103361.

ZHAO H, JIAN S, XU X, et al., 2017. Stoichiometry of soil microbial biomass carbon and microbial biomass nitrogen in China’s temperate and alpine grasslands [J]. European Journal of Soil Biology, 83: 1-8.

ZOU Y L, NIU D C, FU H, et al., 2015. Moderate grazing promotes ecosystem carbon sequestration in an alpine meadow on the Qinghai-Tibetan plateau [J]. Journal of Animal and Plant Sciences, 25 (3): 165-171.

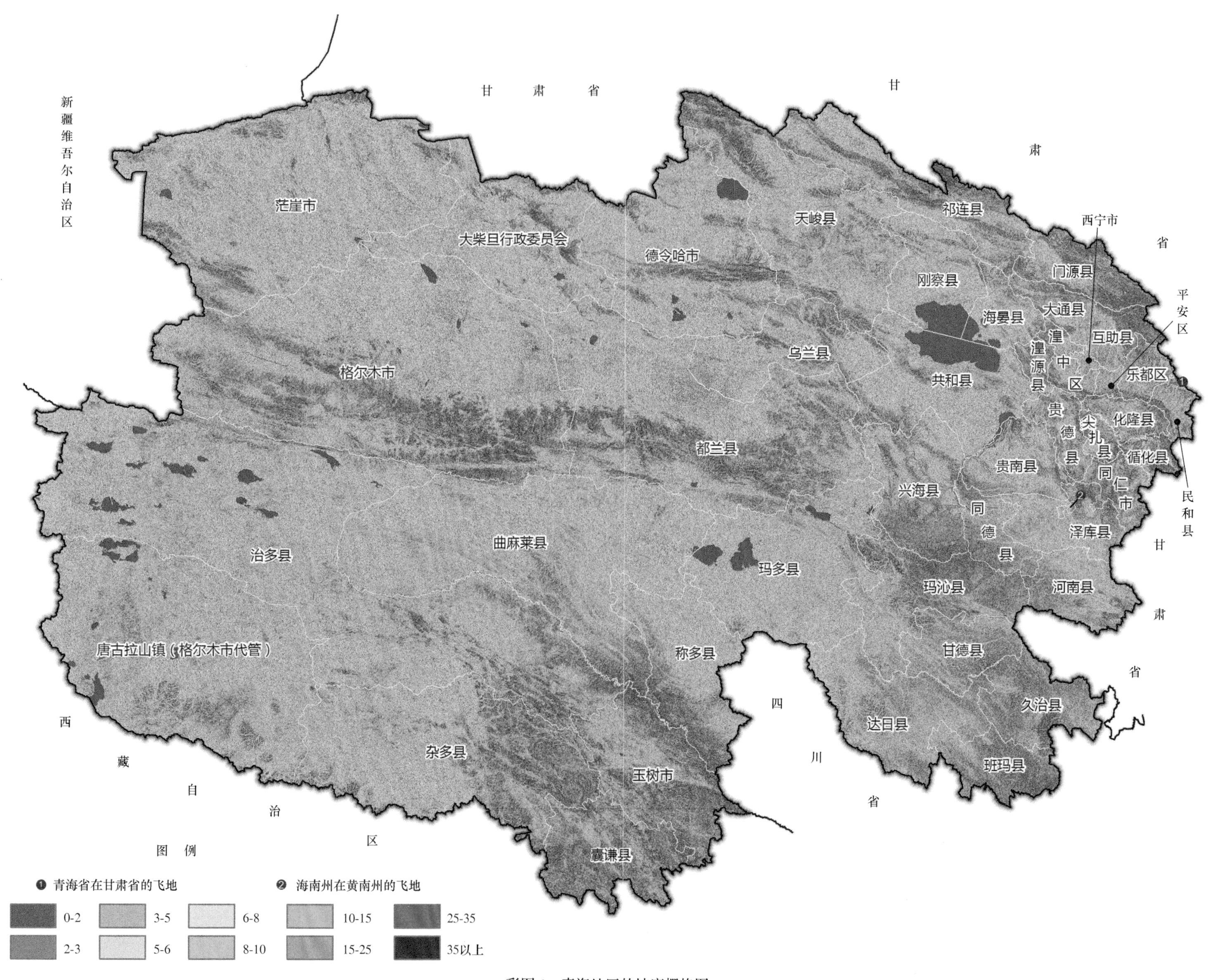

彩图 1　青海地区的坡度栅格图

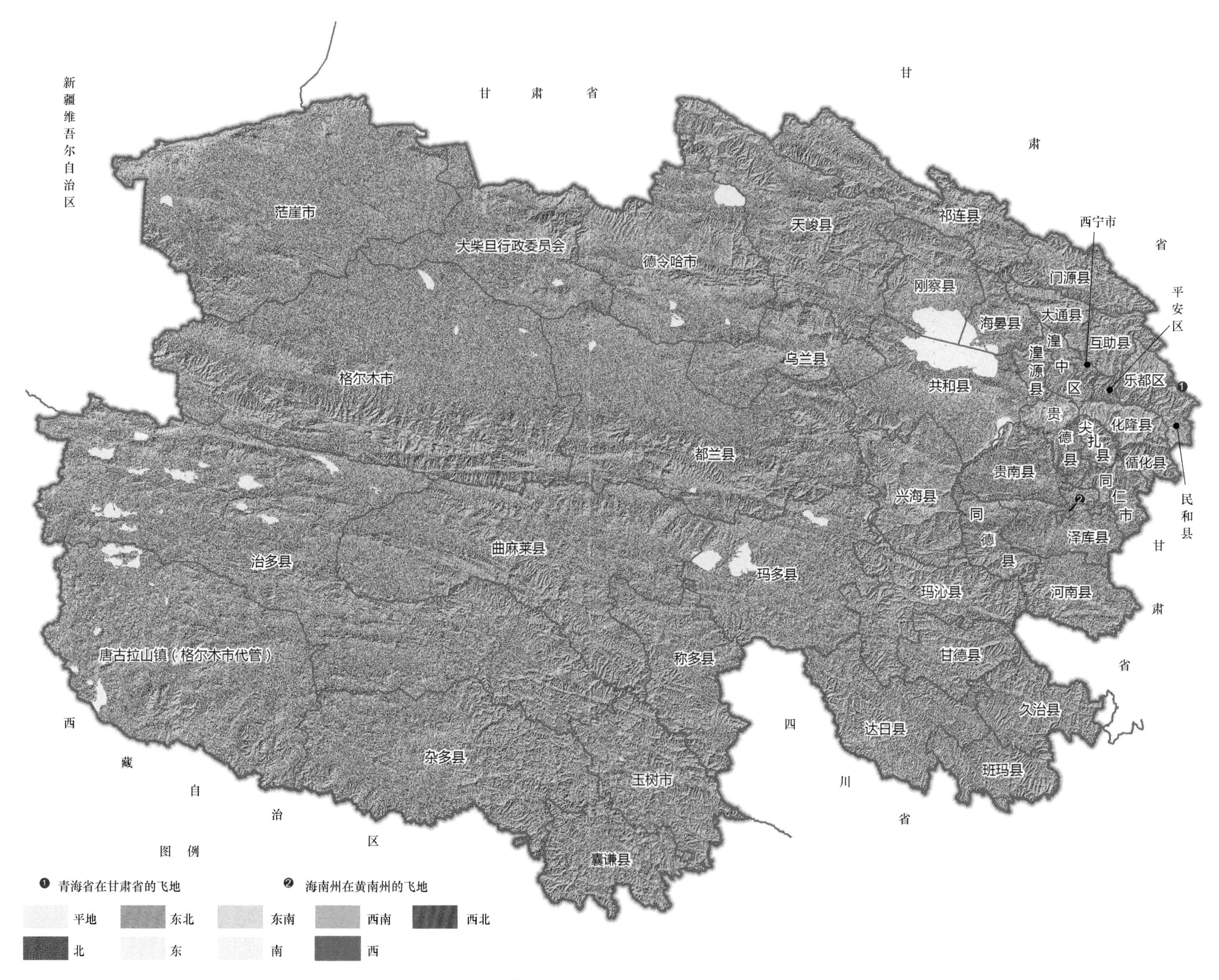

彩图 2　青海地区的坡向栅格图

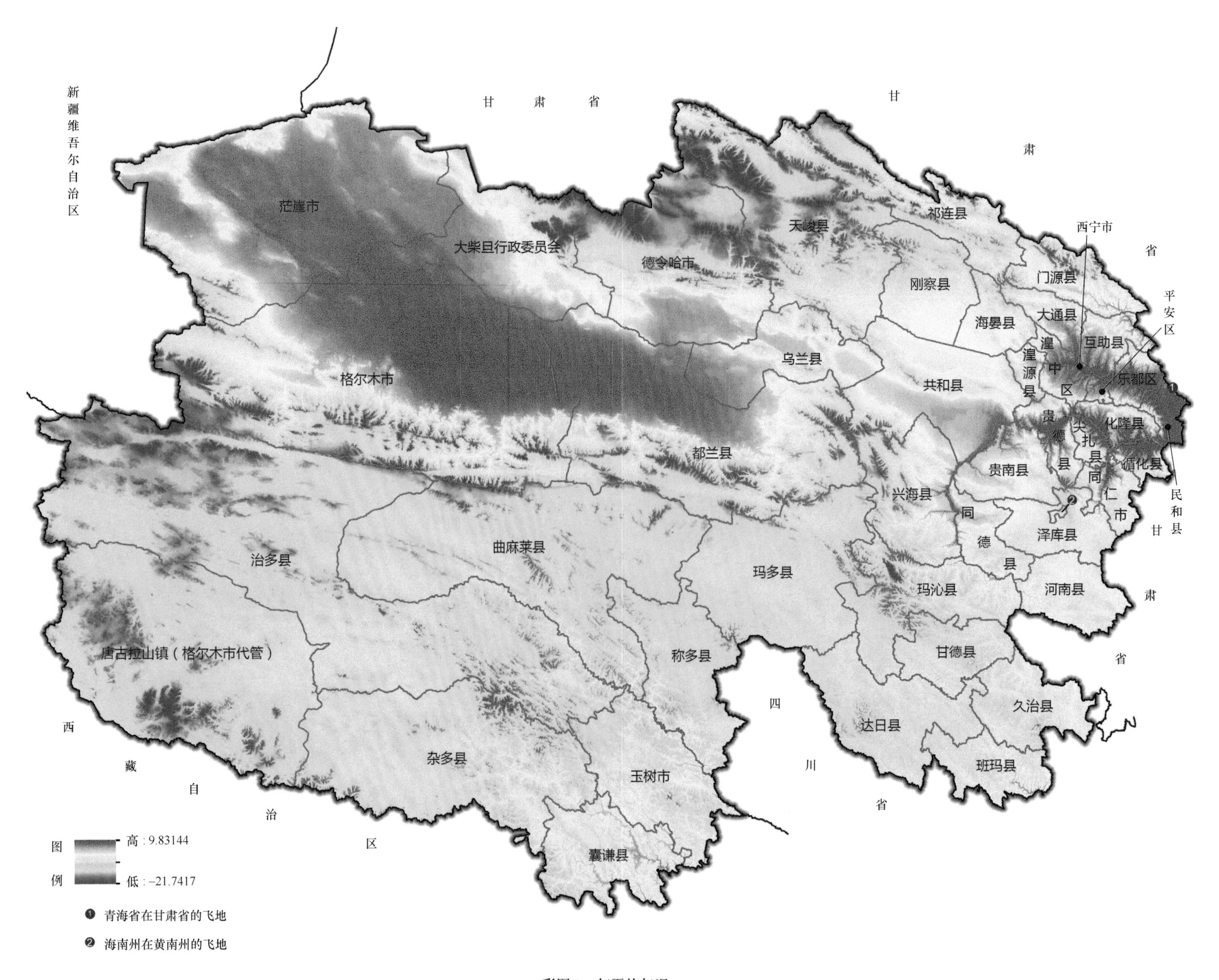
新疆维吾尔自治区
甘肃省
甘肃省
甘肃省
西藏自治区
四川省
茫崖市
大柴旦行政委员会
德令哈市
天峻县
祁连县
西宁市
刚察县
门源县
平安区
海晏县
大通县
湟源县
湟中区
互助县
乐都区
乌兰县
共和县
格尔木市
贵德县
尖扎县
化隆县
都兰县
贵南县
循化县
同仁市
民和县
兴海县
同德县
泽库县
治多县
曲麻莱县
玛多县
玛沁县
河南县
唐古拉山镇（格尔木市代管）
称多县
甘德县
久治县
达日县
杂多县
玉树市
班玛县
囊谦县
图例
高：9.83144
低：−21.7417
❶ 青海省在甘肃省的飞地
❷ 海南州在黄南州的飞地

彩图3　年平均气温

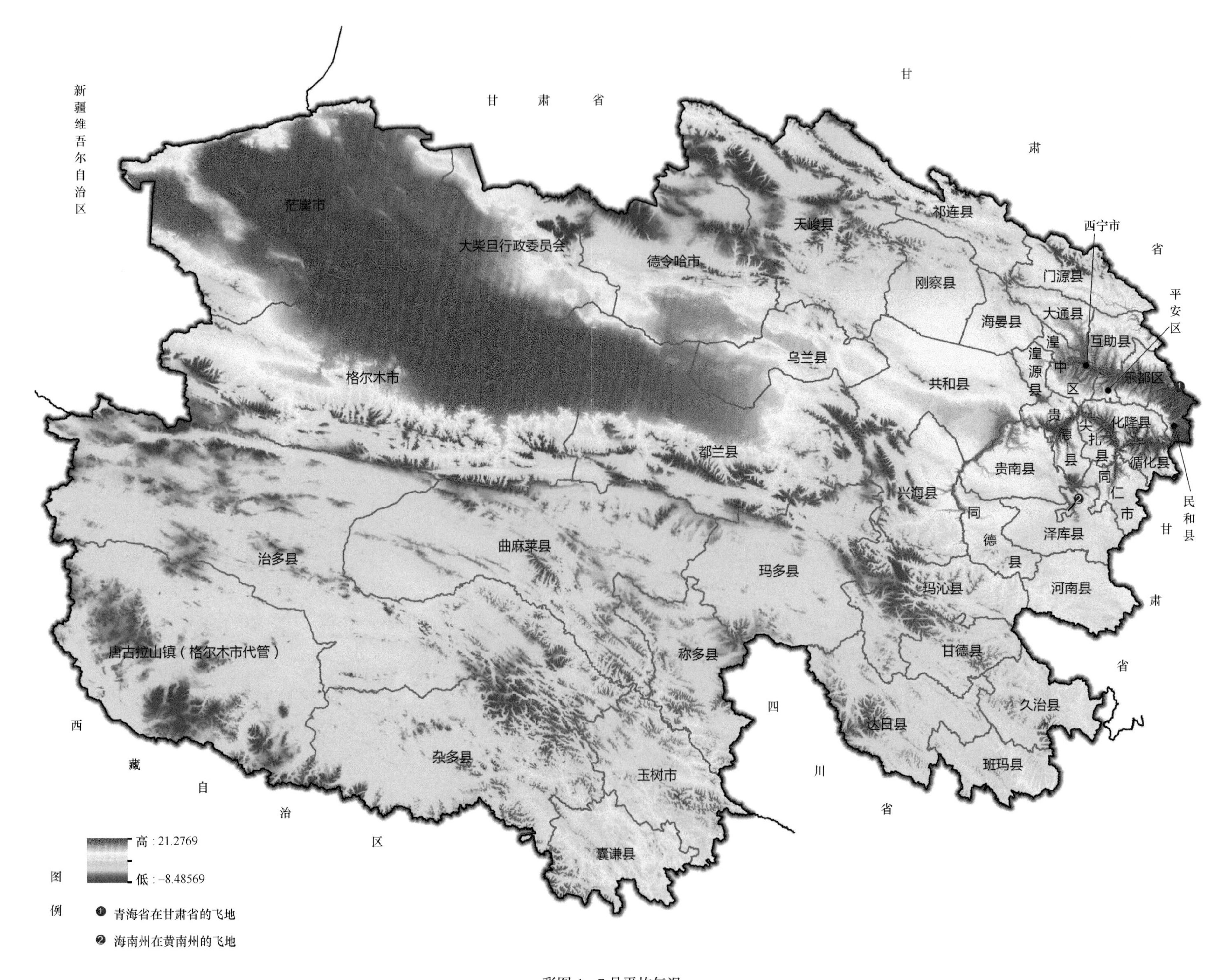

新疆维吾尔自治区
甘肃省
甘肃省
茫崖市
大柴旦行政委员会
德令哈市
天峻县
祁连县
西宁市
门源县
刚察县
海晏县
大通县
平安区
湟源县
湟中区
互助县
乐都区
乌兰县
共和县
格尔木市
都兰县
贵德县
尖扎县
化隆县
循化县
民和县
贵南县
兴海县
同仁市
同德县
泽库县
甘肃省
曲麻莱县
治多县
玛多县
玛沁县
河南县
唐古拉山镇（格尔木市代管）
称多县
甘德县
四川省
久治县
达日县
西藏自治区
杂多县
玉树市
班玛县
囊谦县
图例
高：21.2769
低：–8.48569
❶ 青海省在甘肃省的飞地
❷ 海南州在黄南州的飞地

彩图4 7月平均气温

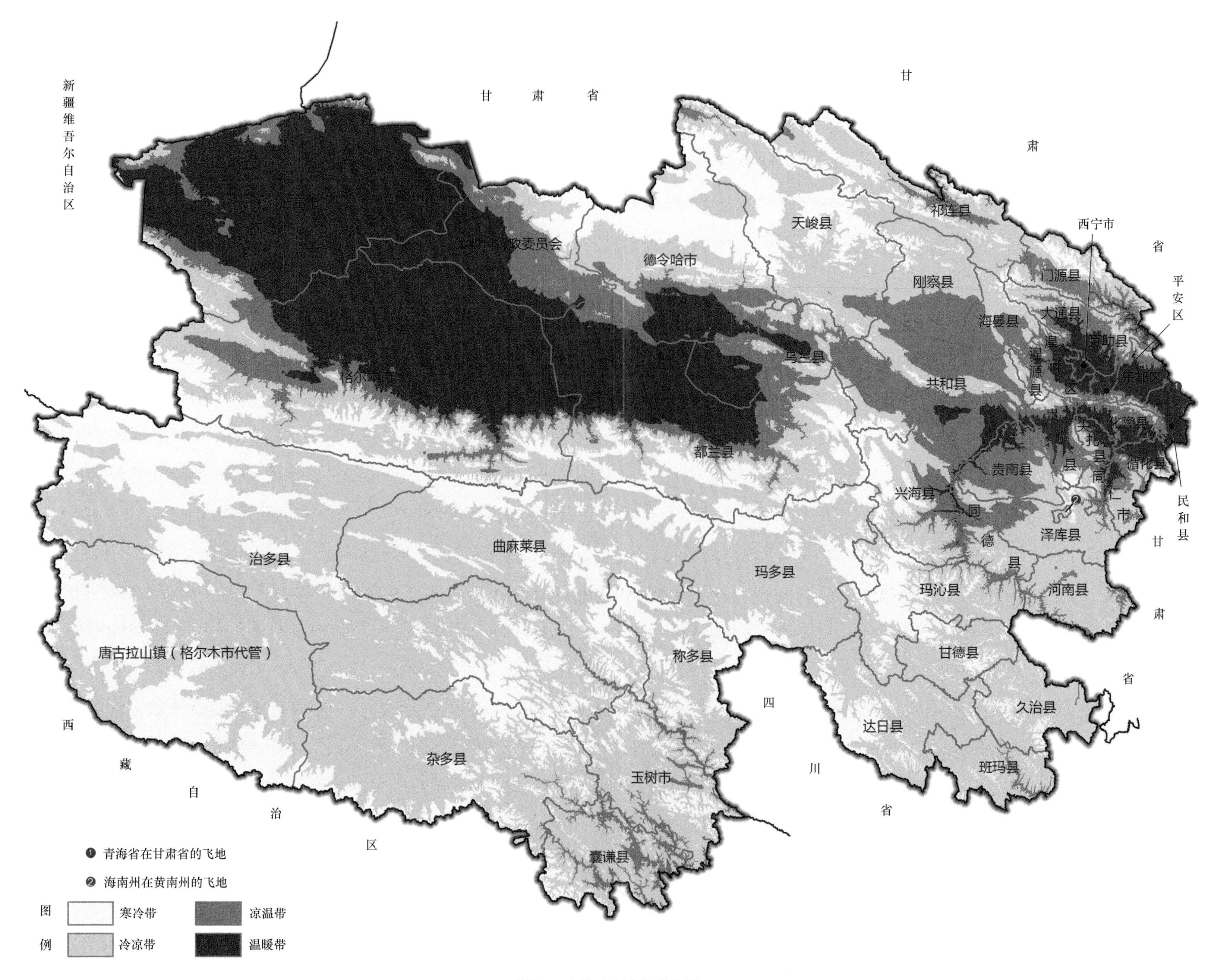

彩图 5　青海省温度带分布图